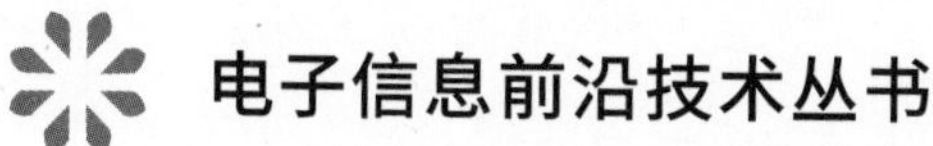

SMART CMOS

IMAGE SENSORS AND APPLICATIONS

(Second Edition)

智能CMOS图像传感器与应用 第2版

[日] 太田淳 (Jun Ohta) / 著

史再峰　高　静　徐江涛 / 译

清華大學出版社

北　京

北京市版权局著作权合同登记号 图字：01-2021-6094

Smart CMOS Image Sensors and Applications，2nd Edition / by Jun Ohta / ISBN：9781498764643

图书在版编目(CIP)数据

智能 CMOS 图像传感器与应用/(日)太田淳著；史再峰，高静，徐江涛译. —2 版. —北京：清华大学出版社，2023.8 (2024.11 重印)
(电子信息前沿技术丛书)
ISBN 978-7-302-63530-7

Ⅰ. ①智… Ⅱ. ①太… ②史… ③高… ④徐… Ⅲ. ①智能传感器－图像传感器－教材 Ⅳ. ①TP212.6

中国国家版本馆 CIP 数据核字(2023)第 087081 号

责任编辑：文 怡
封面设计：王昭红
责任校对：申晓焕
责任印制：刘 菲

出版发行：清华大学出版社
网 址：https://www.tup.com.cn，https://www.wqxuetang.com
地 址：北京清华大学学研大厦 A 座 **邮 编**：100084
社 总 机：010-83470000 **邮 购**：010-62786544
投稿与读者服务：010-62776969，c-service@tup.tsinghua.edu.cn
质量反馈：010-62772015，zhiliang@tup.tsinghua.edu.cn
课件下载：https://www.tup.com.cn，010-83470236
印 装 者：三河市龙大印装有限公司
经 销：全国新华书店
开 本：185mm×260mm **印 张**：11 **字 数**：271 千字
版 次：2015 年 8 月第 1 版 2023 年 8 月第 2 版 **印 次**：2024 年 11 月第 2 次印刷
印 数：2001～3000
定 价：59.00 元

产品编号：089870-01

译者序

PREAMBLE

图像传感器作为各种电子设备的“眼睛”，具有体积小、重量轻、集成度高、分辨率高、功耗低、寿命长、价格低等优点，已遍布于各领域。近年来，智能 CMOS 图像传感器不仅应用于手机、摄像机等各种消费电子产品中，还在智能汽车、安防监控、机器人等领域发展迅速，其市场份额和应用领域早已经超越了之前占主导地位的 CCD 型图像传感器。具有智能信息处理功能的图像传感器拥有远大的应用前景，越来越多的智能 CMOS 图像传感器也开始出现在智慧医疗、航天航空、深海观测等尖端领域。

正如作者 Jun Ohta 博士所言，本书第一版距今已十载有二，现在图像传感器技术已发生巨大变化。例如消费电子领域的 CMOS 图像传感器在像素、速度、灵敏度等方面取得了长足的进步，新的智能结构和应用接踵出现。因此 Jun Ohta 博士于 2020 年进行修订和再版，对其团队的科研工作和当前的最新技术进行详细总结。本书秉承前版的叙述架构，先介绍智能 CMOS 图像传感器的原理，后半部分再深入剖析智能化的体系结构、材料及智能功能应用。为能与时俱进，使新的智能 CMOS 图像传感器技术知识在国内普及和传播，我们随即组织了翻译。本书的翻译工作主要由天津大学微电子学院的史再峰、高静、徐江涛三位老师共同完成，孔凡宁、齐俊宇、谷鹏、李少雄、李润增、吴思梦、李琪玮、胡润蕾等多位研究生先后参与图表翻译及校对整理等工作，最终由史再峰老师完成统稿和审校。感谢清华大学出版社工作人员对于本书的关心和帮助，尤其是文怡老师的大力支持，感谢天津大学各位老师和研究生在成书过程中的辛勤付出。

本书可以作为微电子、通信等相关专业的本科生、研究生或相关技术人员的教材和参考书，相信会对 CMOS 图像传感器领域的学习和研究工作带来帮助。尽管译者团队进行了多次探讨推敲，部分内容查阅了参考文献中的原论文进行对比分析，力求完整而准确地呈现出原版书的精髓，但由于译者的学识和水平有限，仍无法避免一些错误，敬请广大读者不吝赐教和批评指正。

译　者

2023 年 5 月于天津大学

第2版前言

PREFACE

本书作为 2007 年出版的《智能 CMOS 图像传感器及其应用》一书的第 2 版，其编著目的和宗旨依旧遵照上一版。在此，我重申在第 1 版前言中阐述之目的：

智能 CMOS 图像传感器是突出在图像传感器上实现智能的功能和系统应用。人们提出了一些智能图像传感器的概念，并且其中的一些智能图像传感器已经商业化。智能 CMOS 图像传感器领域不仅发展迅速，还催生了更多的新型传感器。尽管我在这本书中试图穷尽关于智能 CMOS 图像传感器及其应用领域的相关文献资料，但该领域涉及的内容不胜枚举，有些部分难以尽述。此外，该领域的发展瞬息万变，在成书的过程中难免已经出现新的热点话题。不过，我相信本书已完整涵盖了智能 CMOS 图像传感器领域的所有关键要素，它将帮助该领域的研究生和工程师展开新一阶段的工作。

时光荏苒，距本书第 1 版出版已有 12 载，图像传感器领域发生了翻天覆地的变化。如今的智能手机不仅配置了前置和后置两组摄像头，还在像素数量、灵敏度和速度等性能参数方面取得了难以置信的进步。本书第 1 版中所提到的一些智能功能已经商业化。鉴于该领域的巨大变化，我们对第 1 版进行了修订，追随智能 CMOS 图像传感器及其应用的发展前沿，适配最新的技术。当然，正是由于这一领域 12 年来的蓬勃发展和技术进步，本人再著新版的部分章节时才能心手相应。

本书秉承第 1 版的结构：第 1 章介绍 MOS 成像和智能 CMOS 图像传感器。第 2 章描述 CMOS 图像传感器的基本原理，并详细介绍光电器件物理的相关知识，同时分析典型的 CMOS 图像传感器如有源像素传感器(APS)的结构。第 3～5 章构成本书的核心，在这些章节中深入剖析智能 CMOS 图像传感器。第 3 章介绍几种用于智能 CMOS 图像传感器的智能结构与材料。第 4 章通过这些结构和材料描述智能成像的特征，如高灵敏度、高速成像、宽动态范围图像感应和三维(3D)测距。第 5 章给出智能 CMOS 图像传感器在信息和通信技术(ICT)、化学、生物学以及医学等领域的应用实例。

这项工作受到此前众多有关 CMOS 图像传感器技术书籍的启发，特别是：A. Moini 的 *Vision Chips*[1]全面概述视觉芯片；J. Nakamura 的 *Image Sensors and Signal Processing for Digital Still Cameras*[2] 详细地介绍此领域近年来的最新成果；K. Yonemoto 的 *Fundamentals and Applications of CCD/CMOS Image Sensors*[3] 完整地介绍 CCD 和 CMOS 图像传感器；还有 T. Kuroda 的 *Essential Principles of Image Sensors*[4]。其中给我印象最深刻的是 K. Yonemoto 的著作，可惜该书只有日语版。我由衷地希望现在的工作能有助于阐明这一领域的研究，对 Yonemoto 的著作内容进行补充。受相关领域许多其他

日本高级研究人员的著作影响，本书最终才得以出版，其中包括 Y. Takemura[5]、Y. Kiuchi[6]、T. Ando 和 H. Komobuchi[7]、K. Aizawa 和 T. Hamamoto[8] 等诸位专家，另外，本书的编纂也离不开 A. J. P. Theuwissen 关于 CCD 的论著。

衷心感谢所有对本书提供了直接和间接帮助的人。特别感谢奈良科技学院材料科学研究所光学器件实验室的教授们，他们意义深远的工作形成了第 5 章的内容。现任教师包括 Kiyotaka Sasagawa、Hiroyuki Tashiro、Makito Haruta、Hironari Takehara，前任教师包括现在供职于东京工业大学的 Takashi Tokuda、静冈大学的 Keiichiro Kagawa、丰桥技术科学大学的 Toshihiko Noda 和东京大学的 Hiroaki Takehara。没有他们的鼎力相助，本书难以问世。还要感谢 Masahiro Nunoshita 在实验室工作初期给予的大力支持和鼓励。同时，要向现任秘书 Ryoko Fukuzawa 和前任秘书 Kazumi Matsumoto 在众多行政事务方面的工作致谢。此外，还要向实验室曾经和现在工作的博士后研究员、技术人员和研究生道谢，正是他们全力以赴的工作，换来了本书的早日出版。

关于视网膜假体的研究课题，感谢视网膜假体项目的第一负责人，大阪大学的 Yasuo Tano、Takashi fujikado 和 Tetsuya Yagi。同时感谢 Nidek 有限公司的人工视网膜项目组成员 Motoki Ozawa、Kenzo Shodo、Yasuo Terasawa、Hiroyuki Kanda 和 Naoko Tsunematsu。此外，感谢体内成像传感器的合作者，Sadao Shiosaka、Hideo Tamura、David C. Ng 和 Takuma Kobayashi，深深感谢 Masamitsu Haruna 在体内图像传感器研究上不断地鼓励我，感谢我的学士、硕士和博士论文导师 Ryoichi Ito 在我的整个研究过程中的持续鼓励。

我首次踏入 CMOS 图像传感器研究领域是在 1992—1993 年，那时我还是科罗拉多大学博尔德分校 Kristina M. Johnson 的访问研究员。这一段经历使我受益匪浅，也启发了我回到三菱电气集团后的初步研究。感谢三菱电气集团所有同事的帮助和支持，包括 Hiforumi Kimata、Shuichi Tai、Kazumasa Mitsunaga、Yutaka Arima、Masahiro Takahashi、Yoshikazu Nitta、Eiichi Funatsu、Kazunari Miyake、Takashi Toyoda 等。

由衷地感谢 Chung-Yu Wu、Masatoshi Ishikawa、Jun Tanida、Mitumasa Koyanagi、Jun Tanida、Shoji Kawahito、Atsushi Ono 和 C. Tubert 允许我在书中使用他们的观点和数据。

我从日本图像信息与电视工程师学会的委员们身上也学到了很多东西，尤其是 Shigetoshi Sugawa、Kiyoharu Aizawa、Kazuaki Sawada、Takayuki Hamamoto、Junichi Akita、Rihito Kuroda，还有日本众多图像传感器小组的研究人员，包括 Yasuo Takemura、Takao Kuroda、Nobukazu Teranishi、Hirofumi Sumi 和 Junichi Nakamura；另外，特别感谢让我有机会出版这本书的 Taisuke Soda，还有 CRC Press 的 Mark Gutierrez，感谢他们出版本书时的耐心。没有他们的不断鼓励，本书不可能再版。

就我个人而言，我要深切地感谢已故的 Ichiro Murakami 激发了我对图像传感器及相关课题的热情，已故的 Yasuo Tano 同样地给予了我在 NAIST 的初期研究工作中的大力支持，没有他们就不可能有我今日的研究。

最后，特别感谢我的爱妻 Yasumi Ohta，她作为我实验室的博士后研究员，在著书过程中给了我坚定的支持与理解。在她的支持和努力拼搏下，体内成像这一项目才得以顺利完成。

Jun Ohta

2020 年 3 月于日本奈良

目录

CONTENTS

第1章

绪　论

1.1　综述

近年来，互补金属氧化物半导体(CMOS)图像传感器领域研究蓬勃发展，其市场份额已超越了之前占据图像传感器领域主导地位的电荷耦合器件(CCD)图像传感器，CMOS 图像传感器不仅广泛用于便携式数码相机、手机摄像头、手持摄像机和数码单反相机等消费性电子产品中，还发展到了智能汽车、卫星、安保、机器人视觉等领域。越来越多的 CMOS 图像传感器出现在生物技术和医药应用领域。而这些应用多数需要宽动态范围、高速和高灵敏度等优异性能，例如，三维(3D)测距等功能。这些要求对于传统图像传感器来说是一项巨大挑战，即便使用一些信号处理设备也难以实现。而智能 CMOS 图像传感器或者片上集成智能处理功能的 CMOS 图像传感器却能实现这些功能。

CMOS 图像传感器相比于 CCD 图像传感器特殊的制造工艺，其可基于标准 CMOS 大规模集成电路(LSI)工艺进行制造。这使它可以在内部集成功能电路从而制成智能型的 CMOS 图像传感器，不但性能优于 CCD 图像传感器或传统的 CMOS 图像传感器，而且具备传统图像传感器无法实现的多种功能。

智能 CMOS 图像传感器的研究主要致力于两个目标：一是提升或改进 CMOS 图像传感器的一些基础特性，如动态范围、速度、灵敏度等；二是实现一些新功能，如三维测距和调制光检测等。为达到这两个目标，有学者提出并论证了多种新型架构、结构以及新型材料。

术语“具有计算能力的 CMOS 图像传感器”“集成功能图像传感器”“视觉芯片”“焦平面图像处理”等也与智能 CMOS 图像传感器相关。除了“视觉芯片”外，其他的术语实际上都是以图像传感器在成像的基础上加入其他功能名称命名的。视觉芯片的命名则源于 C. Mead 等提出并开发的一种模仿人体视觉系统的设备，稍后将对此进行介绍。接下来，我们追溯了 CMOS 图像传感器的发展简史，也回顾了智能 CMOS 图像传感器的发展简史。

1.2　CMOS 图像传感器简史

MOS 图像传感器如图 1.1 所示，随着固态图像传感器的诞生并开始取代成像管，图像传感器实现了4个重要功能，分别是光探测、光生电荷的累积、累积电荷向读出电路的转换以及扫描，这些功能将在第2章详细介绍。在20世纪60年代早期，霍尼韦尔公司的S. R. Morrison和IBM公司的J. W. Horton等提出了基于*X*-*Y*轴寻址型的硅结光敏器件扫描功能，前者称为"光扫描仪"[11]，后者称为"扫描仪"[12]。另外，P. K. Weimer等也提出了使用薄膜晶体管(TFT)[13]来实现带有扫描电路的固态图像传感器。在这些器件中，用于光探测的光电导薄膜将在2.3.5节进行讨论。美国国家航空航天局(NASA)的M. A. Schuster和G. Strull使用在2.3.3节中介绍的光电晶体管(PTr)作为光电探测器，并结合开关器件实现了*X*-*Y*轴寻址[14]。他们以此成功地在一个50×50像素阵列传感器上获得了图像。

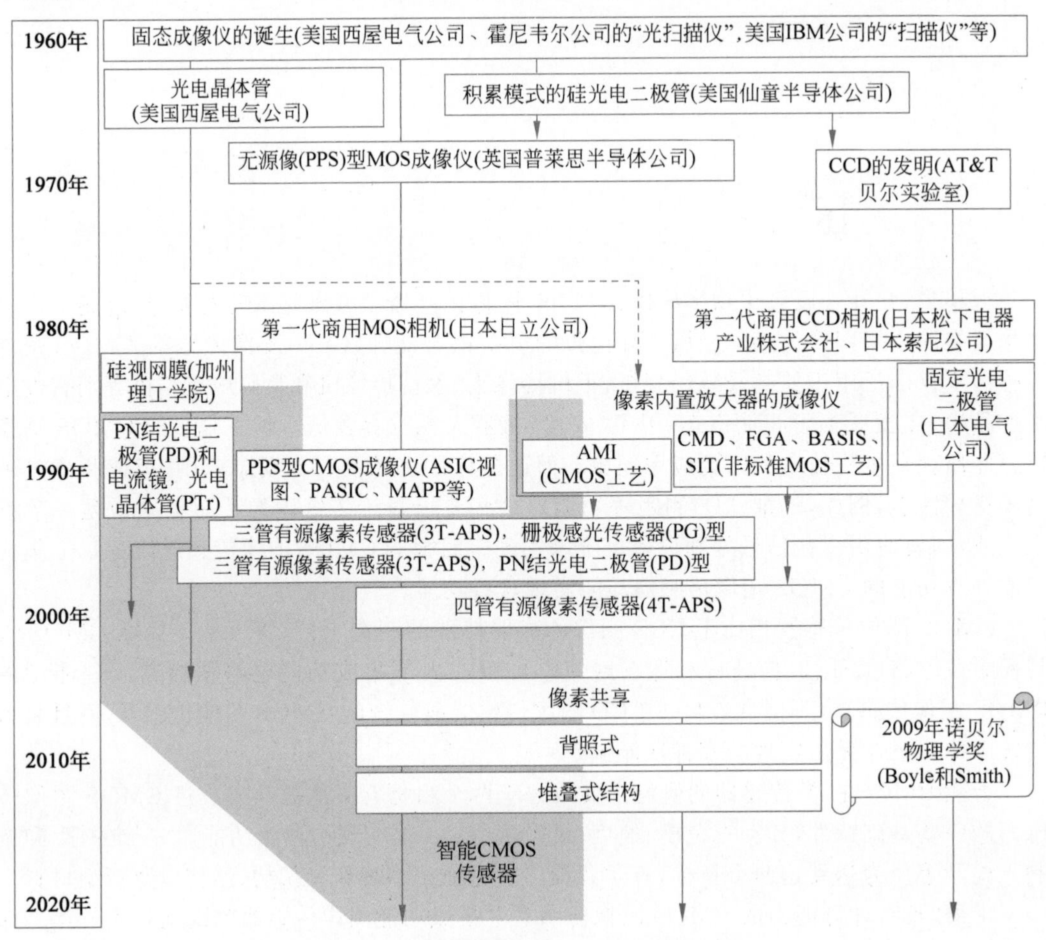

图1.1 MOS图像传感器的发展和相关发明

2.4节将详细介绍光电二极管对光生电荷的累积作用，累积作用对于CMOS图像传感器非常重要，仙童半导体公司的G. P. Weckler最先提出这种累积作用[15]。该结构使用源极浮空的金属氧化物半导体场效应晶体管(MOSFET)作为光电二极管，这种结构至今仍在某些CMOS图像传感器中使用。Weckler随后使用这种结构制作了一个100×100像素阵列的图像传感器并进行了验证[16]。之后，还有许多固态传感器的模型被提出并研究[16-19]，如文献[20]所述。

2.5.1 节将介绍 Plessey 公司的 P. J. Noble 提出的改进型固态图像传感器，这种传感器与 MOS 管型图像传感器和无源像素传感器(PPS)十分相似，它由一个光电二极管和一个具有 X、Y 轴扫描行选的 MOS 管开关以及一个电荷放大器组成。Noble 在此简要阐述了在一个芯片上实现模式识别的逻辑电路集成的可能性，这或许就是智能 CMOS 图像传感器的雏形。

1.2.1 MOS 图像传感器与 CCD 图像传感器的对比

1968 年，固态图像传感器的详细信息在 *IEEE Transactions on Electron Devices* 上发表后不久，CCD 图像传感器变得尤为突出[21]。在 1969 年，贝尔电话实验室的 W. Boyle 和 G. E. Smith 发明了 CCD 并完成了实验验证[22]。最初，CDD 被开发为半导体存储器，并作为磁泡存储器的替代品；然而，它很快被 Michael F. Tompsett 开发成为图像传感器[23]。这些早期的 CCD 研究成果可以查阅文献[24]。

经过科研人员的不断努力，第一款商业化 MOS 图像传感器终于在 20 世纪 80 年代问世[25-30]。虽然日立公司一直致力于研发 MOS 图像传感器[25,27]，但目前 CCD 图像传感器成像质量更优，使用更加广泛。

1.2.2 像素内置放大器型固态传感器

研究人员通过在像素中内置放大器的方法来提高 MOS 传感器的信噪比(SNR)。在 20 世纪 60 年代，光电晶体管图像传感器被研制成功[14]；80 年代后期，科研人员发明了许多放大器型的图像传感器，包括电荷调制器件(CMD)[31]、悬浮栅阵列(FGA)型[32]、基于存储型图像传感器(BASIS)[33]、静电感应晶体管(SIT)型[34]、放大器型 MOS 传感器(AMI)[35-39]以及其他[6,7]。除了 AMI 之外，其他传感器在制造像素时都需要更改标准的 MOS 制造工艺，因而最终没有商业化和继续研究。AMI 可以使用任意标准 CMOS 工艺来制造而无须任何改变，而且 AMI 使用了和有源像素传感器(APS)同样的像素结构。注意，AMI 型使用了 *I-V* 转换器作为读出电路而 APS 使用的是源极跟随器，不过这种差异并不重要，所以 APS 也属于像素内置放大器型图像传感器。

1.2.3 如今的 CMOS 图像传感器

有源像素图像传感器最初是由喷气推进实验室(JPL)的 E. Fossum 等利用栅极感光传感器(PG)实现的，后来才使用光电二极管(PD)实现[40-41]。使用栅极感光传感器主要是为了便于处理电荷信号，但是由于作为栅材料的多晶硅在可见光波长区内是不透明的，所以栅极感光传感器结构的灵敏度差强人意。现在大多数有源像素传感器使用的是光电二极管，这种结构称为三管有源像素传感器(3T-APS)，这种结构已经被广泛地应用在 CMOS 图像传感器中。在 3T-APS 的发展之初，其图像质量在固定模式噪声(FPN)和随机噪声方面远不能和 CCD 相比。虽然引入了一些消噪电路来消除固定模式的噪声，但仍无法处理随机噪声的问题。

通过一个常用在 CCD 中的器件(带有暗电流和完全耗尽层的光电二极管)成功地研制出四管有源像素传感器(4T-APS)[42]。4T-APS 利用相关双采样(CDS)成功地消除了在随机噪声中占主要成分的 $k_B TC$ 噪声，其成像质量已经可以与一些 CCD 相当。但相比于部分

CCD，4T-APS最主要的问题是像素尺寸过大。每个4T-APS像素中包含四个晶体管、一个光电二极管（PD）和一个浮置扩散区（FD），而每个CCD仅有一个传输门和一个PD。虽然CMOS制造工艺的进步使得像素尺寸在缩小，进一步促进了CMOS图像传感器的发展[43]，但从本质上它仍然难以达到部分CCD那样小的像素尺寸。最近，科研人员成功研究出一种像素共享技术并已经广泛应用在部分4T-APS中，进一步地减小了其像素尺寸，使得这些4T-APS已经可以和那些CCD相媲美。图1.2显示了这些4T-APS像素尺寸的发展趋势，其中一部分CCD的像素尺寸如图中的"＋"号所示，该图表明，CMOS图像传感器像素尺寸可以做到与CCD一致。

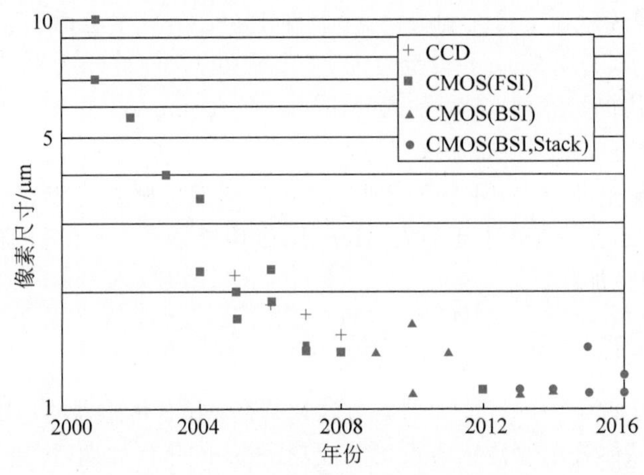

图1.2 4T-APS像素尺寸发展趋势

注：实心方块"■"和"＋"号分别代表CMOS和CCD图像传感器的像素尺寸。

1.3 智能CMOS图像传感器简史

1.3.1 视觉芯片

如图1.3所示，智能CMOS图像传感器主要有像素级处理图像传感器、芯片级处理图像传感器（或称片上相机）和列级处理图像传感器三种类型。第一种像素并行处理的智能图像传感器也称为视觉芯片。20世纪80年代，C. Mead等在加州理工学院提出并展示了视觉芯片，视觉芯片也可以称为硅视网膜[44]，硅视网膜能模仿人的视觉系统，并通过大规模硅基集成电路技术实现大数据量并行处理。当电路工作在亚阈值区时，还能够降低功耗（详情见附录F）。另外，通过引入一些二维电阻网络，该电路可自行解决某些给定的问题[44]，使用光电晶体管的增益功能还能够制成光电探测器。自80年代以来，Koch、Liu[45]和A. Moini[1]等在开发视觉芯片等器件上做了大量的工作。目前在焦平面上的大规模并行处理是十分热门的课题，它已经成为了许多相近领域的主要课题，如可编程人工视网膜[46]等。这方面的许多应用已经实现了商业化的目标，如大阪大学的T. Yagi、S. Kameda等应用3T-APS研制的两层电阻网络等[47-48]。

图1.4为国际半导体技术蓝图（ITRS）中的大规模集成电路的路线图[49]，这幅图展示了动态随机存取存储器（DRAM）半间距的发展趋势，而其他工艺技术如逻辑制程也呈现出

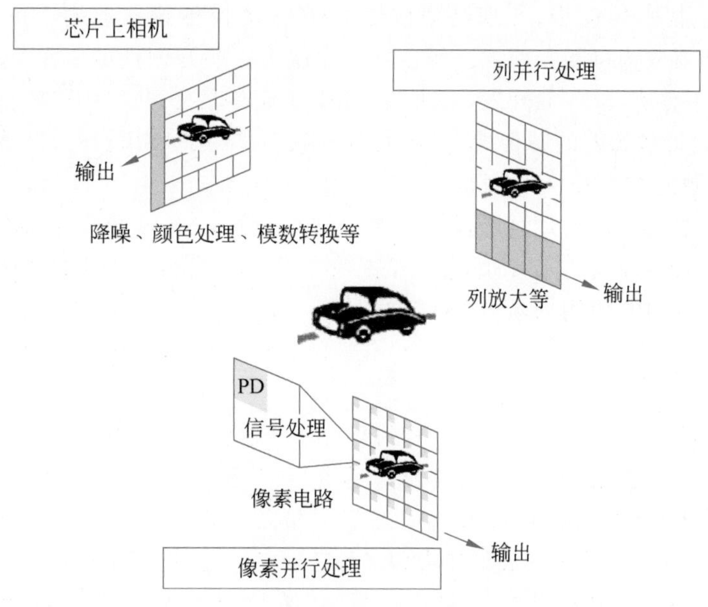

图 1.3 智能图像传感器的三种类型

几乎相同的发展趋势，这恰恰反映了大规模集成电路的集成密度遵循摩尔定律，即每隔 18～24 个月增长 1 倍[50]。

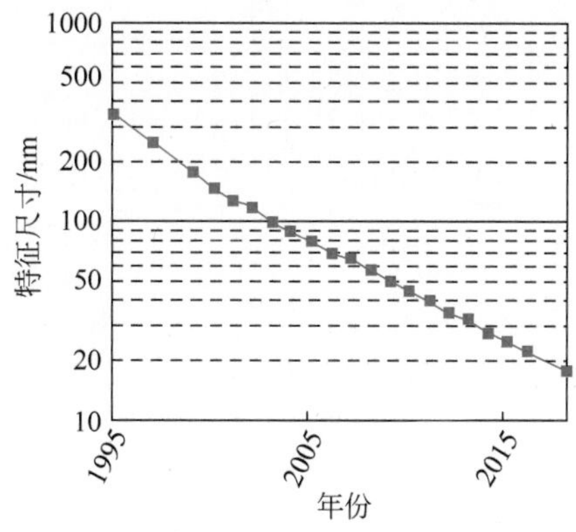

图 1.4 ITRS 发展路线图：DRAM 半间距的发展趋势[49]

CMOS 工艺的进步意味着大规模并行处理或像素级并行处理切实可行，并且这方面已经有相当多的研究成果问世，如基于细胞神经网络(CNN)的视觉芯片[51-54]、可编程多指令流多数据流(MIMD)视觉芯片[55]、仿生学数字视觉芯片[56]、模拟视觉芯片[57-58]等。其他开创性的工作包括东京大学和滨松光子学株式会社的 M. Ishikawa 等研制出的基于单指令多数据流(SIMD)处理器的像素级处理视觉芯片等[59-65]。

注意，一些视觉芯片不是基于人类视觉处理系统的，而是属于像素级处理范畴。

1.3.2 CMOS 工艺和智能 CMOS 图像传感器的发展

作为第二种智能传感器，像素级处理与 CMOS 的工艺技术发展更是息息相关，却与像素并行处理方式几乎无关，这种结构包括片上系统以及相机系统。在 20 世纪 90 年代早期，由于CMOS工艺技术的进步,实现高集成度CMOS图像传感器或用于机器视觉的智能CMOS图像传感器成为可能。前人已经在这方面做了一些开创性的工作,包括ASIC视觉系统(最初由爱丁堡大学[66-67]开发,后来由VISI视觉有限公司(VVL)接手)、瑞典林雪平大学[69]提出的接近传感器的图像处理(NSIP)技术(后来的PASIC[68]),以及由集成视觉产品(IVP)公司研制的MAPP[70]。

PASIC可能是第一款使用列级模数转换器(ADC)的CMOS图像传感器[68]。ASIC视觉系统拥有一个PPS结构[69],NSIP使用的是一个基于传感器的脉冲宽度调制器[69],详情见3.2.2.1节。MAPP使用的是APS结构[70]。

1.3.3 高性能的智能CMOS图像传感器

上面提到的图像传感器中包括了一些列并行处理结构,即第三种智能图像传感器结构。因为它采用每列独立供电,列并行结构非常适合于CMOS图像传感器,能够很好地提高CMOS图像传感器的性能,如可以增大动态范围和提高处理速度。通过和4T-APS相结合,列并行结构拥有了高质量的成像能力和多种功能。因此,近年来列并行结构被广泛地应用在高性能CMOS图像传感器中(如图1.5所示,译者注)。与此同时,大规模集成电路技术的发展也扩大了这种结构的应用范围。

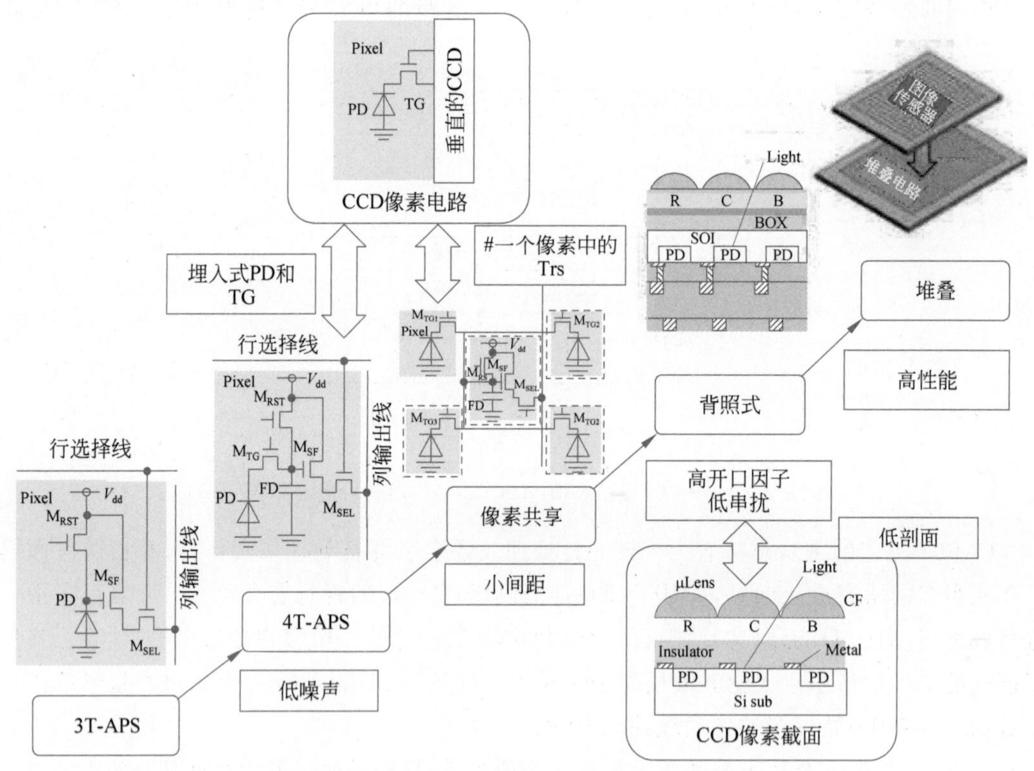

图1.5 CMOS图像传感器发展的关键技术

在2.5节中将描述3T-APS和4T-APS,在2.10节中将讨论CCD和CMOS图像传感器的区别,在2.5.3.2节中将介绍像素共享技术;在3.3.3节和3.3.4节中将给出背照式(BSI)和堆叠技术。

2010年以后的商用产品,特别是智能手机相机开始引入背照式结构。智能手机相机中图像传感器像素间距缩小,导致其光学串扰加剧,信噪比随之降低。背照式结构可以有效地缓解上述两个问题,即使在像素数减少的条件下,也能降低光学串扰,保持和提高信噪比。其结构的广泛使用推动了堆叠式CMOS图像传感器的发展。背照式CMOS图像传感器的另一侧是电路层,电路层可以连接到另一芯片或晶片的另一电路层,因此,为了将信号处理功能集成在一个芯片中,出现了这种堆叠结构。这就意味着,如果每个像素能够直接连接到另一个信号处理层,堆叠式CMOS图像传感器就可以实现智能CMOS成像,具体将在3.3.4节介绍。

如图1.6所示,沿着光强坐标轴和时间坐标轴看,CMOS技术的进步推动了图像传感器在基本性能上的提升。图1.6 X 轴方向的图示也表明了这一改进可用于强化智能CMOS图像传感器的功能。图中出现的这些应用将在第3～5章中进行介绍。

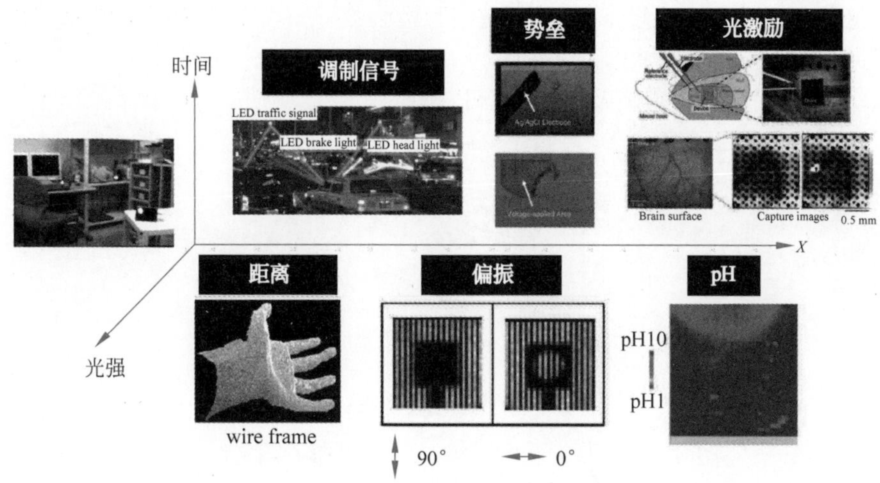

图1.6 智能CMOS图像传感器的应用

1.4 本书的内容安排

第1章绪论首先介绍固态图像传感器的总体概况,然后介绍智能CMOS图像传感器的发展简史和主要特点。第2章介绍CMOS图像传感器的基础知识。2.2节介绍基于CMOS工艺的硅半导体的光电特性。2.3节介绍几种类型的光电探测器,包括常用于CMOS图像传感器中的光电二极管,并且详加介绍光电二极管的工作原理和基础特性。在CMOS图像传感器中光电二极管工作在累积电荷模式,这和普通光电二极管在如光通信等其他应用中的运行模式有很大不同。2.4节介绍累积电荷模式。作为这章核心内容的像素结构,2.5节详细介绍有源像素传感器和无源像素传感器。2.6节介绍除像素之外的周围电路模块,也介绍寻址电路和读出电路。2.7节讨论CMOS图像传感器的基本特性。2.8节和2.5.3.2节介绍有关色彩和像素共享的技术。2.9节和2.10节做了一些对比和分析。

一些智能功能和材料将在第3章进行介绍,在一些传统CMOS图像传感器基础上引入一些新功能的智能CMOS图像传感器。首先在3.2节引入了与传统APS不同的像素结构(如对数型传感器)。智能CMOS图像传感器可以分为模拟、数字、脉冲三大类,这些内容将分别在 3.2.1 节、3.2.2 节和 3.2.3 节加以介绍。CMOS 图像传感器一般基于硅基 CMOS 工艺技术，然而其他的一些工艺技术和材料却可以实现一些智能功能，例如，蓝宝石硅工艺就是制造智能 CMOS 图像传感器的一种备选方案。因此，将在 3.3.2.2 节讨论除硅之外的其他工艺材料。3.3 节和 3.4 节将介绍标准 CMOS 工艺以外的其他工艺技术，涉及非正交像素排列型和专用光学器件型两种智能 CMOS 图像传感器。

结合在第 3 章介绍的智能功能，第 4 章将介绍一些智能成像的实例。这些实例中将提及高灵敏度(4.2 节)、高速度(4.3 节)和宽动态范围(4.4 节)。相比于传统 CMOS 图像传感器，这些智能图像传感器的主要特点是能提供更好的性能。智能图像传感器的另一个特点是实现了多功能性，这是一些传统图像传感器不具备的。若想讨论这些问题，可参见 4.5 节和 4.6 节。

第 5 章介绍一些智能 CMOS 图像传感器的具体应用，涉及信息和通信技术、生物、医药等领域。这些应用都是在近几年出现的，它们无疑会给下一代智能 CMOS 图像传感器产生更为深远的影响。

附录对本书正文的信息进行了补充说明。

第2章

CMOS图像传感器基础

2.1 简介

本章主要阐述有助于理解CMOS图像传感器的相关基础知识。一般而言,CMOS图像传感器由一块包含像素阵列的成像区域,行、列寻址电路和读出电路组成,如图2.1所示。

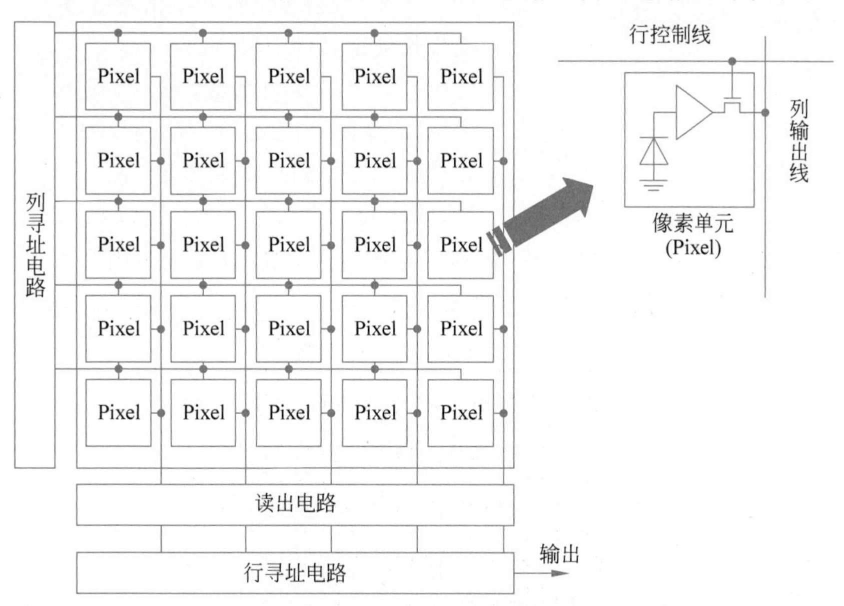

图2.1 CMOS图像传感器结构

成像区域是一个二维的像素阵列,每一个像素单元包含一个光电探测器和多个晶体管。这块区域是图像传感器的核心,成像质量在很大程度上取决于该区域的性能。寻址电路用于接通一个像素并读取该像素中的信号值,它一般由扫描器或者移位寄存器来实现,而解码器则用来随机访问像素,这种功能有时对于智能传感器来说非常重要。读出电路由一维开关阵列和采样保持(S/H)电路组成,如相关双采样这样的降噪电路就在这个区域中。

本章详述构成CMOS图像传感器的基本要素。首先介绍光电探测器的概念,其中少数载流子的运动起着至关重要的作用；其次介绍几种应用于CMOS图像中的光电探测器结构，PN结光电二极管是其中最常用的结构，因此详细介绍它的工作原理和基本特征；再次介绍CMOS图像传感器中的一种重要工作模式——累积模式；接着介绍基本的像素结构，包括无源像素和有源像素传感器；最后对CMOS图像传感器的其他部分进行介绍，如扫描器和解码器、读出电路和降噪电路等。

2.2 光电探测器的基本原理

2.2.1 吸收系数

如图2.2所示，光入射到半导体表面，其中一部分入射光被反射，而其余的则被半导体吸收并在半导体内部产生电子-空穴对。这样的电子-空穴对称为光生载流子。光生载流子的数量取决于半导体材料，并由吸收系数α表述这一特征。

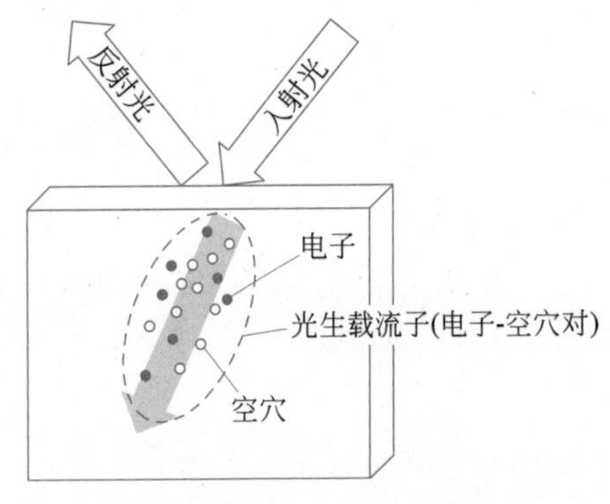

图2.2 半导体内的光生载流子

α被定义为一个比值：当光入射进半导体的深度为Δz时，入射光功率相对减小$\Delta P/P$，即

$$\alpha(\lambda)=\frac{1}{\Delta z}\frac{\Delta P}{P} \tag{2.1}$$

由式(2.1)可得到下面的关系式：

$$P(z)=P_o\exp(-\alpha z) \tag{2.2}$$

吸收长度定义为

$$L_{abs}=\alpha^{-1} \tag{2.3}$$

注意，α是光子能量$h\upsilon$或波长λ的函数，其中，h和υ分别是普朗克常数和光的频率。因此L_{abs}的值取决于λ。图2.3给出了硅的α、L_{abs}与入射光的λ之间的关系。在波长0.4～0.6μm的可见光范围内，相对应的吸收长度位于距离半导体表面0.1～10μm范围内[71]。L_{abs}是近似估算光电二极管结构相关参数的一项重要指标。

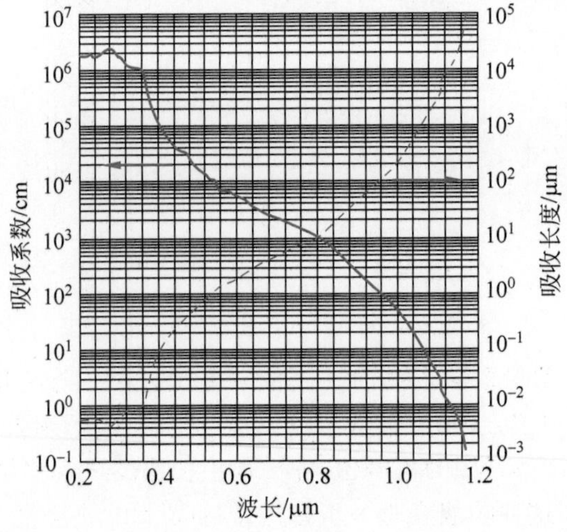

图2.3 硅材料的吸收系数(实线)、吸收长度(虚线)与波长的关系(数据来自文献[71])

2.2.2 少数载流子的运动

入射光在半导体中产生电子-空穴对或光生载流子。P 型半导体中电子是少数载流子，而少子的运动对图像传感器至关重要。举例来说，当入射光为近红外线(NIR)时，由于近红外波段光线的吸收长度大于 1μm（图 2.3），因此光线可以抵达衬底，所以在 P 型衬底的 CMOS 图像传感器中，衬底中会产生光生少子，即电子。在这种情况下，这些载流子的扩散将大大影响图像传感器的性能；换句话说，这些载流子可以通过衬底扩散到相邻的光电二极管并导致图像模糊。通常采用近红外截止滤光片来消除这一影响，因为近红外光可以到达光电二极管较深的区域，即衬底，且相比可见光在衬底产生更多的载流子。

少子的迁移率和寿命凭经验给出如下关系[72-74]：

$$\mu_n = 233 + \frac{1180}{1 + [N_a/(8 \times 10^{16})]^{0.9}}(\text{cm}^2/(\text{V} \cdot \text{s})) \tag{2.4}$$

$$\mu_p = 130 + \frac{370}{1 + [N_d/(8 \times 10^{17})]^{1.25}}(\text{cm}^2/(\text{V} \cdot \text{s})) \tag{2.5}$$

$$\tau_n^{-1} = 3.45 \times 10^{-12} N_a + 0.95 \times 10^{-31} N_a^2 (\text{s}^{-1}) \tag{2.6}$$

$$\tau_p^{-1} = 7.8 \times 10^{-13} N_a + 1.8 \times 10^{-31} N_d^2 (\text{s}^{-1}) \tag{2.7}$$

式中：N_a 为受主浓度；N_d 为施主浓度。

根据上述公式，可以用以下关系式估算电子和空穴的扩散长度：

$$L_{n,p} = \sqrt{\frac{k_B T \mu_{n,p} \tau_{n,p}}{e}} \tag{2.8}$$

图 2.4 显示了电子和空穴的寿命及其扩散长度分别与杂质浓度的关系。注意，当杂质浓度小于 10^{17}cm^{-3} 时，电子和空穴平均扩散长度超过 100μm。

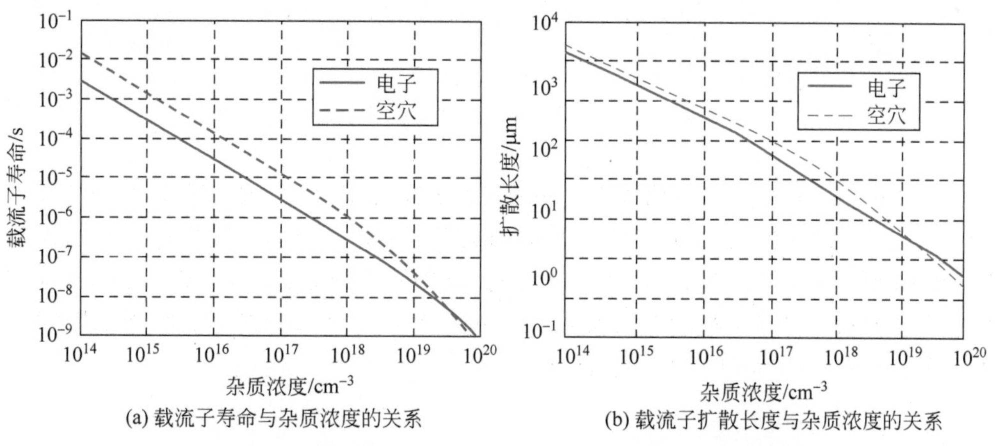

(a) 载流子寿命与杂质浓度的关系　(b) 载流子扩散长度与杂质浓度的关系

图 2.4 硅材料中的电子和空穴的寿命及其扩散长度分别与杂质浓度的关系

2.2.3 灵敏度和量子效率

灵敏度(感光灵敏度)定义为每单位功率 P_o 的光入射到材料时，所产生的光电流 I_L 的值。它由下式给出：

$$R_{ph} = \frac{I_L}{P_o} \tag{2.9}$$

量子效率定义为光生载流子的数目和入射光子数的比值。每单位时间的入射光子数是 P_o/hv，每单位时间所产生的载流子数目是 I_L/e，因此可以表示为

$$\eta_Q = \frac{I_L/e}{P_o/(hv)} = R_{ph}\frac{hv}{e} \tag{2.10}$$

根据式(2.10)，最大灵敏度，即在 $\eta_Q=1$ 时的 R_{ph} 为

$$R_{ph,max} = \frac{e}{hv} = \frac{e}{hc}\lambda = \frac{\lambda}{1.23}(\mu m) \tag{2.11}$$

图 2.5 展示了 $R_{ph,max}$ 随光波长的增大而单调增大，并最终由于材料的禁带宽度 E_g 的限制，在波长为 λ_g 时其值变为 0。对于硅材料来说，因为其禁带宽度为 1.107eV，所以 $\lambda_g \approx$ 1.12μm。

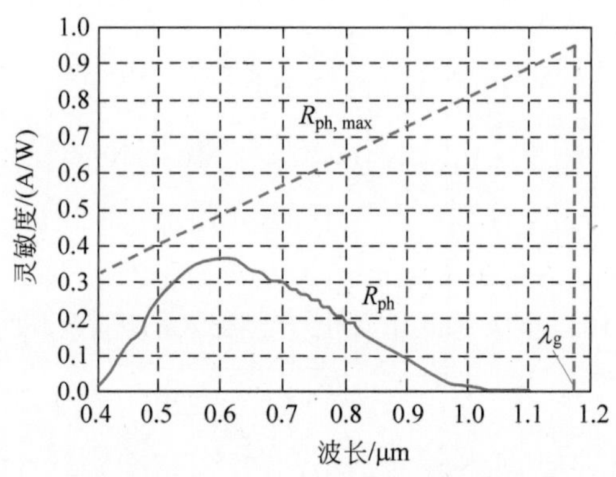

图 2.5 硅材料对应的光灵敏度

注：实线对应式(2.19)，表示灵敏度 R_{ph} 与波长的关系；虚线对应式(2.11)，表示理想情况下的灵敏度或最大灵敏度 $R_{ph,max}$ 与波长的关系；λ_g 是达到硅禁带宽度限制时所对应的光线波长。

2.3 智能 CMOS 图像传感器中的光电探测器

在 CMOS 图像传感器中使用的光电探测器大多数是 PN 结光电二极管，接下来将对光电二极管进行详细介绍。其他应用于 CMOS 图像传感器的光电探测器有栅极感光传感器、光电晶体管和雪崩光电二极管(APD)。光电晶体管和雪崩光电二极管都采用了提高增益的手段，另一种提升增益的探测器是光电导探测器(PCD)。图 2.6 给出了栅极感光传感器、光电二极管和光电晶体管的符号和结构。

2.3.1 PN 结光电二极管

本节主要介绍一种传统的光电探测器，即 PN 结光电探测器[75-76]。首先解释光电二极管的工作原理；然后讨论量子效率、灵敏度、暗电流、噪声、表面复合和速度，这些基本特性对 CMOS 图像传感器非常重要。

2.3.1.1 工作原理

PN 结光电二极管的工作原理很简单。在 PN 结二极管中，正向电流表示为

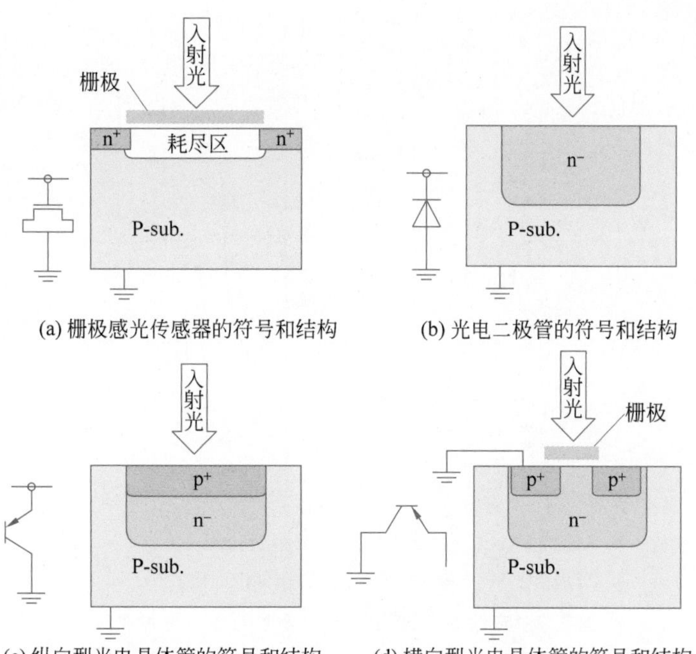

(a) 栅极感光传感器的符号和结构　(b) 光电二极管的符号和结构

(c) 纵向型光电晶体管的符号和结构　(d) 横向型光电晶体管的符号和结构

图 2.6　几类光电探测器的符号和结构

$$I_F = I_{diff}\left[\exp\left(\frac{eV}{nk_BT}\right)-1\right] \tag{2.12}$$

式中：n 为理想因子；I_{diff} 为饱和电流或扩散电流，它可表示为

$$I_{diff} = eA\left(\frac{D_n}{L_n}n_{po}+\frac{D_p}{L_p}p_{no}\right) \tag{2.13}$$

其中：D_n、D_p、L_n、L_p 分别为扩散系数和扩散长度；n_{po}、p_{no} 分别为 p 区少数载流子浓度和 n 区少数载流子浓度；A 为 PN 结二极管的横截面面积。

PN 结光电二极管中的光电流表示为

$$\begin{aligned} I_L &= I_{ph} - I_F \\ &= I_{ph} - I_{diff}\left[\exp\left(\frac{eV}{nk_BT}\right)-1\right] \end{aligned} \tag{2.14}$$

式中：n 为理想因子。

图 2.7 给出了光电二极管分别在明暗条件下的 I-V 曲线。如图 2.7 所示，根据不同偏置有三种不同工作模式，分别为太阳能电池模式、光电二极管模式和雪崩模式。

在太阳能电池模式下，光电二极管上不施加任何偏压。光照下会在光电二极管的 PN 结两端产生一个电压，就像电池一样。图 2.7 中显示了开路电压 V_{oc}。开路状态下，可以令式(2.14)中 $I_L=0$，从而得到开路电压，所以有

$$V_{oc} = \frac{k_BT}{e}\ln\left(\frac{I_{ph}}{I_{diff}}+1\right) \tag{2.15}$$

这表明，开路电压与入射光强度不呈线性关系。

在光电二极管模式下，当二极管反向偏置，即 $V<0$ 时，式(2.14)中指数项可以忽略不计，因此 I_L 可以近似为

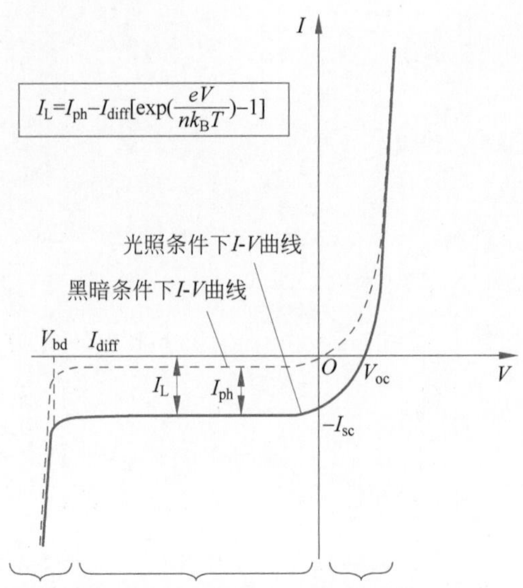

图 2.7 在明暗条件下光电二极管的 *I*-*V* 特性曲线

$$I_L \approx I_{ph} + I_{diff} \tag{2.16}$$

这表明，光电二极管的输出电流等于光电流和扩散电流的总和。因此，光电流随光强增加而线性增加。

从图 2.7 可以看出，当光电二极管强反偏时，光电流急剧增加，这种现象称为雪崩效应。这时电子和空穴发生碰撞电离，从而导致载流子倍增。恰好发生雪崩效应时的电压称为雪崩击穿电压 V_{bd}。2.3.1.3 节将对雪崩击穿作进一步解释。雪崩模式可以用于雪崩光电二极管中，这一点将在 2.3.4 节进行说明。

2.3.1.2 量子效率和灵敏度

利用式(2.2)中吸收系数 α 的定义，可以得到光强的表达式：

$$dP(z) = -\alpha(\lambda)P_o\exp[-\alpha(\lambda)z]dz \tag{2.17}$$

为了明确吸收系数取决于波长这一点，将 α 写作 $\alpha(\lambda)$。量子效率定义为吸收光强与总输入光强的比值，因此有

$$\begin{aligned}\eta_Q &= \frac{\int_{x_n}^{x_p}\alpha(\lambda)P_o\exp[-\alpha(\lambda)x]dx}{\int_0^{\infty}\alpha(\lambda)P_o\exp[-\alpha(\lambda)x]dx} \\ &= (1-\exp[-\alpha(\lambda)W])\exp[-\alpha(\lambda)x_n]\end{aligned} \tag{2.18}$$

式中：W 为耗尽层宽度；x_n 为从材料表面到耗尽区边缘的距离，如图 2.8 所示。

利用式(2.18)，灵敏度可以表示为

$$\begin{aligned}R_{ph} &= \eta_Q\frac{e\lambda}{hc} \\ &= \frac{e\lambda}{hc}(1-\exp[-\alpha(\lambda)W])\exp[-\alpha(\lambda)x_n]\end{aligned} \tag{2.19}$$

下面分别给出上式中的耗尽区宽度 W、耗尽区在 N 型区域中的宽度 x_n 的表达式。利

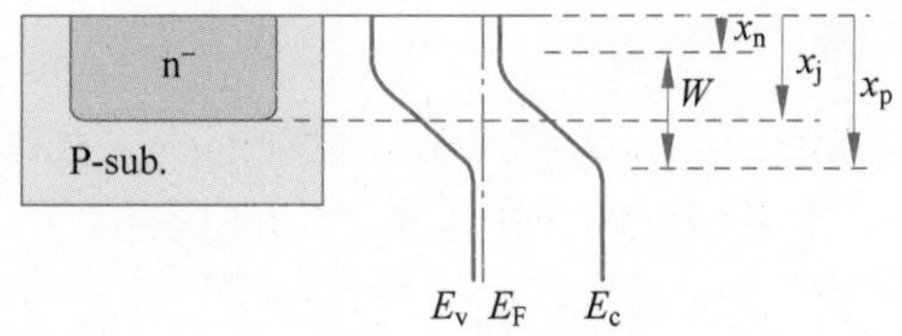

图 2.8　PN 结结构

注：该结是在距离表面 x_j 的位置所形成的，耗尽区则向 N 型区域 x_n 和 P 型区域 x_p 两侧延伸，因此耗尽区的宽度 $W=x_n-x_p$。

用内建电势 V_{bi} 的概念，并假定所施加的偏置电压为 V_{appl}，可得到 W 的表达式，即

$$W=\sqrt{\frac{2\varepsilon_{Si}(N_d+N_a)(V_{bi}+V_{appl})}{eN_aN_d}} \tag{2.20}$$

式中：ε_{Si} 为硅的介电常数。

内建电势为

$$V_{bi}=k_BT\ln\left(\frac{N_dN_a}{n_i^2}\right) \tag{2.21}$$

式中：n_i 为硅的本征载流子浓度，$n_i=1.4\times10^{10}\,cm^{-3}$。

N 型区域和 P 型区域的耗尽层宽度分别为

$$x_n=\frac{N_a}{N_a+N_d}W \tag{2.22}$$

$$x_p=\frac{N_d}{N_a+N_d}W \tag{2.23}$$

图 2.9 给出了硅材料的灵敏度光谱曲线，即灵敏度与入射光波长之间的关系。灵敏度光谱曲线和 N 型区、P 型区的杂质分布以及 PN 结的位置 x_j 有关。图 2.9 所示的曲线是在如下假设基础上得到的：PN 结的 N 型和 P 型杂质区域是均匀分布的，且为突变结；此外，只统计耗尽区内产生的光生载流子。实际上，耗尽区外产生的一部分光生载流子会扩散进入耗尽区，但是这一部分在此不作统计，而由于长波光线的吸收系数比较低，这种扩散载流子会影响长波灵敏度[77]；另一个假设是忽略了表面复合效应，这部分内容将在 2.3.1.4 节介绍噪声时再予考虑。这些假设将在 2.4 节进一步讨论。实际图像传感器中的光电二极管表面被 SiO_2 和 Si_3N_4 所覆盖，因而量子效率也会受到影响[78]。

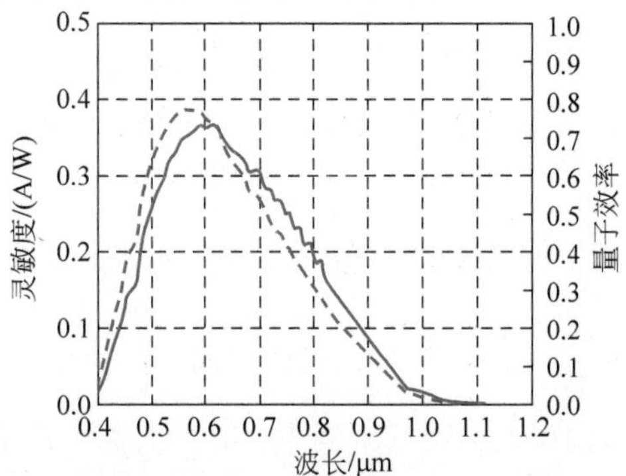

图 2.9　PN 结光电二极管的灵敏度（实线）、量子效率（虚线）与波长的关系（光电二极管的参数：$N_a=5\times10^{14}\,cm^{-3}$，$N_d=1\times10^{15}\,cm^{-3}$，$x_j=1.5\mu m$，$V_{bias}=3V$）

2.3.1.3 暗电流

光电二极管中的暗电流有几个来源，将会在下面进行一一列举。

扩散电流。光电二极管本身即存在扩散电流，它可以表示为

$$I_{\text{diff}}=Ae\left(\frac{D_{\text{n}}n_{\text{po}}}{L_{\text{n}}}+\frac{D_{\text{p}}n_{\text{no}}}{L_{\text{p}}}\right)$$

$$=Ae\left(\frac{D_{\text{n}}}{L_{\text{n}}N_{\text{a}}}+\frac{D_{\text{p}}}{L_{\text{p}}N_{\text{d}}}\right)N_{\text{c}}N_{\text{v}}\exp\left(-\frac{E_{\text{g}}}{k_{\text{B}}T}\right) \tag{2.24}$$

式中：A 为二极管截面积；N_{c} 和 N_{v} 分别是导带和价带的有效状态密度；E_{g} 为禁带宽度。

因此，扩散电流随着温度的上升而呈指数式增加。注意，扩散电流大小并不取决于偏压。

隧穿电流。其他的暗电流还包括隧穿电流、产生-复合(G-R)电流、Frankel-Poole 电流和表面漏电流[70,80]。隧穿电流包含带带隧穿(BTBT)电流和缺陷辅助隧穿(TAT)电流，且与偏置电压呈指数关系[79-81]，但是对温度的依赖性较小。如表 2.1 所示，虽然带带隧穿和缺陷辅助隧穿引起的暗电流都与偏置电压呈指数关系，但是依赖程度不同。当掺杂浓度很大时，因耗尽区宽度变薄而导致隧穿效应，此时隧穿电流会变得非常重要。

产生-复合电流。在耗尽区，载流子浓度降低，并且由于热产生载流子大于复合[79,82]，从而造成暗电流增大。产生-复合电流由下式给出[79]：

$$I_{\text{gr}}=AW\frac{en_{\text{i}}}{\tau_{\text{g}}}=AW\frac{e\sqrt{N_{\text{c}}N_{\text{v}}}}{\tau_{\text{g}}}\exp\left(-\frac{E_{\text{g}}}{2k_{\text{B}}T}\right) \tag{2.25}$$

式中：W 为耗尽层宽度；τ_{g} 为存在深能级复合中心时的载流子寿命；n_{i} 为本征载流子浓度。

由于 W 与 $\sqrt{V}$ 成正比，因此 I_{gr} 也与 $\sqrt{V}$ 成正比。这个过程称为 SRH(Shockley-Read-Hall)复合[79,82]，即间接复合。

碰撞电离电流。随着偏置电压增加，碰撞电离和雪崩击穿会引起暗电流的增加[83-84]。之所以碰撞电离导致的暗电流对于偏压具有依赖性，是由于电子电离系数 α_{n} 和空穴电离系数 α_{p} 分别对于电压具有依赖性。这两个电离系数随着偏压的增加而呈指数式增加。

Frankel-Poole 电流。Frankel-Poole 电流是由于被俘获的电子发射到导带而形成的[79]。和隧穿电流一样，该电流很大程度上依赖偏置电压。

表面漏电流。表面漏电流由下式给出：

$$I_{\text{surf}}=\frac{1}{2}en_{\text{i}}s_{\text{o}}A_{\text{s}} \tag{2.26}$$

式中：n_{i}、s_{o}、A_{s} 分别为本征载流子浓度、表面复合速率和表面积。

暗电流与温度、偏置电压的相关关系。对比式(2.24)、式(2.25)、式(2.26)可知，不同暗电流与温度的相关关系不同；带带隧穿电流与温度无关，而 $\log I_{\text{diff}}$ 和 $\log I_{\text{gr}}$ 分别与 $-\frac{1}{T}$、$-\frac{1}{2T}$ 成正比关系。因此，暗电流的来源可以通过不同暗电流成分与温度相关性的不同来区分。更进一步，也可通过与偏压相关性的不同来区分。表 2.1 总结了暗电流与温度、偏置电压的相关性。

表 2.1　暗电流与温度、电压的相关关系[79]

类　型	相关关系
扩散	$\propto \exp\left(-\dfrac{E_g}{k_B T}\right)$
产生-复合	$\propto \sqrt{V}\exp\left(-\dfrac{E_g}{2k_B T}\right)$
带带隧穿	$\propto V^2\exp\left(\dfrac{-a}{V}\right)$
缺陷辅助隧穿	$\propto \exp\left(\dfrac{-a'}{V}\right)^2$
碰撞电离	$\propto \exp\left(-\dfrac{b}{V}\right)$
Frankel-Poole	$\propto V\exp\left(-\dfrac{e}{k_B T}(d\sqrt{V}-\phi_B)\right)$
表面漏电	$\propto \exp\left(\dfrac{-E_g}{2k_B T}\right)$

注：a、a'、b 和 d 为常量；ϕ_B 为势垒高度。

2.3.1.4　噪声

本节将对光电二极管中存在的几种不同类型的噪声进行介绍，而如固定模式噪声这类CMOS图像传感器中所固有的其他噪声将在2.7.1节进行介绍。

散粒噪声。光电二极管受散粒噪声和热噪声影响。散粒噪声是数量为 N 的粒子(如电子和空穴)在实际统计上每秒的涨落而引起的。因此光电二极管内本身就存在光子散粒噪声和电子(或空穴)散粒噪声。光子散粒噪声的来源是入射光，而电子散粒噪声的来源则是暗电流。光子通量和电子通量是一个随机的过程并且符合泊松分布。在泊松分布中，差异由式 $\sigma_N=\sqrt{N}$ 给出，其中 N 是光子通量或电子通量的值(每秒通过的粒子数)。因此，信噪比可以表示为

$$\mathrm{SNR}=\frac{N}{\sqrt{N}}=\sqrt{N} \tag{2.27}$$

电子散粒噪声由散粒噪声电流的形式表示，则散粒噪声电流的方均根表示为

$$i_{\mathrm{sh,rms}}=\sqrt{2e\bar{I}\Delta f} \tag{2.28}$$

式中：$\bar{I}$ 和 Δf 分别为信号平均电流和带宽。

散粒噪声的信噪比可以表示为

$$\mathrm{SNR}=\frac{\bar{I}}{\sqrt{2e\bar{I}\Delta f}}=\frac{\sqrt{I}}{2e\Delta f} \tag{2.29}$$

因此，当电流或电子数目减少时，信噪比连同散粒噪声一起降低。在光电二极管中，电子散粒噪声主要由暗电流产生，因此与入射光强 L 无关。另外，由光子散粒噪声所决定的信噪比与 $\sqrt{L}$ 成正比，因此，在低光照区域，信噪比主要被电子散粒噪声所限制，而在强光照区域，主要被光子散粒噪声所限制。

热噪声。在阻值为 R 的负载电阻中，存在自由电子且它们进行着随机运动，这种随机

运动与负载电阻的温度有关。这种效应导致了热噪声的产生。热噪声也可称为约翰森噪声或奈奎斯特噪声，可以表示为

$$i_{\mathrm{sh,rms}}=\sqrt{\frac{4k_{\mathrm{B}}T\Delta f}{R}} \tag{2.30}$$

在 CMOS 图像传感器中，热噪声以 $k_{\mathrm{B}}TC$ 噪声形式出现，这一点将在 2.7.1.2 节进行讨论。

2.3.1.5 表面复合

在传统的 CMOS 图像传感器中，在硅表面与 SiO_2 的交界处存在一些悬挂键，这些悬挂键会产生表面态或界面态，具体表现为复合中心。一些表面附近产生的光生载流子会被这些中心俘获，它们对光电流没有贡献。因此这些表面态会使量子效率或灵敏度降低，称为表面复合效应。表面复合的特征参数是表面复合速率 S_{surf}，它与表面处的过剩载流子浓度成正比：

$$D_{\mathrm{n}}\frac{\partial n_{\mathrm{p}}}{\partial x}=S_{\mathrm{surf}}[n_{\mathrm{p}}(0)-n_{\mathrm{po}}] \tag{2.31}$$

表面复合速率很大程度上受界面态、能带弯曲、缺陷以及其他效应的影响。硅材料的电子和空穴的表面复合速率一般为 $10\mathrm{cm}^3/\mathrm{s}$。短波长的光吸收系数较大并且光吸收大部分发生在表面，如蓝色光。因此，对于短波长波段的光，减小表面复合速率对于实现高量子效率非常重要。

2.3.1.6 速度

近年来，随着光纤通信和光纤到户（FTTH）技术的发展，硅基 CMOS 光接收器已得到广泛的研究和开发。采用 CMOS 技术，包括双极 CMOS（BiCMOS）技术的高速光探测器，在文献[85-86]中进行了详细介绍，应用于 CMOS 光纤通信的高速电路详见文献[87]。

下面考虑光电二极管的响应，一般光电二极管响应的限制因素有 RC 时间常数 τ_{RC}、渡越时间 τ_{tr}、少子扩散时间 τ_{n}（电子）。

RC 时间常数与 PN 结电容 C_{D} 有关，其表达式为

$$\tau_{\mathrm{RC}}=2\pi C_{\mathrm{D}}R_{\mathrm{L}} \tag{2.32}$$

式中：R_{L} 为负载电阻。

耗尽区渡越时间在这里被定义为载流子漂移穿过整个耗尽区的时间，其表达式为

$$\tau_{\mathrm{trdepletion}}=W/v_{\mathrm{s}} \tag{2.33}$$

式中：v_{s} 为饱和速度。

产生在耗尽区外的少数载流子可以通过扩散到达耗尽区，少子扩散时间的表达式为

$$\tau_{\mathrm{n,p}}=L_{\mathrm{n,p}}^2/D_{\mathrm{n,p}} \tag{2.34}$$

式中：D_{n} 为电子的扩散系数。

注意，在渡越时间的限制下，耗尽区宽度 W 和量子效率 η_{Q} 之间有一个权衡关系。在这种情况下，有

$$\eta_{\mathrm{Q}}=[1-\exp(-\alpha(\lambda)v_{\mathrm{s}}\tau_{\mathrm{tr}})]\exp(-\alpha(\lambda)x_{\mathrm{n}}) \tag{2.35}$$

对于 CMOS 图像传感器来说，扩散时间对光电二极管响应的影响最大。

在传统图像传感器中，光电二极管的速度并不是一个重要的问题。但是，在一些智能图像传感器中需要快速响应的光电二极管。如在第 5 章介绍的一个例子，即用于无线光纤局域网的智能 CMOS 图像传感器，便基于前面提到的用于光纤通信的 CMOS 光接收器技术。

第 5 章还将介绍另一个例子，一种可以测量飞行时间(TOF)的智能 CMOS 图像传感器。在这种应用需求下，雪崩光电二极管和其他快速响应光电二极管被用于实现高速响应。应该注意的是，高速光电二极管在垂直方向上有一个高压电场，而在水平方向上则几乎没有电场，如雪崩光电二极管。2.5.3 节提到的 4T-APS 中，光生载流子会通过扩散转移到下一个节点，因此引入了漂移机制，以实现光电二极管的超高速响应。上面提到的将在 2.7.3 节进行介绍，而它们在高速 CMOS 图像传感器中的应用将在 4.3.4 节进行介绍。

2.3.2 栅极感光传感器

栅极感光传感器的结构和 MOS 电容相似，当栅极偏置时光生载流子积累在耗尽区。栅极感光的结构很适合积累和传输载流子，它已经被应用到一些 CMOS 图像传感器中。光生载流子在栅极感光结构中的积累过程如图 2.10 所示，通过施加栅偏压，耗尽区会产生一个光生载流子的积累区域。

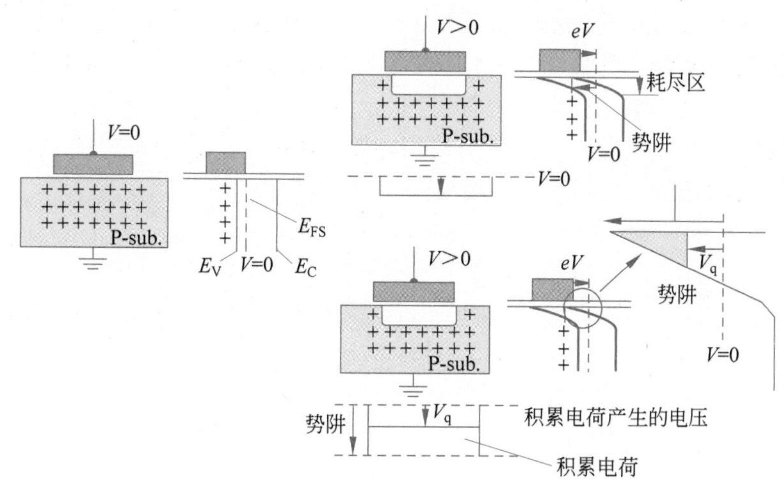

图 2.10　施加栅电压的栅极感光结构(其产生一个光生载流子发生积累的耗尽区)

对于一些智能 CMOS 图像传感器，常将栅极感光传感器中光生区域与表面进行分离，这点将在第 5 章进行讲述。注意，因为栅极感光传感器的栅极通常是由多晶硅制成的，多晶硅部分透明并对波长较短的光(或蓝色光)具有很低的透射率，所以栅极感光传感器的灵敏度较差。

2.3.3 光电晶体管

可以通过标准 CMOS 技术制备寄生晶体管的方法制成光电晶体管。光电晶体管通过基极电流增益 β 对光电流进行放大。因为通过标准 CMOS 工艺技术，基区宽度和载流子浓度不会得到优化，所以 β 值并不高，通常为 10～20。

特别的是，基区宽度是光电晶体管中需要权衡的因素；一个缺点是当基区宽度增加时，量子效率增加，但是增益下降[88]。另一个缺点是光电晶体管中 β 值变化很大，它会产生固定模式噪声(详见 2.7.1.1 节)。尽管有这些缺点，光电晶体管还是受益于其简单的结构和增益而在一些 CMOS 图像传感器中得到应用。通过电流镜电路，光电晶体管可用于电流式信号处理，这会在 3.2.1.1 节进行讨论。为了解决低光电流下低 β 值的问题，有研究人员研究出了带有垂直反型层发射极的 PNP 型双极晶体管结构[89]。

2.3.4 雪崩光电二极管

雪崩光电二极管利用了光生载流子倍增的雪崩效应。雪崩光电二极管具有相当大的增益且具备高速响应的特点。因而雪崩光电二极管被应用于极微光探测（如生物技术）和光纤通信中的高速探测器。然而基于以下几点原因，其几乎不用于图像传感器：首先，它需要一个接近击穿电压的高压，这样的高压阻碍了雪崩光电二极管在标准 CMOS 技术中的应用，仅有少数应用除外，如文献[90]中所提到的，用另外的雪崩光电二极管材料制成的混合图像传感器，它以 CMOS 读出电路做衬底；其次，即使这样一个高电压可以实现，雪崩光电二极管的增益是一个变化很大的模拟值，因此它的性能会较差，增益的变化也会在光电晶体管中引起同样的问题。

由于 A. Biber 等的开创性工作，瑞士电子与微电子中心研发了在标准 1.2μm BiCMOS 技术下的 12×24 像素的雪崩光电二极管阵列[91]。每个像素都采用了雪崩光电二极管控制电路和读出电路。图像是通过制作的雪崩倍增为 7 的传感器在 19.1V 偏压下获得的。

2.3.4.1 盖革模式雪崩光电二极管

部分研究人员已经发表了一些关于使用标准 CMOS 工艺制造雪崩光电二极管的研究[92-95]，如图 2.11 所示。

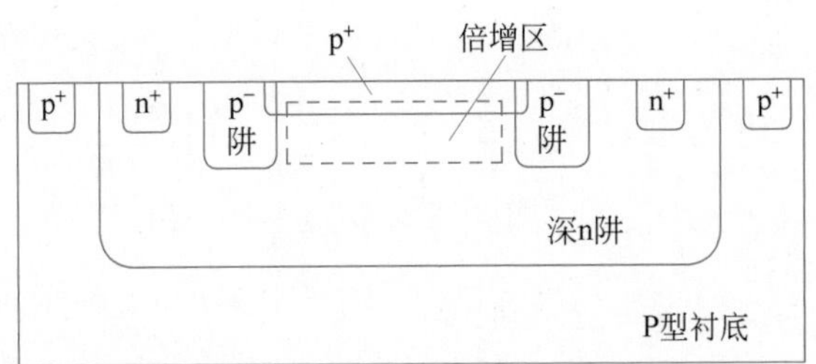

图 2.11 采用标准 CMOS 技术的雪崩光电二极管结构截面图[93]

在这些研究中，雪崩光电二极管偏置在雪崩击穿电压，因此当光子入射到雪崩光电二极管时，它迅速导通。如图 2.12 所示，它可以通过与淬灭电阻串联来关断，因此会产生一个尖峰电流脉冲。通过这种方法它能够检测一个单独的光子，因此称为单光子雪崩二极管(SPAD)。如图 2.12(b)所示，单光子雪崩二极管的初始状态位于①，当一个光子打在单光子雪崩二极管上时，它被偏置在远高于击穿电压 V_o 的地方，由此迅速导通（①→②），产生光电流。这一光电流借助淬灭电阻 R_q 将单光子雪崩二极管的偏置电压拉低，因此施加到单光子雪崩二极管的电压降至雪崩击穿电压以下，最终停止击穿（②→③）。淬灭后，单光子雪崩二极管再次充电并恢复到初始点①。这种现象类似于盖革计数器，因而称其为盖革模式。

传统雪崩光电二极管与单光子雪崩光电二极管的不同之处是它们的偏置电压[96]。雪崩光电二极管仅被偏置在雪崩击穿电压 V_{bd} 附近，而单光子雪崩二极管偏置电压大于 V_{bd}。这种偏置电压在雪崩光电二极管中诱导线性电荷倍增，因此，输出信号与输入光强度呈正比。与之相反，在单光子雪崩二极管中，远高于 V_{bd} 的深偏置电压会引发扩散的载流子倍增，从而产生较大的光电流。

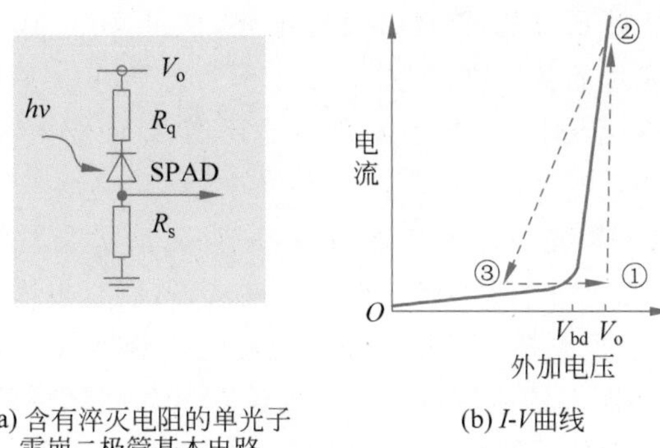

(a) 含有淬灭电阻的单光子雪崩二极管基本电路　(b) *I-V*曲线

V_{bd}—雪崩击穿电压；V_o—单光子雪崩二极管的初始偏置电压；①—初始点；②—产生光电流；③—淬灭。

图 2.12　单光子雪崩二极管的工作原理

盖革模式雪崩光电二极管或单光子雪崩二极管能够在标准 CMOS 工艺下制造。例如，用浅沟槽隔离(STI)作雪崩光电二极管的保护环[97]。研究还发现，2.5V 的偏压足以使雪崩光电二极管达到雪崩击穿。这一结果表明，带有单光子雪崩二极管像素阵列的 CMOS 图像传感器是可以实现的(这将在 3.2.2.3 节进行介绍)。单光子雪崩二极管可用于 4.6.2 节所述的 3D 测距仪，也可用于生物医学应用，如 5.4 节所述的荧光寿命成像。

2.3.4.2　垂直型雪崩光电二极管

最近，有研究人员研究出了一种新的适用于图像传感器的雪崩光电二极管，称为垂直型雪崩光电二极管(VAPD)[98-99]。垂直型雪崩光电二极管应用于 3.3.3 节所提到的背照式 CMOS 图像传感器中。正是由于背照式结构的存在，才使得在光探测区域中加入垂直电场成为可能，相比于单光子雪崩二极管，这一结构还能提高填充因子(FF)。在垂直型雪崩光电二极管中，大增益使输出信号饱和，因此垂直型雪崩光电二极管图像传感器会产生类数字信号，通过对输出信号多次读出和积累，可以实现高灵敏度特性[99]。

2.3.5　光电导探测器

光电导探测器是一种基于光电导效应的探测器[88]。典型的光电导探测器具有 n^+-n^--n^+ 的结构，将直流偏置施加在两个 n^+ 之间，因此所产生的电场大致局限在 n^- 区域，这是一个产生电子-空穴对的光电导区域。增益来源于空穴的寿命 τ_p 与电子渡越时间 τ_{tr} 之比，$\tau_p \gg \tau_{tr}$，增益 G_{PC} 的表达式为

$$G_{PC} = \frac{\tau_p}{\tau_{tr}}\left(1 + \frac{\mu_p}{\mu_n}\right) \tag{2.36}$$

当光生电子-空穴对通过外加电场被分离，电子会在和空穴复合前多次穿过探测器。注意，增益 G_{PC} 和载流子寿命 τ_p 成正比，而 τ_p 决定着探测器的响应速度，因此较大的增益会造成响应速度变慢，即在光电导探测器中增益带宽是一个恒定值。最后，光电导探测器通常具有一个相对较大的暗电流；光电导探测器本质上是一个导电装置，会有一些暗电流流过。这可能会成为其用于图像传感器时所存在的劣势。根据像素对不同波长(如 X 射线、紫外线、红外线)的光响应，会将用于光电导探测器的不同的材料覆盖在 CMOS 读出电路上。NHK(Nippon Hoso Kyokai)已经开始研发超高灵敏度的显像管[100]，其利用超高纵横比制造(HARP)技术，在部分光电导探测器材料上可以出现雪崩现象。

已有几种类型的用于此目的的CMOS读出电路，详见文献[101]。光电导探测器的另一个应用是作为片上滤光片的替代物，详见3.3.5节[102-104]。一些光电导探测器也用于快速光电探测器，此外同样用于快速光电探测器的还有金属-半导体-金属（MSM）光电探测器。

MSM光电探测器是一种光电导探测器，通过一对叉指状金属放置在半导体表面上实现探测，如图2.13所示[88]。由于MSM结构易于制造，所以它也适用于其他材料，如GaAs和GaN。GaAs MSM光电探测器主要用于超高速光电探测器[105]，GaN MSM光电探测器阵列也实现了在图像传感器上的应用[106-107]。由于在紫外线区域的灵敏度，GaN MSM光电探测器已被用于相关图像传感器的开发[108]。

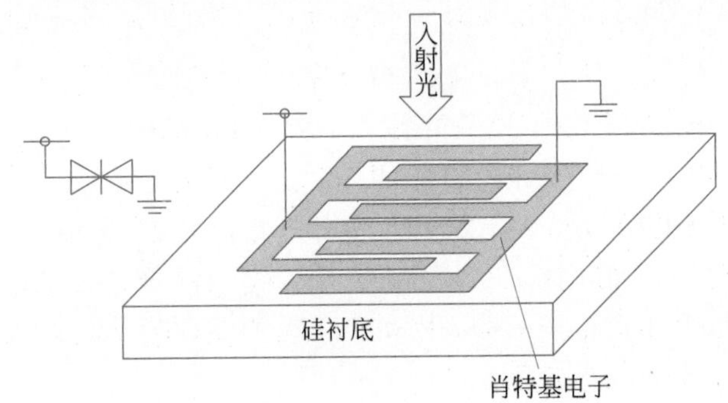

图2.13 MSM光电探测器的结构（图中显示了MSM光电探测器的符号）

2.4 光电二极管的累积模式

CMOS图像传感器中的光电二极管通常工作在累积模式。在这一模式下，光电二极管呈电浮动状态，当光照射到光电二极管时，会产生光生载流子，并且在耗尽区势阱影响下将其扫到表面。G. P. Weckler提出了光电二极管的累积模式并给出了证明[15]。电压随着电子的积累而下降，通过测量压降可以得到光功率的总量。注意，电子的积累解释为通过光电流对充电电容进行放电的过程。

现在假设在一个简单而又典型的情况下，以此来理解为什么累积模式是CMOS图像传感器所必需的。假设有以下参数：光电二极管的灵敏度 $R_{ph}=0.6\text{A/W}$，面积 $A=100\mu\text{m}^2$，光电二极管表面光照度 $L_o=100\text{lx}$。假设1lx大约对应波长 $\lambda=555\text{nm}$ 下的 $1.6\times10^{-7}\text{W/cm}^{-2}$，如在附录B中所述，光电流估计值为

$$
\begin{aligned}
I_{ph} &= R_{ph}\times L_o\times A \\
&= 0.6\ \text{A/W}\times100\times1.6\times10^{-7}\text{W/cm}\times100\mu\text{m}^2 \\
&\approx 10\text{pA}
\end{aligned}
\tag{2.37}
$$

虽然它可以测量这种较低的光电流，但是对于二维阵列中的大量点，它很难以视频级别的帧率对这个量级的光电流进行精确测量。

2.4.1 累积模式下的电势变化

PN结光电二极管的结电容为

$$C_{PD}(V)=\frac{\varepsilon_o\varepsilon_{Si}}{W} \tag{2.38}$$

式中：W 为耗尽区宽度，其取决于外加电压 V，关系式为

$$W=K(V+V_{bi})m_j \tag{2.39}$$

式中：K 为常数；V_{bi} 为 PN 结内建电势差；m_j 为有关结形状的参数，突变结 $m_j=1/2$，线性结 $m_j=1/3$。

$C_{PD}(V)$表达式为

$$C_{PD}(V)\frac{dV}{dt}+I_{ph}+I_d=0 \tag{2.40}$$

式中：I_d 为光电二极管的暗电流。

利用式(2.38)、式(2.39)和式(2.40)可得

$$V(t)=(V_0+V_{bi})\left[1-\frac{(I_{ph}+I_d)(1-m_j)}{C_0(V_0+V_{bi})}t\right]^{\frac{1}{1-m_j}}-V_{bi} \tag{2.41}$$

式中：V_0 和 C_0 分别是光电二极管电压和电容的初始值。

这个结果显示出光电二极管的电压几乎是线性下降的。通常，光电二极管电压被近似为线性下降。图 2.14 显示了光电二极管电压随时间变化的函数曲线。图中 V_{PD} 随着时间增加几乎是呈线性减少，因此可以根据在一个固定时间内光电二极管压降来估算光照度，通常是 1/30s 的视频帧率。

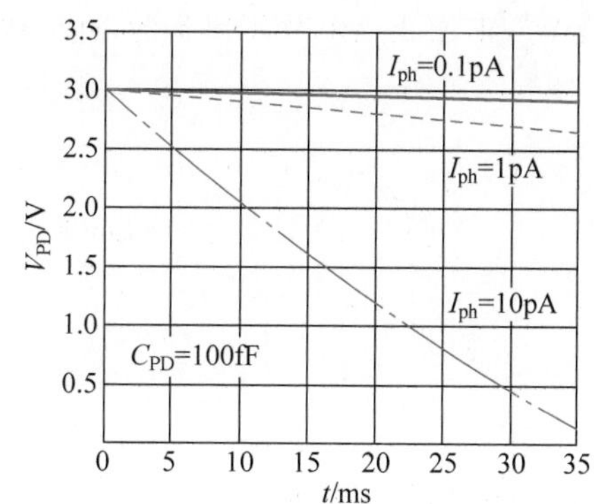

图 2.14　光电二极管电压降随时间变化的函数曲线

2.4.2　电势分布

电势分布经常用于 CMOS 图像传感器，因此它是一个非常重要的概念。图 2.15 描述了这一概念[109]。该图中以 MOSFET 为实例，源极充当光电二极管，漏极连接到 V_{dd}，源极的杂质浓度比漏极小，栅极处于关断状态或处在亚阈值区。

图 2.15(b)显示了沿水平方向的电势分布，图中为靠近表面的导带边缘和表面电势。此外，将图 2.15(c)中所示的每个区域的电子浓度叠加在图 2.15(b)对应的电势分布上，很容易得到图 2.15(d)中所示的载流子浓度分布。载流子浓度分布的基线在电势的底部，所以载流子浓度沿向下的方向增加。注意，电势分布或费米能级都可以通过载流子浓度来判定；当载流子由入射光生成并积累在耗尽区中，势阱深度会根据载流子浓度的变化而变化。然而在通常条件下，图像传感器的表面电势也会根据积累的电荷成比例增加。

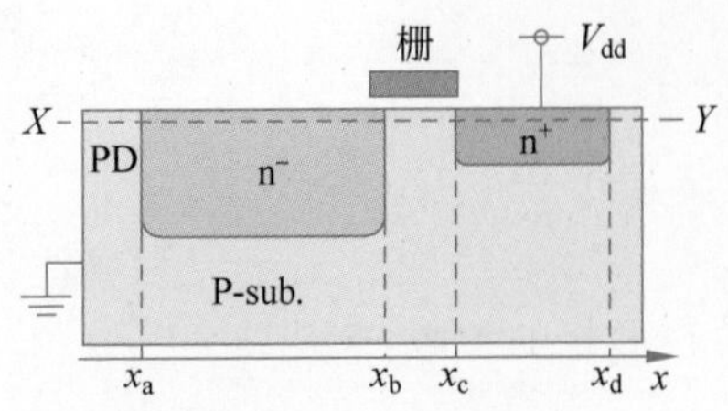

(a) n-MOSFET的结构，源极为光电二极管，漏极连接V_{dd}，栅极处于关断状态

(b) 显示了图(a)中沿X-Y的导带边界分布，水平轴为在图(a)中对应的位置，纵轴为电子能量，图中显示的范围为V_0~V_{dd}

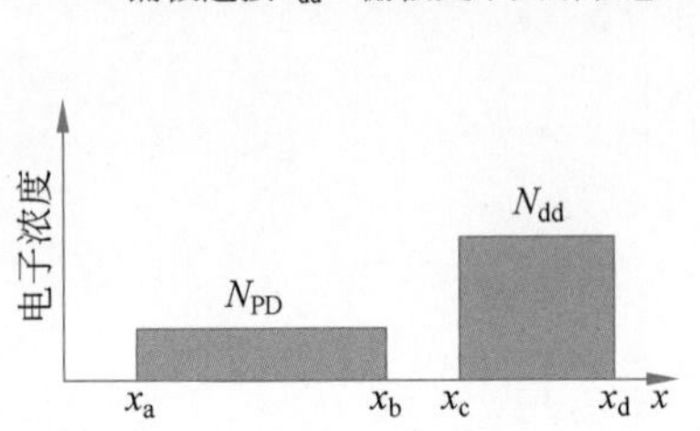

(c) 电子浓度

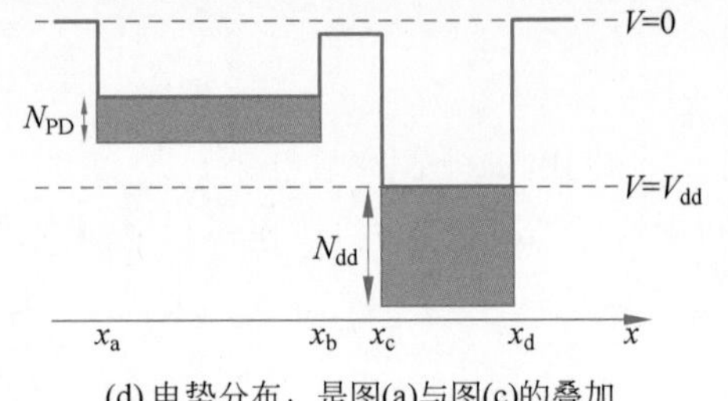

(d) 电势分布，是图(a)与图(c)的叠加

图 2.15 势垒分布图[109]

图 2.16 显示了一个电浮动的光电二极管的电势分布。这和 2.4.1 节是同样的情况。该图中，光生载流子积累在光电二极管的耗尽区，势阱 V_b 由内建电势差 V_{bi} 加上偏压 V_j 得到。图 2.16(b)显示了当光生载流子聚集在势阱中时的积累状态。如图 2.16(b)所示，积累的电荷使势阱深度从 V_b 变成 V_q，正如 2.4.1 节所提到的，这一改变量与入射光照度和积累时间近似成正比。

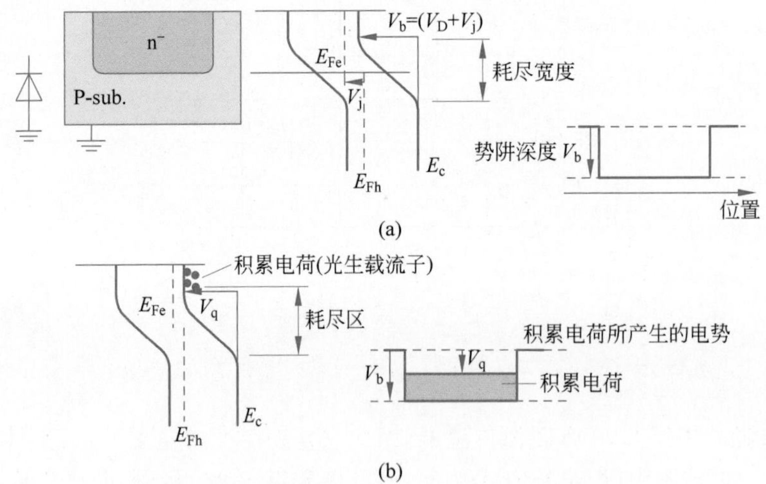

图 2.16 积累前和积累后光电二极管的势垒分布

2.4.3 光电二极管中光生载流子的运动

正如 2.3.1.2 节所解释的，不同能量或波长的光子入射到半导体中，能量较小或波长较长的光子将深入到半导体内，而能量较大或波长较短的光子则在表面附近被吸收。如图 2.17 所示，在耗尽区被吸收的光子直接被电场扫向势阱，并在势阱中积累。当红、绿、蓝三种颜色

的光入射到光电二极管中，如图 2.17(a)所示，三种光所能到达的深度不同。红光穿透到最深处，到达 P 衬底区域，它会在此处产生少子电子。如图 2.17(b)所示，在 P 型衬底区域几乎没有电场，因此光生载流子只能进行扩散运动。而一些光生载流子在这个区域复合，对信号电荷没有贡献；其他的载流子到达耗尽区的边缘并积累在势阱中，有助于增加信号电荷。这种贡献程度取决于 P 衬底中产生的电子的扩散长度(扩散长度已在 2.2.2 节中讨论过)。注意，在低杂质浓度区域中载流子的扩散长度较大，因此载流子可以移动很长距离，所以在这种情况下，蓝光、绿光和一部分红光有助于增加信号电荷。

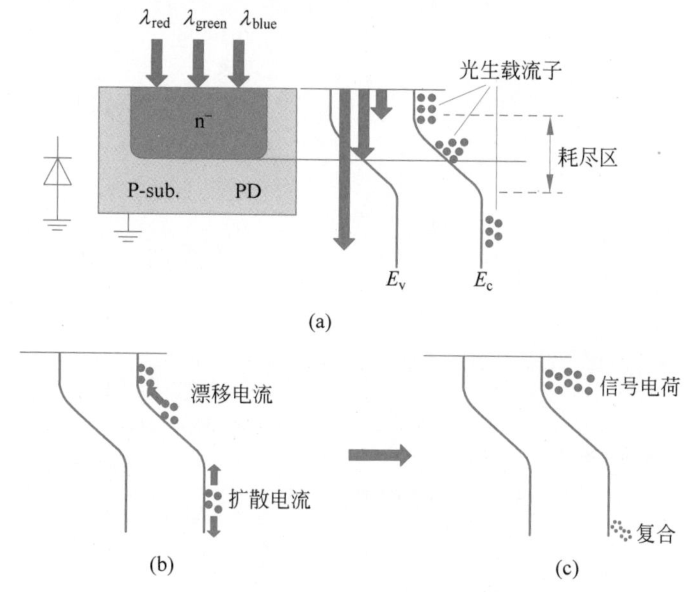

图 2.17 光电二极管中光生载流子的运动

然而，在这种情况下忽略了对载流子有严重危害的表面态或界面态。这种状态会在带隙中产生深层能级，在这些状态周围的载流子很轻易地被这些能级俘获。这些状态中的载流子寿命一般很长，被俘获的载流子最终会在里面发生复合，因此对信号电荷没有贡献。如图 2.18 所示，蓝光受这种效应的影响，比波长更长的光的量子效率更小。

为了减轻短波长光子量子效率降低的影响，研究人员开发出了钳位光电二极管(PPD)，或称埋层光电二极管(BPD)。历史上，钳位光电二极管最先被应用于电荷耦合器件[110-111]，从 20 世纪 90 年代末才开始应用于 CMOS 图像传感器[42,112-114]，对钳位光电二极管的详细回顾可见文献[115]。钳位光电二极管的结构示意图如图 2.19 所示，光电二极管的顶层表面有一层薄的 p^+ 层，因此光电二极管本身看起来是埋在表面下，该顶层的 p^+ 薄层的作用是固定表面附近的费米能级，这就是“钳位光电二极管”名字的来源。该 p^+ 和 p 衬底具有相同的电势，因此表面电势分布发生强烈弯曲，使积累区与具有陷阱状态的表面分离。这种情况下，费米能级是固定的，表面附近的电势也是固定的。

最终，较短波长下的光生载流子被表面附近弯曲的电势分布快速扫向积累区，这有助于信号电荷的增加。钳位光电二极管结构有两个优势：首先，因为表面 p^+ 层掩盖了陷阱(形成暗电流的主要原因)，钳位光电二极管比传统的光电二极管具有更小的暗电流。其次，有

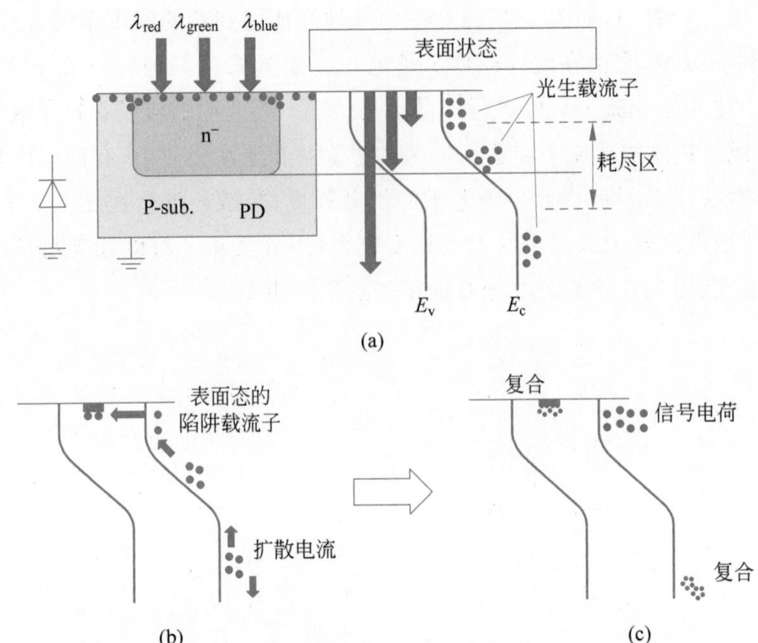

图 2.18　表面具有陷阱的光电二极管中的光生载流子的运动

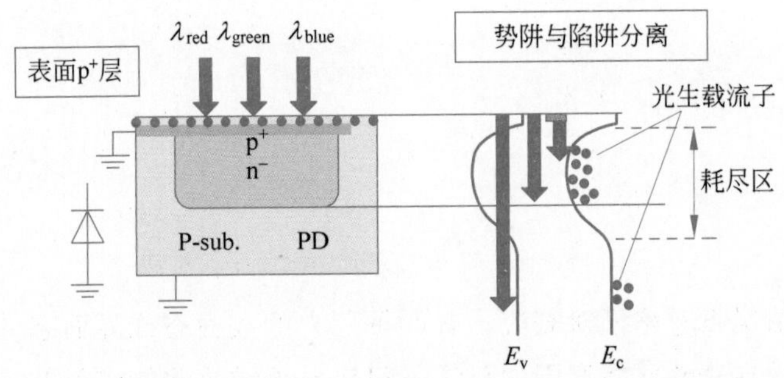

图 2.19　表面带有 p^+ 层的光电二极管或钳位光电二极管中光生载流子的运动

较大弯曲的电势分布会产生完全耗尽的积累区，这对 4T-APS 非常重要，这将在 2.5.3 节进行讨论。为了实现完全耗尽不仅需要表面薄的 p^+ 层，也需要通过精准的制造工艺控制技术对电势分布进行精心设计。完全耗尽区的电势或电压称为“完全耗尽电压”或“钳位电压”[116-117]，这一参数对设计 4T-APS 非常重要。如今，钳位光电二极管已被广泛应用于高灵敏度的商用 CMOS 图像传感器中。

2.5　基本像素结构

历史上，首先研发出来的是无源像素传感器，后来为了提高像素质量研发出了有源像素传感器。早期一个有源像素里有 3 个晶体管，而无源像素只有 1 个。为了进一步提高图像质量，现在已经成功研究出来更先进的有源像素，它的一个像素内有 4 个晶体管，即所谓的 4T-APS。虽然 4T-APS 大大改善了图像质量，但它的制造工艺很复杂。

2.5.1　无源像素传感器

首个商用的 MOS 传感器是无源像素传感器[25,27]，却由于信噪比的问题终止了进一步的研究。无源像素的结构非常简单：如图 2.20(a)所示，一个像素由一个光电二极管和一个开关晶体管组成，类似于动态随机存储器(DRAM)。

由于结构简单，所以无源像素有较大的填充因子，即光电二极管截面积与像素面积的比值，图像传感器中需要一个较大的填充因子。然而，无源像素的输出信号很容易降低，开关噪声是一个很重要的问题。在无源像素发展的第一阶段，积累的信号电荷通过水平输出线转换成读出电流，然后通过电阻[25,27]或跨阻放大器[28]转换成电压。

该方法有如下缺点：

(1) 较大的拖影。拖影一般是没有输入信号时，以垂直条纹形式出现的幻影信号。电荷耦合器件可以减少拖影。在无源像素中，拖影发生在信号电荷转移到列信号线时，这个长的水平周期(一个水平周期通常为 64μs)会引起拖影。

(2) 较高的 $k_B TC$ 噪声。$k_B TC$ 是热噪声(详见 2.7.1.2 节)，具体来说，电荷的噪声功率可以表示为 $k_B TC$，其中 C 是采样电容。无源像素在列信号线上具有较大的采样电容，因此大噪声是不可避免的。

(3) 较高的列固定模式噪声。因为列输出线上的电容 C_C 很大，列开关晶体管需要很大的驱动能力，因此栅极尺寸较大。这会导致大的栅极重叠电容 C_{gd}，如图 2.20(a)所示，它将产生较大的开关噪声和列固定模式噪声。

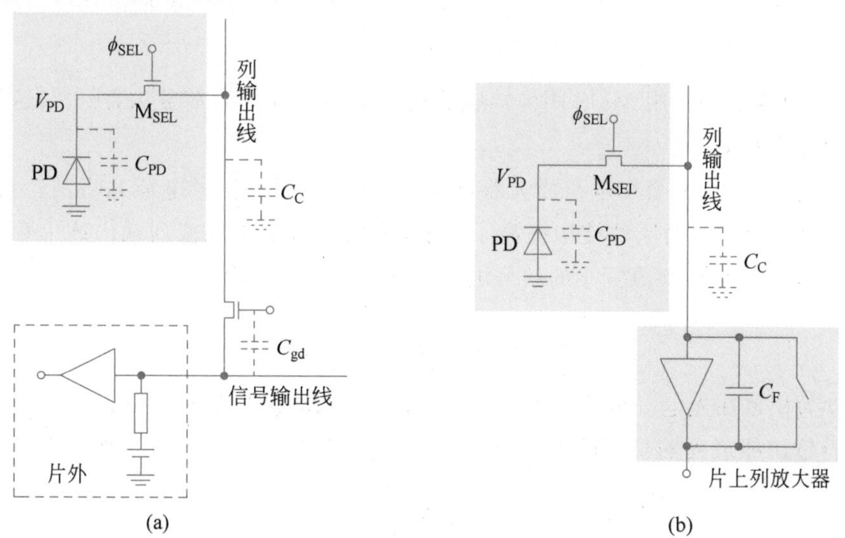

图 2.20　具有两种读出方式的无源像素基本像素电路

注：C_{PD} 为光电二极管的 PN 结电容，C_C 为与列输出线相关的寄生电容。在图 2.20(a)所示电路中，片外放大器可以将电荷信号转换成电压信号，而在图 2.20(b)所示电路中，列电路中集成了片上电荷放大器或电容跨阻放大器(CTIA，CTIA 将在 3.2.1.3 节进行介绍)，所以信号电荷几乎可以完全读出。

为了解决这些问题，有人研究出了横向信号线(TSL)结构[118]。图 2.21 显示了横向信号线的概念。在横向信号线结构中，每个像素都应用了列选择晶体管。如图 2.21(b)所示，会在每一个列周期选中信号电荷，列周期比行周期短得多，能大大减少拖影。此外，相比于标准无源像素的大电容 C_C，列选择晶体管 M_{CSEL} 只需要一个较小的采样电容 C_{PD}，因此能够降低 $k_B TC$ 噪声。最后，M_{CSEL} 的栅极尺寸可以减小，因此在这种结构中可以有较小的开关噪声。为了减小固定模式噪声，横向信号线结构也应用于 3T-APS 中[119]。

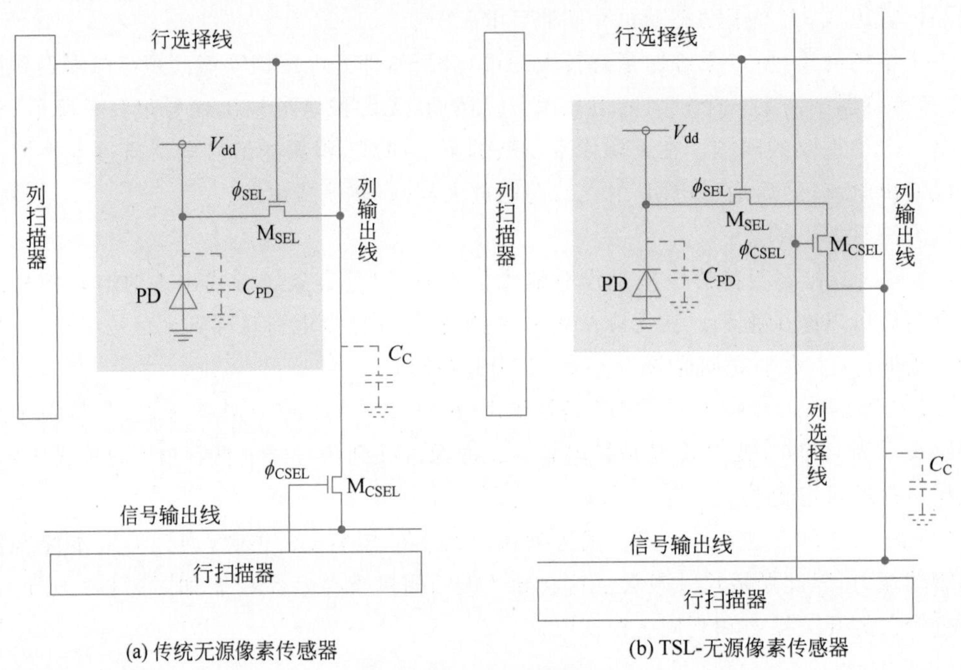

图 2.21 对无源像素传感器的改进[118]

此外，还出现了一种用 MOS 图像传感器代替电阻的片上电荷放大器[120]，这种结构仅对一小部分像素有效。

一般而言，每一列都会加电荷放大器，以此来完整地提取信号电荷并将其转换成电压，如图 2.20(b)所示。虽然这种结构提高了性能，但由于行输出线或列输出线上存在大的寄生电容 C_C，其仍然难以检测到小的信号电荷。列输出线上的电压为

$$V_{out} = Q_{PD} \frac{C_C}{C_{PD} + C_C} \frac{1}{C_F} \tag{2.42}$$

式中：Q_{PD} 为积累在光电二极管中的信号电荷；C_{PD} 为光电二极管的电容。

由于行输出线或列输出线的寄生电容 $C_C \gg C_{PD}$，所以式(2.42)可以近似表示为

$$V_{out} \approx \frac{Q_{PD}}{C_F} \tag{2.43}$$

这意味着电荷放大器需要对小电荷进行精确转换。目前的 CMOS 技术能够在每一列中集成这样的电荷放大器，因此提升了信噪比[121]。注意，这种结构是非常耗电的。

2.5.2 3T 有源像素传感器

有源像素传感器得名于它是用有源器件来放大每一个像素的信号，如图 2.22 所示，这种像素结构称为 3T-APS，是与 2.5.3 节的 4T-APS 相对而言的。有源像素传感器中采用

一个额外的晶体管 M_{SF} 作为源跟随器，因此输出电压随光电二极管电压变化，该输出信号通过选择晶体管 M_{SEL} 转移到行输出线。

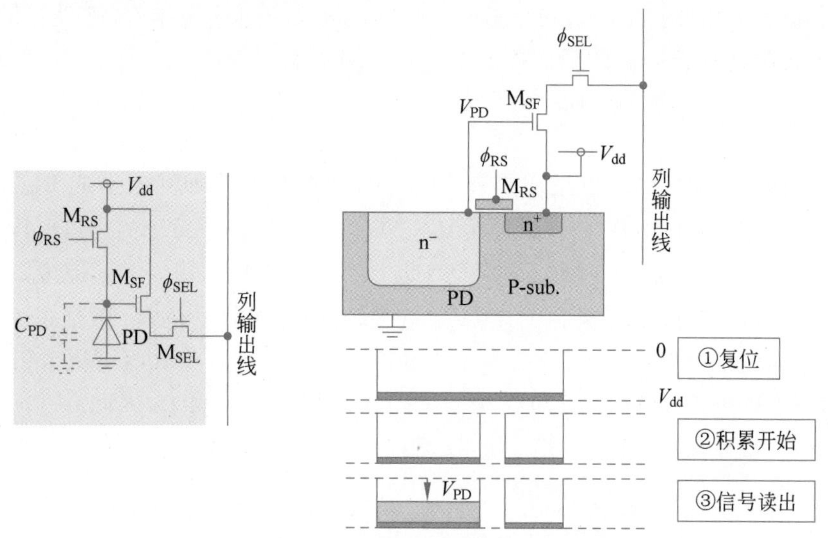

图 2.22 3T 有源像素传感器的基本像素电路

与无源像素传感器相比，在像素中引入放大器有助于提高有源像素成像质量。无源像素传感器是直接将积累的信号电荷转移到像素外部，而有源像素传感器则是将信号电荷转移到栅极形成电势。在这个结构中，电压增益小于1，而电荷增益则取决于累积模式电荷 C_{PD} 与采样保持电荷 C_{SH} 的比值。

有源像素传感器的工作过程：首先，复位管 M_{RS} 导通，光电二极管被复位至 $V_{dd}-V_{th}$，其中 V_{th} 是晶体管 M_{RS} 的阈值电压(图 2.22 中①)。接下来，M_{RS} 关断，光电二极管进入电浮动状态(图 2.22 中②)。当有光入射时，光生载流子聚集在光电二极管的结电容 C_{PD} 上。如 2.4.1 节所述，积累的电荷改变了光电二极管的势垒，根据输入光强度，光电二极管电压 V_{PD} 会降低。在一个积累时间(如 33ms 的视频帧率)之后，选择管导通，像素中的输出信号在列输出线上读出(图 2.22 中③)。读出过程完成后，M_{SEL} 关断，M_{RS} 再次导通，重复上述过程。

注意，积累的信号电荷并没有被破坏，这使得信号可以多次读取。对于智能 CMOS 图像传感器来说这是一个非常有用的特点。

2.5.2.1 3T 有源像素传感器的问题

虽然有源像素传感器克服了无源像素传感器低信噪比的缺陷，但它依然存在如下问题：

(1) 难以抑制 $k_B TC$ 噪声。

(2) 光探测区域，也就是光电二极管，同时作为一个光转换区域，这限制了光电二极管设计。这里定义了满阱容量和转换增益。满阱容量是可以积累在光电二极管中的电荷数量。满阱容量越大，动态范围(DR)越宽，动态范围的定义为最大输出信号值 V_{max} 和可检测的信号值 V_{min} 的比值。

$$\mathrm{DR}=20\log\frac{V_{max}}{V_{min}}(\mathrm{dB}) \tag{2.44}$$

转换增益定义为当一个电荷(电子或空穴)积累在光电二极管中时的电压变化。因此转

换增益等于 $1/C_{PD}$。

满阱容量会随着光电二极管结电容 C_{PD} 的增加而增加，此外，作为根据积累电荷数量衡量光电二极管电压增长量的转换增益，它和 C_{PD} 成反比。这意味着，满阱容量和转换增益在 3T-APS 中具有相互制约的关系。4T-APS 解决了这一制约关系同时抑制了 k_BTC 噪声。

2.5.2.2 复位

在 3T-APS 中，通常的复位过程是在 M_{rst}（M_{RS}）的栅极施加高电平或 V_{dd}，使 M_{rst} 导通，以此将光电二极管的电压 V_{PD} 固定在 $V_{dd}-V_{th}$，其中 V_{th} 是 M_{rst} 的阈值电压。注意，在复位过程的最后阶段，V_{PD} 达到 $V_{dd}-V_{th}$，因此 M_{rst} 的栅源电压小于 V_{th}，这意味着 M_{rst} 进入亚阈值区，在这一阶段 V_{PD} 到达 $V_{dd}-V_{th}$ 过程较慢，称为软复位[122]。通过 PMOS 作为复位管，这一问题可以得到避免，但由于需要 n 阱，PMOS 会比 NMOS 有更大的面积开销。相比之下，用 PMOS 时，施加在光电二极管的电压可以比 V_{dd} 更大，因此 M_{rst} 一直保持在阈值电压以上，这样复位动作会非常快。在这种情况下，会出现 k_BTC 噪声。

2.5.3 4T 有源像素传感器

为了解决 3T-APS 的问题，开发出了 4T-APS。在 4T-APS 中，光探测和光转移区域是分开的，因此积累的光生载流子被转移到浮置扩散区（FD 区），其中载流子将转换为电压。增加了一个用于将光电二极管中积累的电荷转移至浮置扩散区的晶体管，所以单个像素中晶体管总数为 4，因而这种结构称为 4T-APS。图 2.23 显示了 4T-APS 的像素电路的结构。

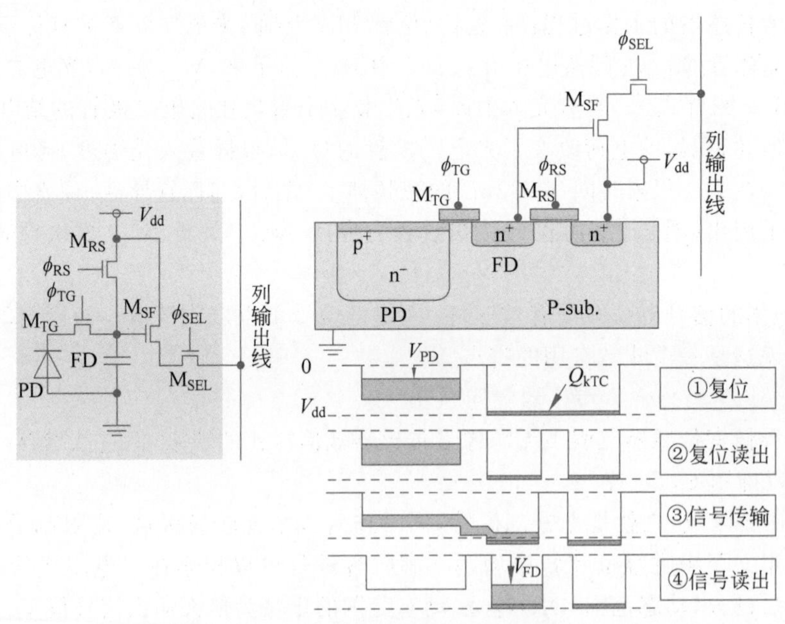

图 2.23 4T-APS 的基本像素电路

其工作过程：首先，信号电荷在光电二极管中积累。假设在初始阶段光电二极管中没有积累电荷，满足完全耗尽条件。在转移积累电荷前通过导通复位管 M_{RS} 使浮置扩散区节点复位，然后选择管 M_{SEL} 导通，将复位值读出并进行相关双采样(相关双采样将在 2.6.2.2 节进行介绍)。复位读出完成后，传输管 M_{TG} 导通，积累在光电二极管中的信号电荷通过 M_{TG} 转移至浮置扩散区。重复上面的读出过程，通过导通 M_{SEL} 读出信号电荷和复位电荷。注意，只有在信号电荷读出后复位信号才能读出，这个时序非常重要，可以通过分离电荷存储区(光电二极管)和电荷读出区(浮置扩散区)来实现。这样可以消除 k_BTC 噪声，而 3T-APS 却无法实现。通过这种相关双采样操作，4T-APS 实现了低噪声运行，因此性能可以同电荷耦合器件相媲美。注意，在 4T-APS 中，光电二极管在读出过程中电荷必须完全耗尽，为此便需要钳位光电二极管，可以通过精心设计电势分布，实现"电荷"通过传输门到浮置扩散区的完全电荷转移。

浮置扩散区的电容 C_{FD} 决定了传感器的增益，C_{FD} 越小，增益越大。这里的增益是指转换增益 g_c，$g_c=V/Q$。从这个公式中可以看出，$g_c=C_{FD}^{-1}$。较大的转换增益会导致阱容量减小。

2.5.3.1 4T-APS 的问题

虽然 4T-APS 在其低噪声水平上优于 3T-APS，但它还是会有以下问题：

(1) 与 3T-APS 相比，额外的晶体管使填充因子减小。

(2) 需要所积累的信号电荷完全转移到浮置扩散区，可能会出现图像滞后。

(3) 为实现低噪声和低图像滞后性能，很难确定钳位光电二极管、传输门、浮置扩散区、复位管及其他单元的制造工艺参数。

图 2.24 显示了 4T-APS 中不完全的电荷转移。在图 2.24(a)中，电荷完全转移到浮置扩散区中。在图 2.24(b)中，部分电荷保留在光电二极管中从而引起图像滞后，需要对电势分布进行精心设计来解决这一问题[123-124]。

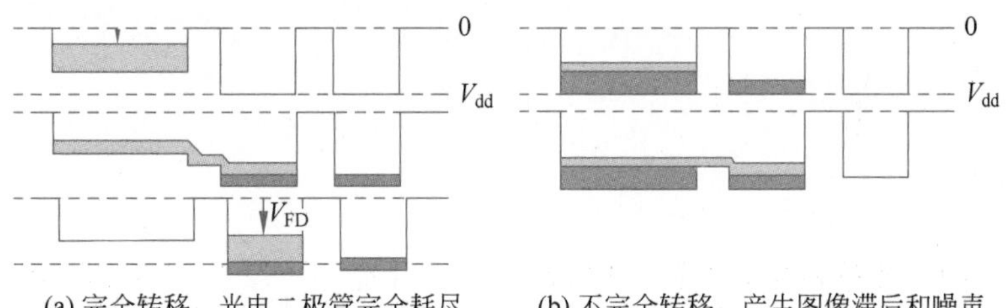

(a) 完全转移，光电二极管完全耗尽　　(b) 不完全转移，产生图像滞后和噪声

图 2.24 4T-APS 中的不完全电荷转移

2.5.3.2 像素共享

虽然 4T-APS 相比于 3T-APS 有更高的信噪比，但由于在像素中增加了额外的传输管，导致像素面积开销更大。2.10 节介绍了电荷耦合器件，它的像素中仅需要一个传输管，相比于电荷耦合器件，4T-APS 中的额外晶体管对像素尺寸来说是一个非常严重的缺点。

为了缓解这一问题，出现了像素共享技术。像素中的一些部分(如浮置扩散区)可以彼此共享，如此可以减小像素尺寸[128]。图 2.25 中显示了像素共享方案的一些例子。

图 2.25(b)所示的浮置扩散区驱动的像素共享技术[127]可以将 4T-APS 中的晶体管数量减少 1 个[129]，可以通过改变复位管的漏极电压来控制浮置扩散区的电势，从而可以省去选择晶体管。最近已经出现了一款使用像素共享技术的尺寸仅为 1μm 的像素传感器[130-131]。

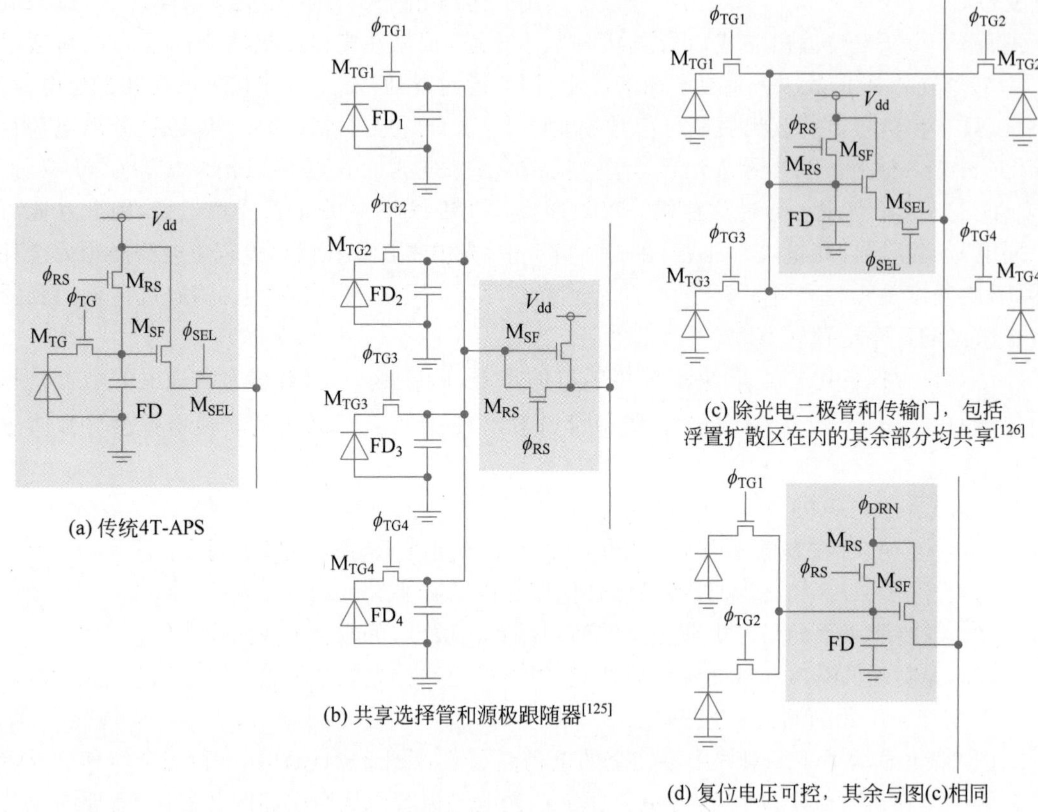

(a) 传统4T-APS

(b) 共享选择管和源极跟随器[125]

(c) 除光电二极管和传输门，包括浮置扩散区在内的其余部分均共享[126]

(d) 复位电压可控，其余与图(c)相同

图 2.25 像素共享[127]

2.6 传感器的外设

2.6.1 寻址

在 CMOS 图像传感器中，扫描器或解码器用来寻址每个像素。扫描器由一个锁存器阵列或者移位寄存器阵列组成，它根据时钟信号来传输数据。当使用扫描器进行列访问或行访问时，像素会被顺序寻址。当访问一个指定的像素时，就需要由逻辑门组成的解码器。解码器可以使用定制的随机逻辑电路将任意的 N 个输入数据转换成 2^N 的输出。图 2.26 显示了一个典型的扫描器和解码器。图 2.27 给出了一个解码器的例子，它可以将 3 位输入数据解码为 6 位输出数据。

智能 CMOS 图像传感器的一个优点是随机访问能力，其中任意一个像素可以在任何时间被寻址。实现随机访问的典型方法是在每个像素上加一个晶体管，如此像素可以被一个列开关控制，如图 2.28(a)所示。如上所述，扫描器被行和列地址解码器所替代。注意，添加额外的晶体管与复位管串联会导致一些时序异常[132]，如图 2.28(b)所示。在这种情况下，如果 M_{RS} 打开，在光电二极管中积累的电荷会分布在光电二极管电容 C_{PD} 和寄生电容 C_{diff} 之间，这会使信号电荷量减少，如图 2.28(c)所示。

多分辨率是 CMOS 图像传感器的另一种寻址技术[70,133]。它是一种使传感器分辨率

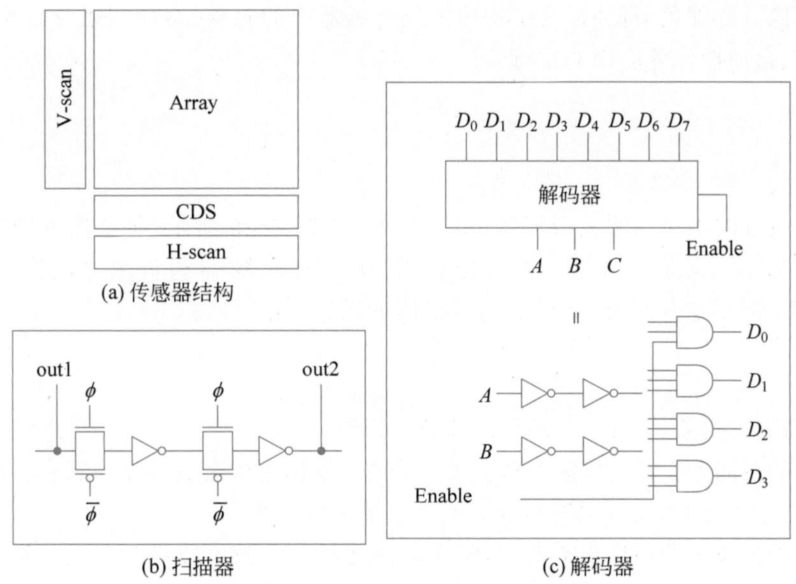

图 2.26 CMOS 图像传感器的寻址方式

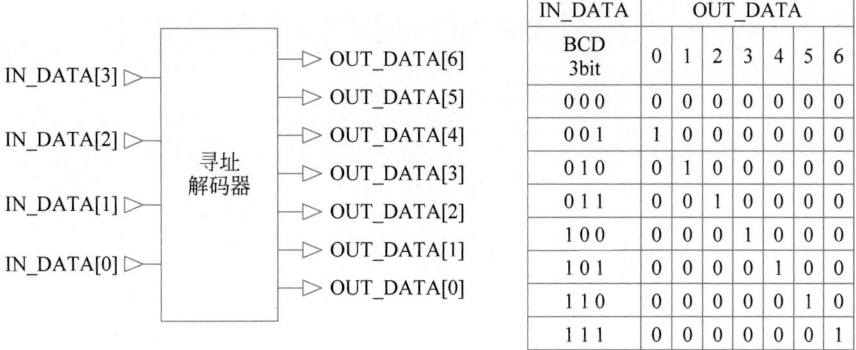

IN_DATA	OUT_DATA						
BCD 3bit	0	1	2	3	4	5	6
0 0 0	0	0	0	0	0	0	0
0 0 1	1	0	0	0	0	0	0
0 1 0	0	1	0	0	0	0	0
0 1 1	0	0	1	0	0	0	0
1 0 0	0	0	0	1	0	0	0
1 0 1	0	0	0	0	1	0	0
1 1 0	0	0	0	0	0	1	0
1 1 1	0	0	0	0	0	0	1

图 2.27 一种解码器的例子

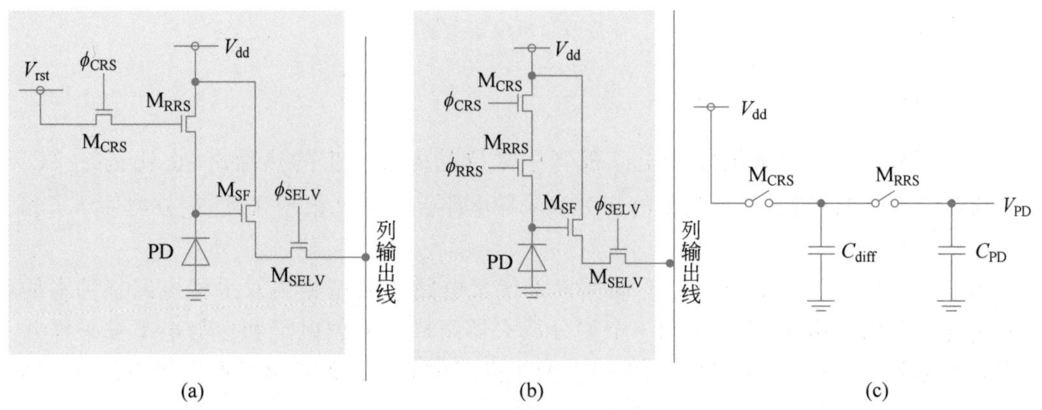

图 2.28 两种用于随机访问的像素结构(a)、(b),(c)为(b)的等效电路

可变的方法,例如,在视频图形阵列(VGA,640×480 像素)传感器中,可以通过改变某个因子为原来的 1/4(320×240 像素)、改变某个因子为原来的 1/8(160×120 像素)等来改变分

辨率。当图像后处理负荷低时，为了快速定位传感器中的对象，会使用粗分辨率的方法，这对目标跟踪、自动操作等应用非常有效。

2.6.2 读出电路

2.6.2.1 源极跟随器

光电二极管的电压用源极跟随器（SF）读取。如图 2.29 所示，每个像素中有一个源极跟随器晶体管 M_{SF}，每一列有一个电流负载 M_b。在跟随器和负载之间有一个选择管 M_{SEL}。注意，SF 的电压增益 $A_v<1$，它可以用下式表示：

$$A_v=\frac{1}{1+g_{mb}/g_m} \tag{2.45}$$

式中：g_m 和 g_{mb} 分别为 M_{SF} 的跨导和体效应跨导。

源极跟随器的 DC 响应与输出不呈线性关系。输出电压会被采样并保存在用于相关双采样的电容 C_{CDS} 中，相关双采样将在 2.6.2.2 节进行介绍。

在使用源极跟随器的读出周期中，采样保持电容 C_{SH} 的充放电过程是一样的。充电过程中，C_{SH} 在恒定电压模式下充电，因此上升时间 t_r 由恒压模式决定。在放电过程中，C_{SH} 在源极跟随器的电流源提供的恒流模式下放电，因此下降时间 t_f 由恒流模式决定。图 2.29 对上述情况进行了说明。当对读出速度要求较高时，就必须考虑这些特性[135]。

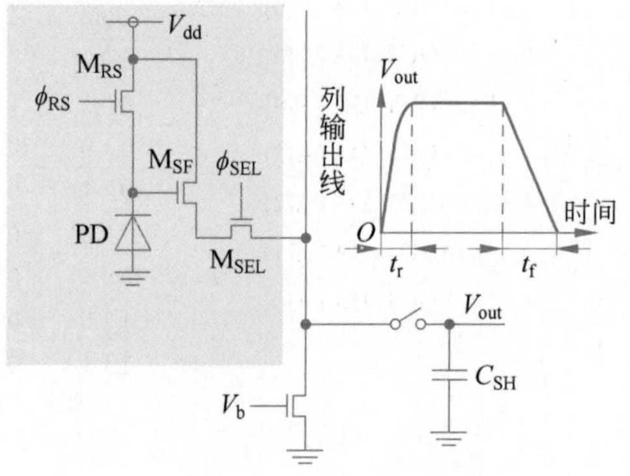

图 2.29 使用源极跟随器的读出电路[135]

注：图中显示读出周期中输出电压与时间之间的关系。

2.6.2.2 相关双采样

相关双采样可以用来消除光电二极管中复位晶体管产生的热噪声，也就是 k_BTC 噪声。文献[3]详细描述了几种类型的相关双采样电路。表 2.2 根据文献[3]分类总结了相关双采样的类型。

图 2.30 显示了一个带有 4T 有源像素型像素电路的典型相关双采样电路。基本的相关双采样电路由两组 S/H 电路和一个差分放大器组成。复位电平和信号电平被采样并分别保持在电容 C_R 和 C_S 中，然后对保持在两个电容中的复位值和信号值进行差分得到输出信号。

下面借助于图 2.30(b)对其工作原理进行解释。在信号读出阶段，即从 t_1～t_7，ϕ_{SEL} 导通（高电平），选择管 M_{SEL} 处于导通状态。第一步，在 t_2 时刻，通过将 ϕ_{RS} 置为高电平使浮置扩散区复位后，读取复位电平和 k_BTC 噪声，将其储存在电容 C_R 中。在 t_3 时刻，ϕ_R 变

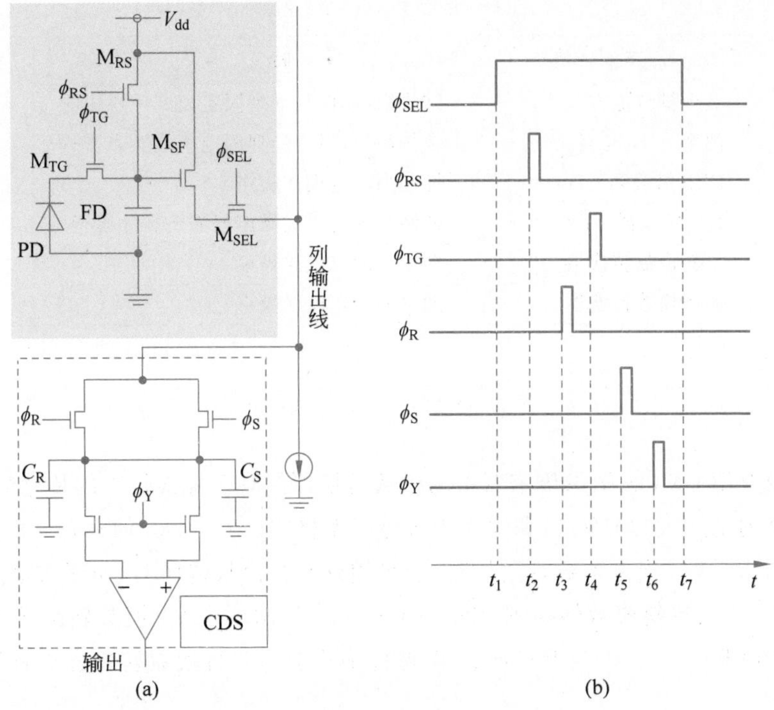

图 2.30　相关双采样基本电路和时序图

为高电平，复位信号被采样并保持在电容 C_R 中。下一步为读取信号电平。在 t_4 时刻，传输门 M_{TG} 导通，积累的信号电荷转移至浮置扩散区，在这之后，将 ϕ_S 置为高电平，积累的信号被采样并保持在 C_S 中。最后，将 ϕ_Y 置为高电平，对积累信号和复位信号做差分处理。

图 2.31 为另一种相关双采样电路[136-137]。电容 C_1 用作钳位电容来减去复位信号。M_{CAL} 用作运放中自动调零操作的开关。当晶体管 M_{CAL} 导通，运放（OPA）的失调电压被采样至电容 C_1，在这种情况下，复位噪声 V_{RST} 也被采样至 C_1，因此，施加在 C_1 上的电压 $\Delta V = V_{RST} + V_{OS}$。在 M_{CAL} 关断后，传输门 M_{TX} 导通，像素信号流入浮置扩散区。所以如 2.5.3 节所提，浮置扩散区中的电荷为信号电荷与复位噪声电荷之和。在这种情况下，$V_{SIG} + V_{RST}$ 被施加在 C_1 的一端，而 C_1 的另一端与运放的输入节点相连，由于积累电荷产生的 ΔV 电压没有变化，所以 C_1 这一端电压变为 $V_{SIG} - V_{OS}$，该电压值意味着如同相关双采样的方法一样减去了复位噪声。这消除了运放的输入失调，实现了自动调零。

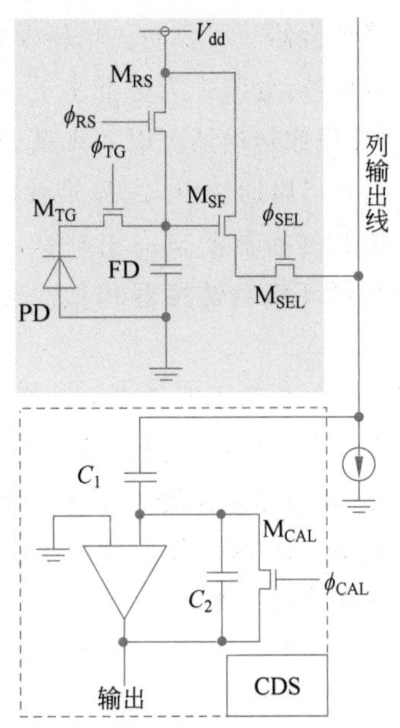

图 2.31　相关双采样的一种替代电路（这里的电容用来减去复位信号）

表 2.2　CMOS 图像传感器的相关双采样类型

类　型	方　法	特　点	参考文献
列 CDS 1	一个耦合电容	结构简单，但是受列固定模式噪声影响	[136]
列 CDS 2	两个 S/H 电容	结构简单，但是受列固定模式噪声影响	[138]
DDS①	DDS 沿袭列 CDS	抑制列固定模式噪声	[139]
芯片级 CDS	*I-V* 转换器，片上 CDS	抑制列固定模式噪声但需要高速运行	[114]
列模数转换器	单斜模数转换器	抑制列固定模式噪声	[140-141]
	循环模数转换器	抑制列固定模式噪声	[142]

注：①双重差值采样。

2.6.3　模数转换器

本节简单介绍 CMOS 图像传感器中的模数转换器。对于像素较少的传感器，如四分之一视频图形阵列（230×320 像素）和通用中等分辨率格式（352×288 像素），一般使用芯片级的模数转换器[143-144]。当像素数量增加时，会采用列并行模数转换器，如逐次逼近（SAR）型模数转换器[145-146]、单斜模数转换器（SS-ADC）[147-148]、循环（CY）模数转换器[149-150]以及 Δ-Σ 型模数转换器[151-152]。关于 CMOS 图像传感器中列并行模数转换器的回顾可以参见文献[153]。

逐次逼近型模数转换器可以实现高速转换，功耗相对较低，结构简单，正是面积开销较大的数模转换器所需要的。单斜模数转换器在空间利用率上效率较高，所以通常用于列并行模数转换器，分辨率为中低水平，速度非常慢（因为需要 2^N 个时钟周期才能获得 N 位数据）。循环模数转换器可以实现高分辨率与高速率，然而其面积开销和功耗非常大。大的面积开销问题可以通过引入 3D 堆叠结构来缓解[154]，该结构将在 3.3.4 节进行介绍。多采样与循环模数转换器的架构相兼容，因此常与之结合以实现高灵敏度。Δ-Σ 型模数转换器的特征与循环模数转换器相似。先进的工艺技术使这些模数转换器可以应用于列并行结构。

表 2.3 中总结了四种模数转换器的对比。此外，已经有大量关于像素级模数转换器的研究[63,155-156]。模数转换器基于与智能 CMOS 图像传感器架构相同的视角进行应用，即分为像素级、列级和芯片级。在这些模数转换器中，逐次逼近型模数转换器和单斜模数转换器广泛应用于 CMOS 图像传感器中的列模数转换器。下面将对逐次逼近型模数转换器和单斜模数转换器进行介绍。

表 2.3　CMOS 图像传感器中的模数转换器

方　法	逐次逼近型模数转换器	单斜模数转换器	循环模数转换器	Δ-Σ 型模数转换器
面积效率	低	高	低	中等
转换速率	高（$N\times T_{\mathrm{clk}}$）	低（$2^N\times T_{\mathrm{clk}}$）	高（$N\times T_{\mathrm{clk}}$）	中等
分辨率	高	中等	高	高
能量效率	中等	低～中等	中等	高

如图 2.32 所示，逐次逼近型模数转换器由一个比较器、逐次逼近逻辑和 N 位数模转换器组成。

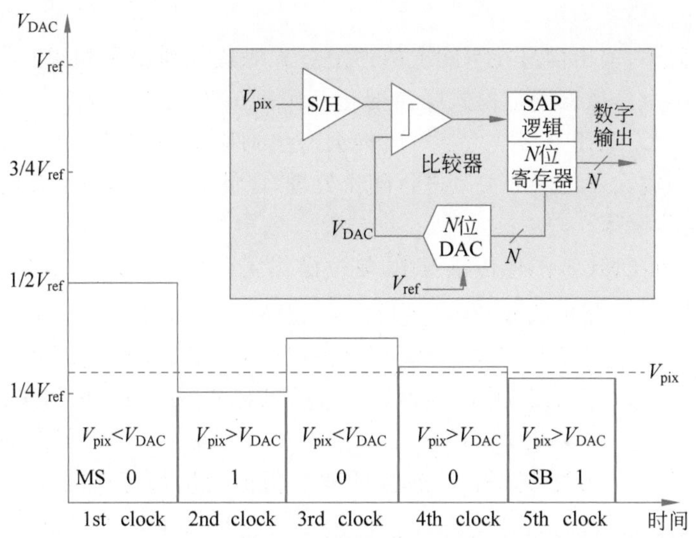

图 2.32　逐次逼近型模数转换器基本模块

注：时序图解释了逐次逼近逻辑的时序。

图 2.32 展示了一个 5 位模数转换器的工作过程。像素模拟信号 V_{pix} 输入到采样保持电路。将 N 位寄存器中 MSB 置 1，其余置 0，对应着 $V_{DAC}=V_{ref}/2$，其中 V_{ref} 是 DAC 的参考电压。V_{pix} 同 V_{DAC} 相比较：若 $V_{pix}>V_{DAC}$，则 MSB=1；否则，MSB=0。在下一时钟周期，下一位被置 1，V_{pix} 同 V_{DAC} 相比较，如图 2.32，若 $V_{pix}<V_{DAC}$，则下一位置 0。重复这一过程，直到所有位被确定，如图 2.32 所示。

N 位逐次逼近型模数转换器的转换速率为 $N\times T_{clk}$，比其他模数转换器更高。逐次逼近型模数转换器在 CMOS 图像传感器应用中的缺点是其较低的面积效率，这一缺点来源于 DAC 电路。

单斜模数转换器有着较高的面积效率，已广泛应用于 CMOS 图像传感器的列模数转换器。单斜模数转换器的工作原理非常简单。如图 2.33 所示，它由一个比较器、一个计数器和一个斜坡信号发生器(RSG)组成。列模数转换器中通常都会用到斜坡信号发生器。输入模拟信号 V_{pix} 与来自斜坡信号发生器的斜坡信号 V_{ramp} 相比较，当 $V_{ramp}>V_{pix}$ 时，比较器和计数器输出数字值。基于单斜模数转换器的数字相关双采样将会在 4.2.5 节进行介绍。

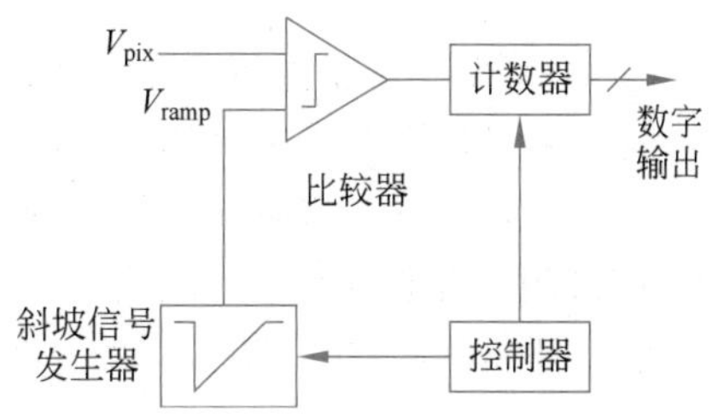

图 2.33　单斜模数转换器基本模块

2.7　传感器的基本特性

本节将介绍一些传感器的基本特性，有关图像传感器的具体评估技术细节参见文献[157-158]。

2.7.1 噪声

2.7.1.1 固定模式噪声

在图像传感器中，输出信号在空间上的固定差异对成像质量影响很大。这种类型的噪声称为固定模式噪声。像素固定模式噪声变化范围阈值为 0.5%，列固定模式噪声变化范围阈值为 0.1%[159]。采用列级放大器有时候会产生列固定模式噪声。在文献[159]中，通过将列输出线与列放大器之间的关系进行随机处理，以此来抑制列固定模式噪声。

2.7.1.2 随机噪声

$k_B TC$ 噪声。在 CMOS 图像传感器中，复位操作主要造成热噪声。当通过复位管使积累电荷复位时，热噪声 $4k_B TR_{on}\delta f$ 采样至积累节点中，其中 δf 为频率带宽，R_{on} 为复位管的导通电阻，如图 2.34 所示。积累节点是 3T-APS 中的光电二极管结电容或 4T-APS 中的浮置扩散电容。

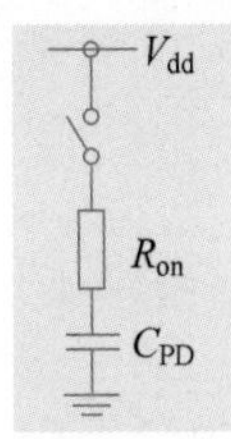

图 2.34 $k_B TC$ 噪声的等效电路

热噪声的计算公式为 $k_B T/C_{PD}$，它与复位管的导通电阻 R_{on} 无关，这是因为较大的 R_{on} 阻值会增加每单位带宽的热噪声电压，然而同时也减小了带宽[160]，这掩盖了热噪声电压与 R_{on} 的关系。参考图 2.34 的结构得到热噪声电压的公式，可以表示为

$$\overline{v_n^2} = 4k_B TR_{on}\Delta f \tag{2.46}$$

传输函数为

$$\frac{v_{out}}{v_n}(s) = \frac{1}{R_{on}C_{PD}s + 1}, \quad s = j\omega \tag{2.47}$$

因此，噪声公式为

$$\overline{v_{out}^2} = \int_0^{\infty} \frac{4k_B TR_{on}}{(2\pi R_{on}Cf)^2 + 1}\mathrm{d}f = \frac{k_B T}{C} \tag{2.48}$$

噪声 q_{out}^2 以功率形式可以表示为

$$q_{out}^2 = (Cv_{out})^2 = k_B TC \tag{2.49}$$

“$k_B TC$”噪声这一术语便来源于式(2.49)。$k_B TC$ 噪声可以通过相关双采样技术来消除。但相关双采样技术很难用于 3T-APS，只能用于 4T-APS 当中。

1/f 噪声。由于该噪声与频率成反比关系，所以称为 1/f 噪声，也称为闪烁噪声。在 MOSFET 中，沟道界面处的缺陷会形成陷阱，造成载流子数量的暂时性波动，这种波动可以看作是一种噪声。MOSFET 中的这类噪声可以给出经验性公式[161]：

$$v_n^2 = \frac{K_F}{C_{ox}^2 WL}\frac{1}{f} \tag{2.50}$$

式中：对于 NMOSFET，$K_F = 5\times 10^{-9}\mathrm{fC}^2/\mu\mathrm{m}^2$；对于 PMOSFET，$K_F = 2\times 10^{-10}\mathrm{fC}^2/\mu\mathrm{m}^2$[162]。因此 PMOSFET 中的 1/$f$ 噪声比 NMOSFET 中的小。如式(2.50)所示，该噪声与 MOSFET 总的栅面积成反比，因此 1/f 噪声主要在小尺寸晶体管（即小尺寸像素）中受到关注。

RTS 噪声。随机电报信号(RTS)噪声来源于 MOS 晶体管栅氧化层界面态电子的随机捕获和发射，因为该噪声可以看作在小尺寸 MOSFET 中的离散漏电流波动，也称为爆米花噪声或爆裂噪声。研究表明,随机电报信号叠加在不同的时间常数上时会产生 $1/f$ 噪声。在随机电报信号中,噪声与特定频率下的频率平方成反比。

散粒噪声。如 2.3.1.4 节所述,散粒噪声与光子数量的平方根成正比,因此信噪比也与光子数量的平方根成正比。图 2.35 显示了电子数与信号的关系,噪声与曝光量(光照度)的关系。

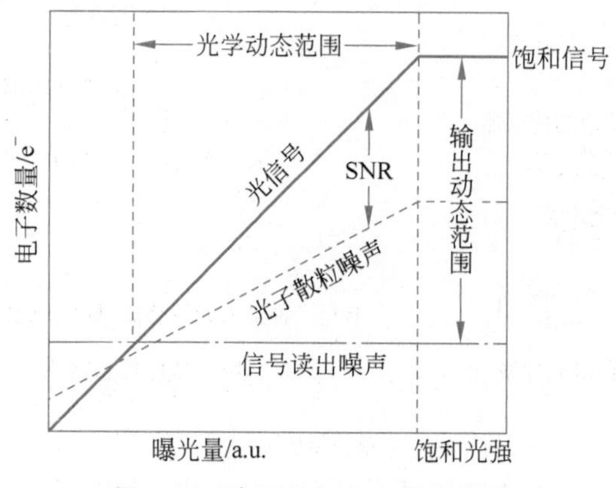

图 2.35 电子数与曝光量的关系

注:在微光下,含有暗噪声的信号中,读出噪声占主导;在强光下,光子散粒噪声占主导。

2.7.2 动态范围

图像传感器的动态范围(DR)定义为输出信号范围与输入信号范围的比值。因此动态范围由本底噪声和称为"满阱容量"的阱电荷容量两个因素所决定。在图 2.35 中,动态范围定义在噪声基底和饱和度之间,其中饱和度由满阱容量所决定。注意,光学动态范围和输出动态范围的定义如图 2.35 所示。大多数传感器有几乎相同的动态范围,约为 70dB,它主要由光电二极管的满阱容量所决定。例如在一些手机中的应用,70dB 的值无法满足,需要一个超过 100dB 的动态范围。研究人员已经做出了相当大的努力来提高动态范围,这些将在第 4 章进行介绍。

2.7.3 速度

限制有源像素速度的原因之一就是扩散载流子。一些在衬底中较深区域的光生载流子最终作为慢输出信号到达耗尽区。电子和空穴的扩散时间与杂质浓度的关系如图 2.4 所示。注意,电子和空穴的扩散长度为几十微米,有时达到上百微米,因此为了高速成像需要对其小心处理。这种效应大大降低了光电二极管响应速度,特别是在红外区域。为了减轻这种影响,采用一些结构可防止扩散载流子进入光电二极管区域。在光电二极管中引入漂移机制非常有助于提高光电二极管的响应速度。

时间常数 RC 是限制速度的另一个主要因素,因为智能 CMOS 图像传感器中列输出线很长,导致相关电阻和寄生电容较大。CMOS 图像传感器的高速运行要求将在 4.3 节进行介绍。

2.8 色彩

如图 2.36 所示，在传统 CMOS 图像传感器中有片上彩色滤光片型、三成像传感器型和三色组合光源型三种方法可以实现彩色成像。

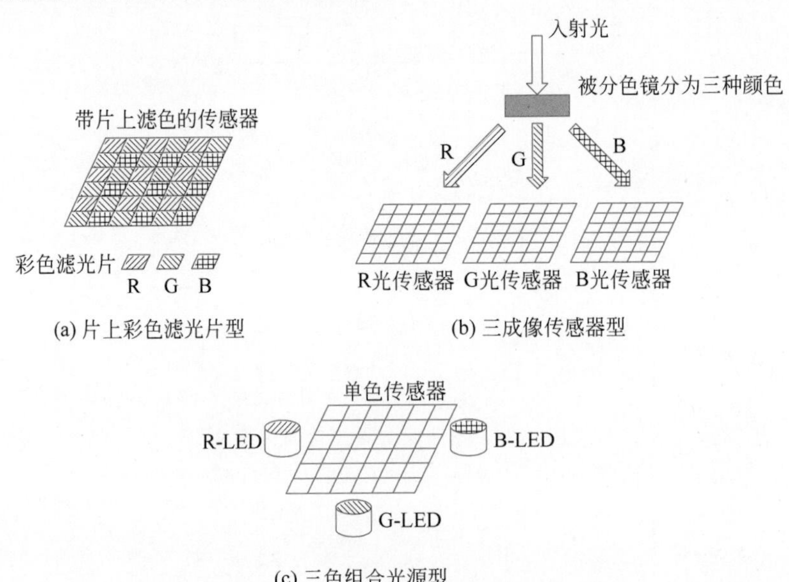

(a) 片上彩色滤光片型　(b) 三成像传感器型

(c) 三色组合光源型

图 2.36 实现彩色 CMOS 图像传感器的方法

2.8.1 片上彩色滤光片型

三色滤光片被直接放在像素上，通常为红色(R)、绿色(G)和蓝色(B)的 RGB，或者为蓝绿色(Cy)、品红色(Mg)和黄色(Ye)的 CMY 互补滤光片，CMY 和 RGB 代表(W 代表白色)：

$$\begin{cases} \mathrm{Ye} = \mathrm{W} - \mathrm{B} = \mathrm{R} + \mathrm{G} \\ \mathrm{Mg} = \mathrm{W} - \mathrm{G} = \mathrm{R} + \mathrm{B} \\ \mathrm{Cy} = \mathrm{W} - \mathrm{R} = \mathrm{G} + \mathrm{B} \end{cases} \tag{2.51}$$

彩色滤光片通常由含色素的有机薄膜组成，然而如今无机彩色薄膜也已得到应用[163]。控制 α 硅的厚度以产生颜色响应。这有助于减小彩色滤光片的厚度，它对减小尺寸小于 $2\mu\mathrm{m}$ 的微型像素中的光学串扰非常重要。

如图 2.37(a)所示，拜耳模式常用于放置三色 RGB 滤光片[164]。这种片上滤光片被广泛应用于商用 CMOS 图像传感器。为了恢复原始图像，需要进行去噪处理[165]。

当像素尺寸缩小时，总体的输入光强度减小，因此信噪比可能会降低。引入白像素有助于改善信噪比，白像素意味着没有滤光片，因此白像素中几乎不存在吸收。研究人员提出了许多转换方法来获得 RGBW 像素中的 R、G、B，图 2.37(b)中显示了一个例子，它的转换公式如下[166]：

(a) 拜耳模式

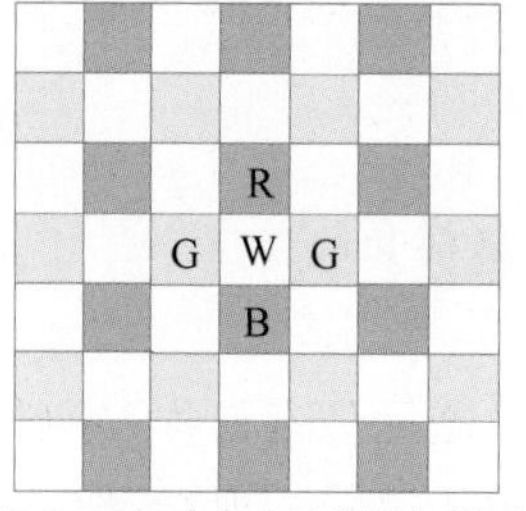

(b) RGB加白色(无滤光片)模式

图 2.37 片上滤光模式

$$\begin{cases} R_W = W\dfrac{R_{av}}{R_{av}+G_{av}+B_{av}} \\ G_W = W\dfrac{G_{av}}{R_{av}+G_{av}+B_{av}} \\ B_W = W\dfrac{B_{av}}{R_{av}+G_{av}+B_{av}} \end{cases}$$

传统彩色滤光片由有机材料构成，为了提高其耐用性，出现了无机彩色滤光片[167]。如图 2.38 所示，在像素阵列表面制备由 SiO_2/TiO_2 复合层构成的光子晶体或干涉膜，在这种情况下，还制作了近红外(NIR)滤光片，因此这种传感器不仅可以在白天使用，还可以在晚上使用。

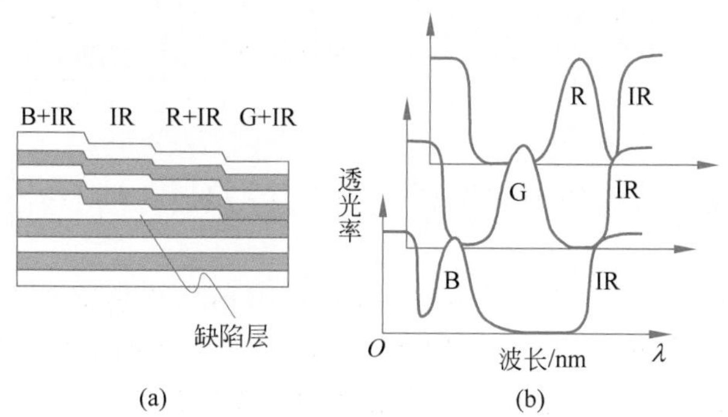

图 2.38 基于光子晶体的彩色滤光片，可以实现近红外探测(经允许修改自文献[167])

2.8.2 三成像传感器型

在三成像方法中，三个无彩色滤光片的 CMOS 图像传感器用于 R、G、B 三种颜色。用两片分色镜将输入光分成三种颜色，这种结构可以增强色彩的保真度，但需要复杂的光学系统且非常昂贵。它通常用于需要高品质图像的广播系统中。

2.8.3 三色组合光源型

三色组合光源方法使用人工 RGB 光源，每个 RGB 光源对目标进行顺序照明。一个传感器获得三种颜色的三幅图像，三幅图像结合形成最终的图像。这种方法主要用于医疗内窥镜，它的颜色保真度非常好，但获得整个图像的时间比上述两种方法都要长。因为传统的

CMOS 图像传感器通常采用滚筒式曝光技术，所以这种类型的成像形式并不适用于它们（将在 5.5 节进行讨论）。

2.9 像素结构比较

表 2.4 总结了四种类型的像素架构，分别为无源像素、3T-APS 和 4T-APS，以及在第 3 章中进行详细讨论的对数传感器。现在，4T-APS 在噪声特性方面性能最好，并广泛应用于 CMOS 图像传感器。注意，其他系统也有各自的优点，它们为智能传感器各种功能的可行性提供了可能。

表 2.4 无源像素传感器、3T-APS、4T-APS 和对数传感器的对比

特性	无源像素传感器	3T-APS	4T-APS		对数传感器
			PD	PG	
灵敏度	取决于电荷放大器性能	高	高	较高	高，但在微光领域较差
面积开销	极小	小	较小	较小	大
噪声	较小	较小（未减小 $k_B TC$ 噪声）	极小	极小	大
暗电流	小	小	极小	小	较小
图像滞后	较小	小	较小	较小	严重
工艺	标准	标准	专用	专用	标准
应用	商用极少	广泛商业化	广泛商业化	商用极少	刚开始商业化

2.10 CMOS 图像传感器与 CCD 图像传感器的比较

CCD 图像传感器的制造工艺为专用工艺，而 CMOS 图像传感器的制造工艺最初是用于标准混合信号的。尽管最新的 CMOS 图像传感器需要专用的工艺技术，但其依然是基于标准混合信号工艺的。3.3.4 节介绍的堆叠技术可能会缓解这一问题，该技术可以使图像传感器与信号处理电路各自选择合适的工艺技术。

CCD 图像传感器和 CMOS 图像传感器在结构上主要有信号传输方法和信号读出方法两个区别，如表 2.5 所示。图 2.39 显示了 CCD 图像传感器和 CMOS 图像传感器的结构。

表 2.5 CCD 图像传感器和 CMOS 图像传感器的对比

特性	CCD 图像传感器	CMOS 图像传感器
读出方案	一个片上源极跟随器，速度受限制	列级源跟随器，可能产生列固定模式噪声
同时性	每个像素同时读出	每行顺序复位，滚筒式曝光技术
晶体管隔离	反向偏置 PN 结	LOCOS/STI，可能产生由应力引起的暗电流
栅氧厚度	为实现完全电荷转移，所以较厚（$>$50nm）	为实现高速晶体管和低电压电源，所以较薄（$<$10nm）

续表

特　　性	CCD 图像传感器	CMOS 图像传感器
栅电极	覆盖第一和第二多晶硅层	多晶硅
隔离层	为抑制光波导，所以较薄	厚(约 1μm)
金属层	通常 1 层	超过 3 层
晶体管数	1(传输门)	4(4T-APS)

注：LOCOS—局部硅氧化；STI—浅沟槽隔离。

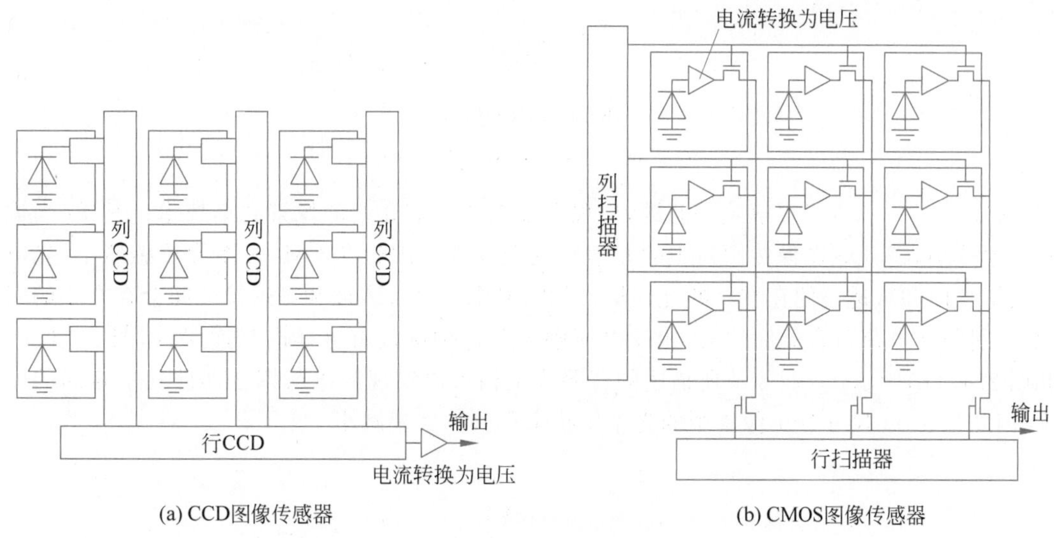

图 2.39　芯片结构概念图

CCD 图像传感器将信号电荷转移到输出信号线的末端，并通过一个放大器转换成电压。与此相反，CMOS 图像传感器在每个像素处直接将信号电荷转换成电压，在像素内部的放大器可能引起固定模式噪声，因此早期的 CMOS 图像传感器成像质量比 CCD 图像传感器差很多，但是这个问题已经得到了巨大改善。在高速运行时，像素内放大器的结构可以获得比芯片级放大器更好的增益带宽。

在 CCD 图像传感器中，信号电荷同时传输，这会带来较低的噪声和较高的功耗。另外，信号传输时，无论在任何时候都给每个像素提供了相同的积累时间。与之相对，在 CMOS 图像传感器中，信号电荷会在像素中被转换，所得信号会被逐行读出。因此在不同行中的像素的积累时间是不同的，称为"滚筒式曝光"。

图 2.40 显示了滚筒式曝光技术的起源。一个三角形物体从左向右移动，在成像平面上，物体被逐行扫描，图 2.40(a)中显示了在 T_k($k=1,2,3,4,5$)时刻，第 1～5 行的采样点。图 2.40(b)中左侧的原图被扭曲成了图右侧的检测图像，该检测图像是由图 2.40(a)中对应的点构成。

最近，全局快门结构已被引入商用 4T-APS。虽然全局快门仍未在传统 CMOS 图像传感器中得到普及，但是有望在大量 CMOS 传感器中得到应用，细节部分将在 4.3.2 节进行介绍。表 2.5 中列出了以上所述的这些特征。

当智能手机的相机中的像素尺寸需要减小时，CMOS 图像传感器比电荷耦合器件有两个劣势：首先，电荷耦合器件中仅需要一个传输门[图 2.41(a)]，而 4T-APS 中有 4 个晶体

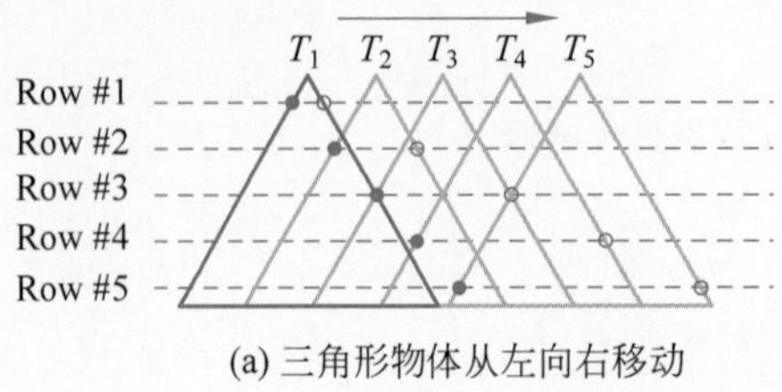

(a) 三角形物体从左向右移动

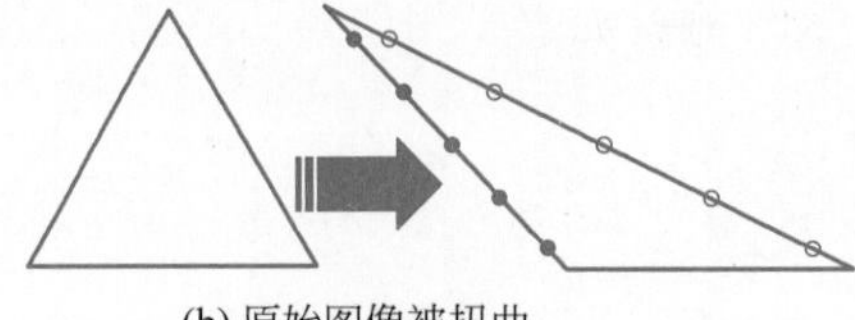

(b) 原始图像被扭曲

图 2.40　滚筒式曝光技术示意图

管[图 2.42(a)]。为了缓解这一问题，出现了 2.5.3.2 节介绍的像素共享技术。其次，当像素尺寸减小，CMOS 图像传感器中的光学串扰会变大。因为在 CMOS 图像传感器中，光电二极管表面和微透镜间存在一些互连层，因此，光电二极管表面和微透镜之间会存在小的间隙，其间距比电荷耦合器件的大，相反电荷耦合器件中则没有这样的互连层，如图 2.41(b) 和图 2.42(b)所示。3.3.3 节所描述的背照式结构可以实现与电荷耦合器件几乎相同的厚度，因此如 1μm 尺寸的小像素中的光学串扰都得到了大幅减小。

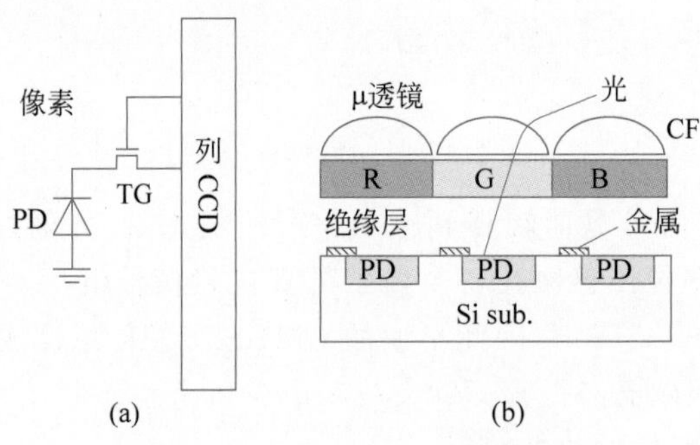

(a)　　(b)

图 2.41　CCD 图像传感器和光学串扰

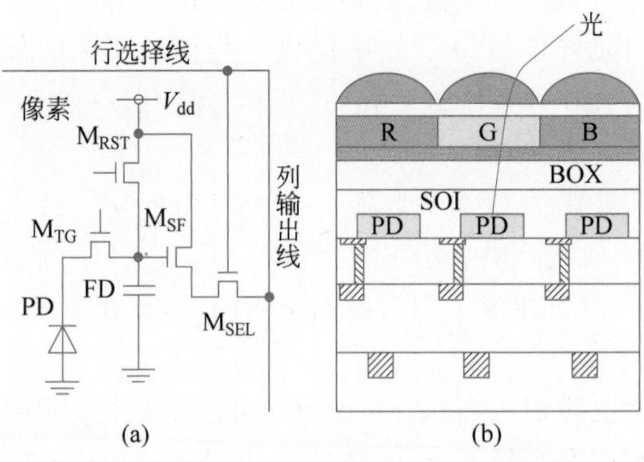

(a)　　(b)

图 2.42　CMOS 4T-APS 结构和光学串扰

第3章

智能结构和材料

3.1 简介

智能 CMOS 图像传感器会在芯片上使用智能像素、结构和材料。此外,专用的像素排列方法和光学元件也会应用在智能 CMOS 图像传感器中。本章首先对各种智能像素、结构和材料进行概述,然后介绍应用于智能 CMOS 图像传感器的专用像素阵列和光学元件。

如 2.6.2.1 节所述,在传统的 CMOS 图像传感器中,像素的输出为一个模拟电压信号,由源极跟随器(SF)产生。然而,为了实现某些智能功能,人们开发出了其他几种类型的像素,如模拟电流型、脉冲信号输出型以及数字信号输出型。之后智能像素内容的章节会介绍这三种输出型的像素。首先介绍模拟输出型像素,随后介绍脉冲和数字输出型像素,其中脉冲输出型像素综合了模拟和数字处理方法。

本章的第二部分介绍针对某些特定的 CMOS 图像传感器使用的结构和材料,这与标准硅 CMOS 技术有所不同。随着近年来大规模集成电路技术的发展,许多新的材料和结构被提出,例如绝缘体上硅(SOI)技术、蓝宝石上硅(SOS)技术、3D 集成技术,以及 SiGe 和 Ge 等许多其他材料的使用。这些新结构和新材料的使用能够增强智能 CMOS 图像传感器的性能和功能。表 3.1 列举这些结构和材料及对应的特性。

表 3.1　智能 CMOS 图像传感器的结构与材料

结构/材料	特　　性
SOI	同时使用 NMOS 和 PMOS 时面积较小
SOS	透明衬底(蓝宝石)
3D 集成	大填充因子,信号处理集成
多路径,SiGe/Ge	长波长(NIR)

本章的最后部分介绍应用于智能 CMOS 传感器的专用像素排列方法和光学元件。

3.2 智能像素

本节介绍用于智能 CMOS 图像传感器的不同像素结构,即智能像素。智能像素结构不同于传统的有源像素传感器。根据输出模式的不同可以将其分为三种：首先介绍模拟型像素；随后介绍了脉冲调制型像素，包括脉冲宽度调制和脉冲频率调制；最后介绍单光子雪崩二极管(2.3.4.1节提到的)。

3.2.1 模拟型像素

有源像素传感器是典型的应用于模拟处理的像素。接下来不仅介绍传统的APS类型，还将介绍电流型像素、对数传感器、电容跨阻放大器(CTIA)型像素以及锁定型像素等内容。

3.2.1.1 电流型像素

传统的APS输出一个电压信号。但由于电流信号很容易根据基尔霍夫电流定律实现加和减，因此电流型像素能更方便地进行信号处理。对于一个算术单元来说，使用电流镜电路很容易实现乘法，它也可以通过一个比值大于1的电流镜来实现光电流的倍增。注意，这种方法引入了像素固定模式噪声。

电流型像素中，可以使用电流复制电路来实现存储功能[168]。这里同时介绍了电流型的固定模式噪声抑制和模数转换器[169]。电流型像素分为直接输出模式和累积模式两类输出模式。

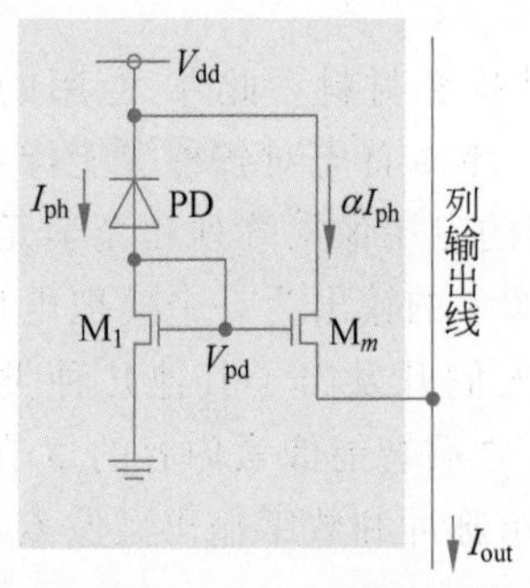

图 3.1 使用电流镜的像素基本电路结构

注：M_1～M_m 的宽长比为 α，所以电流镜的输出等于 αI_{ph}。

直接模式。在直接输出模式的像素中，光电流直接从光电探测器输出，这种光电探测器可以是光电二极管或者光电晶体管[170-171]。从光电二极管中产生的光电流通常使用电流镜来传输，以此实现电流倍增(或不倍增)。一些早期的智能图像传感器普遍采用光电晶体管和电流镜来实现电流形式的输出。如前所述，电流镜的比值通常用来放大输入电流，然而这种结构在低光照水平下会导致灵敏度降低，并且电流镜失配所导致的固定模式噪声会很大。使用电流镜的像素基本电路结构如图3.1所示。

累积模式。图3.2显示了电流模式APS的像素基本结构[172-173]。APS结构与直接输出结构相比，图像质量有所提高，其像素的输出可以用下式表示：

$$I_{pix} = g_m (V_{gs} - V_{th})^2 \tag{3.1}$$

式中：V_{gs} 和 g_m 分别是晶体管 M_{SF} 的栅源电压和跨导。

在复位阶段，光电二极管节点电压为

$$V_{reset} = \sqrt{\frac{2L_g}{\mu C_{ox} W_g}} I_{ref} + V_{th} \tag{3.2}$$

当光照入射至光电二极管时，光电二极管节点电压变为

$$V_{PD} = V_{reset} - \Delta V \tag{3.3}$$

式中

$$\Delta V = \frac{I_{ph} T_{int}}{C_{PD}} \tag{3.4}$$

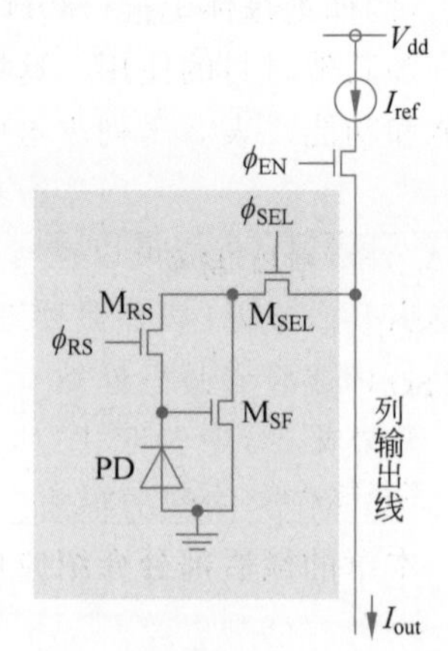

图 3.2 电流模式APS的基本电路结构

其中：T_{int} 为累加时间。

这和电压模式 APS 的相同。因此，输出电流可表示为

$$I_{\text{pix}} = \frac{1}{2}\mu_n C_{\text{ox}} \frac{W_g}{L_g}(V_{\text{reset}} - \Delta V - V_{\text{th}})^2 \tag{3.5}$$

于是，差动电流可以表示为

$$I_{\text{diff}} = I_{\text{ref}} - I_{\text{pix}} = \sqrt{2\mu_n C_{\text{ox}} \frac{W_g}{L_g} I_{\text{ref}}}\,\Delta V - \frac{1}{2}\mu_n C_{\text{ox}} \frac{W_g}{L_g}\Delta V^2 \tag{3.6}$$

注意，由于晶体管 M_{SF} 的阈值电压被抵消，改善了源于阈值电压变化的固定模式噪声，详细的介绍见文献[172]。

3.2.1.2　对数传感器

传统的图像传感器对输入光照度的响应是线性的，而对数传感器则基于 MOSFET 的亚阈值工作模式进行工作，亚阈值工作模式的解释见附录 F。对数传感器像素使用电流直接输出模式，因为当光电流小到使晶体管进入亚阈值区域时，电流镜的结构就是对数传感器结构。对数传感器主要应用于宽动态范围图像传感器[174-177]，它最初由 Chamberlain 和 Lee 在 1984 年提出并证明[178]。4.4 节将介绍宽动态范围图像传感器。

图 3.3 显示了对数 CMOS 图像传感器的基本像素电路结构。在亚阈值区域，MOSFET 的漏电流 I_d 非常小并随着栅电压 V_g 呈指数增长：

$$I_d = I_o \exp\left[\frac{e}{mk_B T}(V_g - V_{\text{th}})\right] \tag{3.7}$$

式(3.7)的推导和参数的意义查看附录 F。

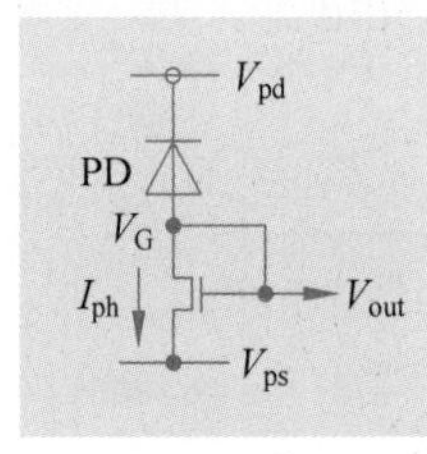

(a) 基本像素电路

(b) 包括累积模式的像素电路

图 3.3　对数 CMOS 图像传感器的像素电路[179]

在图 3.3(b)的对数传感器中，有

$$V_G = \frac{mk_B T}{e}\ln\left(\frac{I_{\text{ph}}}{I_o}\right) + V_{\text{ps}} + V_{\text{th}} \tag{3.8}$$

这种对数传感器结构采用了累积模式。

M_c 的漏电流可表示为

$$I_c = I_o \exp\left[\frac{e}{mk_B T}(V_G - V_{\text{out}} - V_{\text{th}})\right] \tag{3.9}$$

由于电流 I_c 对电容 C 充电，从而 V_{out} 随时间的变化可表示为

$$C\frac{\mathrm{d}V_{\text{out}}}{\mathrm{d}t} = I_c \tag{3.10}$$

将式(3.8)代入式(3.9)，可得

$$I_c = I_{ph} \exp\left[\frac{e}{mk_B T}(V_{out} - V_{ps})\right] \tag{3.11}$$

将式(3.11)代入式(3.10)后积分，则输出电压可表示为

$$V_{out} = \frac{mk_B T}{e} \ln\left(\frac{e}{mk_B TC}\int I_{ph} dt\right) + V_{ps} \tag{3.12}$$

尽管对数传感器具有超过 100dB 的宽动态范围，但它也有一些缺陷，例如与 4T-APS 相比，对数传感器光敏性差，尤其是在低光照条件下。由于工作于亚阈值区使得响应缓慢，会造成比较大的器件特性偏差。

3.2.1.3 电容跨阻放大器型像素

传统 APS 的每个像素都有一个源极跟随器作为放大器，其电流负载被置于一列中，源极跟随器放大器的增益约为 1。为了提高灵敏度，像素可以集成一个电容跨阻放大器[180-183]。在以前，某些 MOS 图像传感器会集成电容跨阻放大器作为列放大器[67]，先进的 CMOS 技术使得在像素中集成电容跨阻放大器成为可能[181-183]。

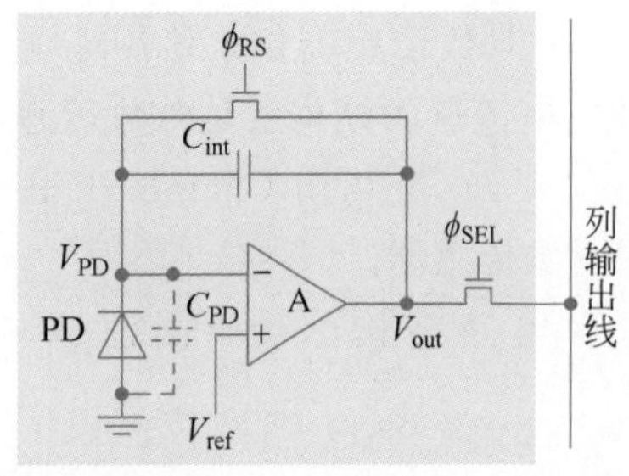

图 3.4 具有一个电容跨阻放大器的像素电路[182]

在图 3.4 中，考虑光电二极管节点，总电流是 0，使下式成立：

$$I_{ph} + C_{PD}\frac{dV_{PD}}{dt} + C_{int}\frac{d(V_{PD} - V_{out})}{dt} = 0 \tag{3.13}$$

式中：I_{ph} 为 PD 的光电流。

根据式(3.13)，输出电压可以表示为[181]

$$\frac{dV_{out}}{dt} = \frac{I_{ph}}{C_{int}\left(1 - \left(1 + \frac{1}{A}\frac{C_{PD}}{C_{int}}\right)\right)}$$

所以

$$V_{out} = \frac{1}{C_{int}}\int I_{ph} dt, \quad A \gg \frac{C_{PD}}{C_{int}} > 1 \tag{3.14}$$

式中：A 是放大器的开环增益，$V_{out} = AV_{PD}$。

根据式(3.14)，输出电压与 3T-APS 的光电二极管电容 C_{PD} 无关，反而受电容 C_{int} 控制。

3.2.1.4 锁定型像素

图像传感器中光电二极管的光生载流子通常通过扩散移动，这是因为光电二极管的平面内方向没有电场。在一个锁定型像素中，光电二极管的面内方向会引入一个电场，从而使光生载流子迅速漂移到电极。若在光电二极管中面对面放置好电极，则可以通过极间电压调制光生载流子。这种功能可用于锁定操作，其中光生载流子的信号可通过外部调制信号进行调制。典型的锁定像素的结构原理图如图 3.5 所示[184]。

锁定像素通常用于解调器件和飞行时间图像传感器，这两种器件将在 4.5 节和 4.6 节介绍。现在已经出现了多种锁定型像素，如光子混合器(PMD)[185]、电流辅助光子解调器(CAPD)[186-187]、横向电场电荷调制器(LEFM)[188]等。对它们来说在可接受的空间分辨率

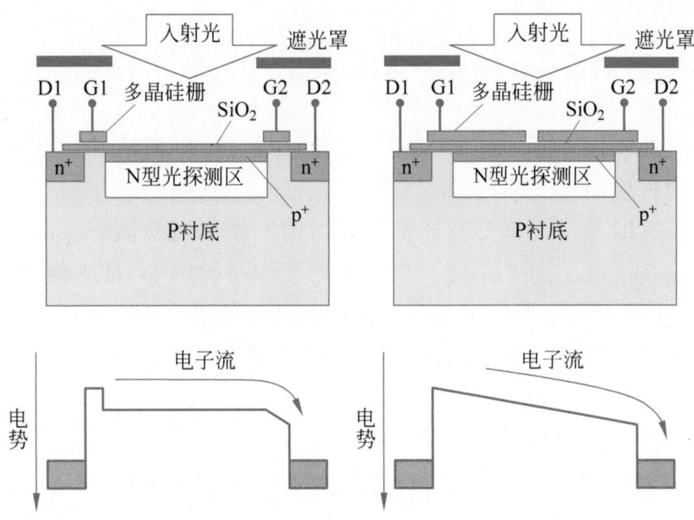

图 3.5　锁定像素的结构原理图[184]

(或像素数量)条件下实现锁定像素功能和高信噪比十分重要。

3.2.2　脉冲调制型像素

APS 经过一定时间才能读出输出信号,而在脉冲调制(PM)中,当信号达到了某一特定值时输出信号才会产生,这类使用脉冲调制的传感器称为脉冲调制传感器、饱和时间传感器[189]或地址事件表示传感器[56]。脉冲宽度调制(PWM)和脉冲频率调制(PFM)的基本结构如图 3.6 所示。其他脉冲方法,如脉冲振幅调制和脉冲相位调制很少用于 CMOS 智能传感器。

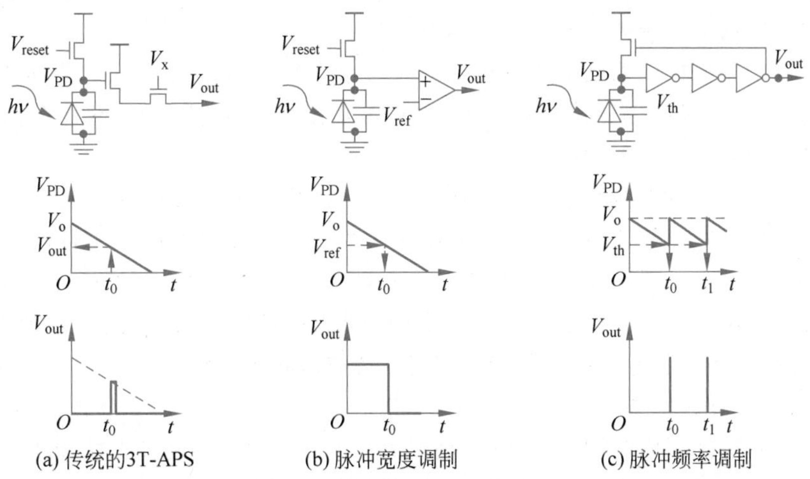

图 3.6　脉冲调制的基本电路结构

K. P. Frohmader 最早提出基于脉冲频率调制的图像传感器的概念[190],K. Tanaka 等最先发表基于脉冲频率调制图像感知的应用[108],他使用砷化镓 MSM 光电探测器来演示传感器的基本工作情况,MSM 光探测器在 2.3.5 节讨论过。基于脉冲宽度调制的图像传感器由 R. Muller 首次提出[191],V. Brajovic 和 T. Kanade 首次证明它在传感器中的应用[179]。

脉冲调制的特点：异步工作、数字输出、低电压工作。因为脉冲调制传感器中的每个像素都能独立地决定是否输出，所以脉冲传感器可在没有时钟（异步）的条件下工作。这个特点给基于脉冲调制的图像传感器提供了对环境光照的自适应特性，因此可以作为宽动态范围的图像传感器进行应用。

脉冲调制传感器的另一个重要特征是其可以用作模数转换器。在脉冲宽度调制中，脉冲宽度的计数值是数字值。图 3.6 是一个脉冲宽度调制的例子，其本质上相当于一个单斜模数转换器，而脉冲频率调制相当于一种 1 位的模数转换器。

因为脉冲调制传感器输出数字值，所以适合工作在低电压条件下。下面将介绍几种脉冲调制传感器。

3.2.2.1 脉冲宽度调制

R. Muller 首次提出并证实了基于脉冲宽度调制的图像传感器[191]，后来 V. Brajovic 和 T. Kanade 提出并证实一种使用脉冲宽度调制光电探测器的图像传感器[192]。这种传感器通过增加电路来计算全局操作时处于导通状态的像素的数量总和，可以用强度直方图获得其累计变化。

这种数字输出方案适合片上信号处理。M. Nagata 等提出并证实使用脉冲宽度调制的时域处理方案，并声明脉冲宽度调制适用基于深亚微米技术的低电压和低功耗设计[193]，他们还展示了一种能够实现片上信号模块平均化和二维映射的脉冲宽度调制图像传感器[194]。

文献[195-196]证明了脉冲宽度调制的低电压工作特性，其中基于脉冲宽度调制的图像传感器在低于 1 V 的电源电压下工作。特别地，S. Shishido 等[196]验证了一种由三个晶体管加上一个光电二极管组成像素的脉冲宽度调制图像传感器，这种设计克服了传统脉冲宽度调制图像传感器中比较器需要很多晶体管的缺点。

脉冲宽度调制可以用来拓宽图像传感器的动态范围，这将在 4.4.3.3 节详细论述，目前已有很多这个课题的研究成果，文献[189]中讨论了使用脉冲宽度调制的几个优点，包括改善脉冲宽度调制的动态范围和信噪比。

脉冲宽度调制也可以在数字像素传感器（DPS）中用作像素级模数转换器[64,197-198]。有些传感器为了尽量减少单位像素的面积而使用一个简单的反相器作为比较器，这样多个像素可以使用一个处理单元[64]。W. Bidermann 等已经实现了片上的传统比较器和存储器[198]。图 3.7(b)中，一个斜坡波形输入到比较器的参考端，这种电路几乎和单斜模数转换器相同，这种类型的脉冲宽度调制能够利用斜坡波形同步工作。

3.2.2.2 脉冲频率调制

当累积信号达到阈值时，脉冲宽度调制产生一个输出信号。同样在脉冲频率调制中，累积信号达到阈值时产生输出信号，累积电荷复位，累积过程会重新开始。重复这一过程，会持续产生输出信号，输出信号产生的频率与输入光照度成正比。人们在生物系统中发现了类似于编码系统的脉冲频率调制[199]，它激励脉冲信号进行处理过程[200-201]，在第 5 章将论述 K. Kagawa 等研究的脉冲式图像处理过程[202]。T. Hammadou 已经论证了脉冲频率调制下的随机算法[203]。K. P. Frohmader 等首先提出并验证了基于脉冲频率调制的感光传感器[177]，K. Tanaka 等[106]首先提出了基于脉冲频率调制的图像传感器，W. Yang[204]成

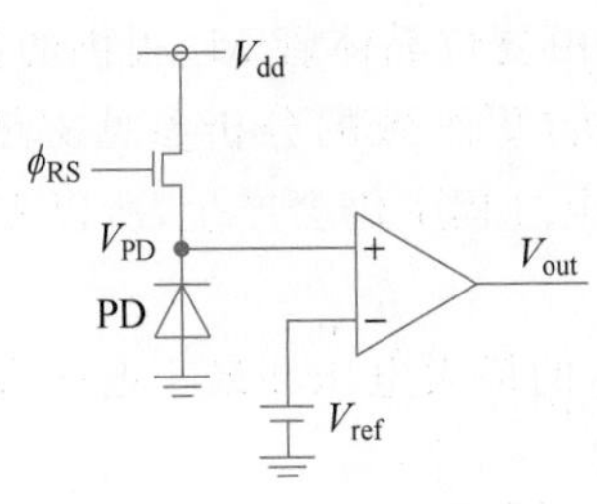

(a) 使用固定阈值的比较器

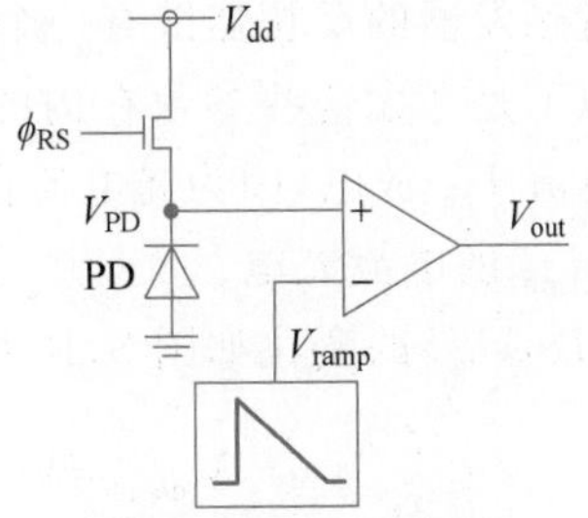

(b) 使用斜坡波形的比较器

图 3.7 基于脉冲宽度调制的光电传感器的基本电路结构

功验证了具有宽动态范围的基于脉冲频率调制的图像传感器(详见文献[156,205-206])。

脉冲频率调制的一项应用是地址事件表达(AER)[207],例如它可以用于传感器网络摄像机系统[208-209]。

脉冲频率调制光传感器可以用于生物医学领域,例如极微光下的生物技术探测[210-211],这将在 4.2.1.1 节进行介绍。脉冲频率调制另一项在生物医学领域的应用是视觉假体,文献[212]首次提出在视网膜下植入脉冲频率调制光传感器的视觉假体,之后原课题组[202,205,213-223]和其他一些课题组[224-227]不断地继续深入研究。5.5.2 节将对视觉假体进行介绍。

1. 脉冲频率调制的工作原理

图 3.8 显示了脉冲频率调制光传感器单元的基本电路。在电路中,C_{PD} 被充电到 V_{dd},包括暗电流 I_d 在内的总光电流 I_{ph} 使光电二极管电容 C_{PD} 放电,结果引起 V_{PD} 减小。当 V_{PD} 达到反相器的阈值电压 V_{th} 时,反相器链开始导通,产生输出脉冲。输出频率可以大致表达为

$$f \approx \frac{I_{ph}}{C_{PD}(V_{dd} - V_{th})} \tag{3.15}$$

图 3.8 脉冲频率调制光传感器单元的基本电路

图 3.9 是图 3.8 所示脉冲频率调制光传感器的实验结果,输出频率与输入光照度成正比,测量得到的动态范围接近 100dB,在低光照度区域,频率由于暗电流的影响而达到饱和。

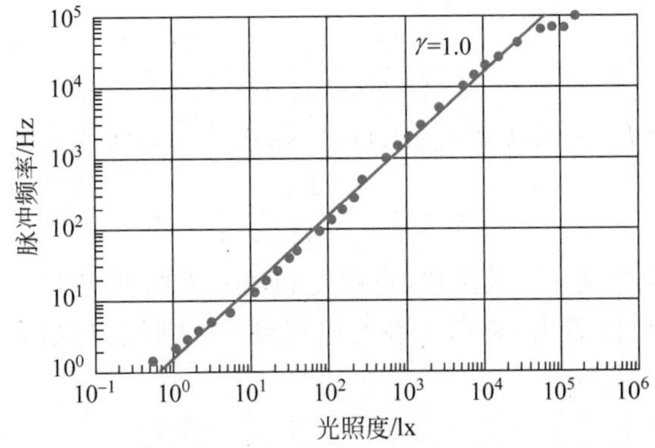

图 3.9 图 3.8 所示脉冲频率调制光传感器的实验中输出脉冲频率与输入光照度的关系

包含施密特触发器的反相器链有一个延时 t_d，由复位晶体管 M_r 提供的复位电流 I_r 是一个有限值。以下是考虑这些参数在内的一组分析（更细致的分析参见文献[217]）：光电二极管通过光电流 I_{ph} 放电，因为光电流在电容充电过程中仍会产生，所以光电二极管由复位电流 I_r 减去 I_{ph} 的电流充电。

考虑 t_d 和 I_r，V_{PD} 的变化如图 3.10 所示，V_{PD} 的最大电压和最小电压可以表示为

$$V_{max}=V_{thH}+\frac{t_d(I_r-I_{ph})}{C_{PD}} \tag{3.16}$$

$$V_{min}=V_{thL}-\frac{t_d I_{ph}}{C_{PD}} \tag{3.17}$$

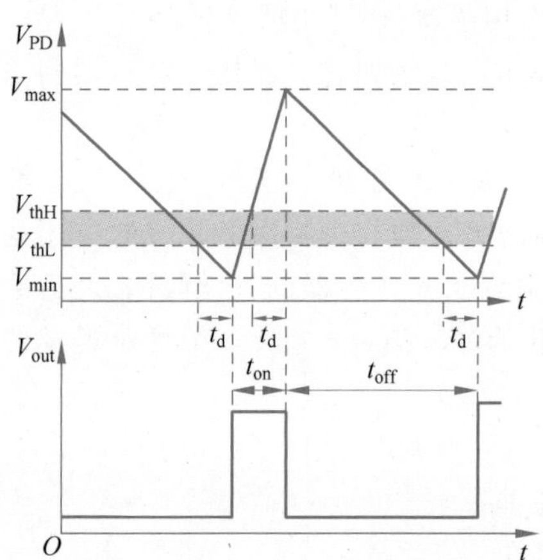

图 3.10 考虑延时 t_d 时，V_{PD} 随时间的变化

式中：V_{thH} 和 V_{thL} 为施密特触发器的高阈值电压和低阈值电压；I_{ph} 为放电电流；I_r-I_{ph} 为充电电流或复位电流。

图 3.10 给出的 t_{on} 和 t_{off} 的值为

$$t_{on}=\frac{C_{PD}(V_{thH}-V_{min})}{I_r-I_{ph}}+t_d=\frac{C_{PD}V_{th}+t_d I_r}{I_r-I_{ph}} \tag{3.18}$$

$$t_{off}=\frac{C_{PD}(V_{max}-V_{thL})}{I_{ph}}+t_d=\frac{C_{PD}V_{th}+t_d I_r}{I_{ph}} \tag{3.19}$$

式中：$V_{th}=V_{thH}-V_{thL}$；t_{on} 为复位晶体管 M_r 给光电二极管充电的时间，即 M_r 开启的时间，在这段时间内，脉冲处于导通状态，因此它等于脉冲宽度；t_{off} 为 M_r 断开的时间，在这段时间内，脉冲处于关断状态。

脉冲频率调制光传感器的脉冲频率可表示为

$$\begin{aligned} f&=\frac{1}{t_{on}+t_{off}} \\ &=\frac{I_{ph}(I_r-I_{ph})}{I_r(C_{PD}V_{th}+t_d I_r)} \\ &=\frac{I_r^2/4-(I_{ph}-I_r/2)^2}{I_r(C_{PD}V_{th}+t_d I_r)} \end{aligned} \tag{3.20}$$

若 M_r 的复位电流 I_r 比光电流 I_{ph} 大得多，则式(3.20)就变成

$$f\approx\frac{I_{ph}}{C_{PD}V_{th}+t_d I_r} \tag{3.21}$$

从而脉冲频率 f 就与光电流 I_{ph} 成正比，也就是和输入光照度成正比。

另外，由式(3.20)可以看出，频率 f 在光电流到 $I_r/2$ 时达到最大值，然后开始下降，其最大频率为

$$f_{max}=\frac{I_r}{4(C_{PD}+t_d I_r)} \tag{3.22}$$

脉冲宽度为

$$\tau = t_{on} = \frac{C_{PD}V_{th} + t_d I_r}{I_r - I_{ph}} \tag{3.23}$$

图 3.11 显示了脉冲频率和脉冲宽度取决于输入光照度，它们之间的关系式见式(3.22)和式(3.23)。

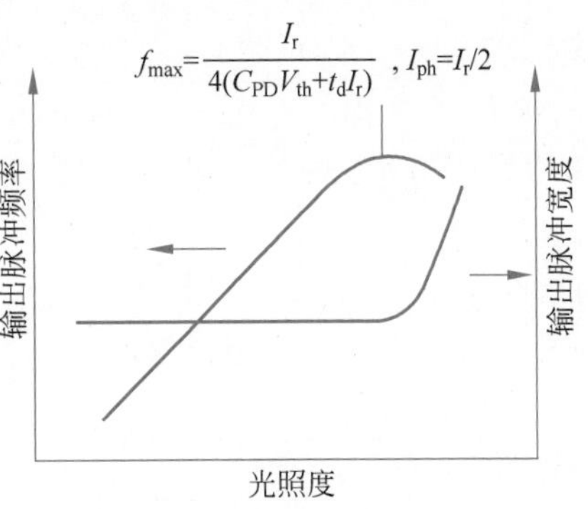

图 3.11 脉冲频率和脉冲宽度取决于输入光照度

2. 自动复位操作

在强光条件下，由于光电二极管的饱和，很难检测到弱光。为了解决这个问题，已经有研究人员开发出了一种自复位型 CMOS 图像传感器[228-229]。

自复位型 CMOS 图像传感器的原理几乎与脉冲频率调制图像传感器相同(图 3.12)。当光线非常强时，由于有限的阱容量/存储电荷，信号会增加并最终饱和，因此，无法测量超过此强度级别的信号，散粒噪声也会增加。对于自复位型图像传感器，若光线导致阱饱和，则将使用类似于脉冲频率调制的反馈路径自动进行光电二极管的复位。

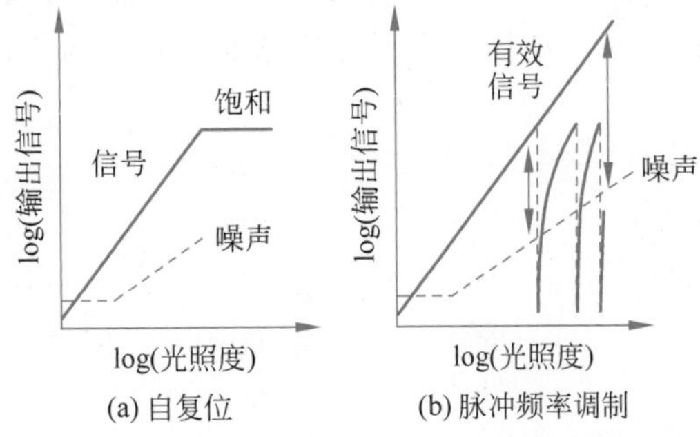

图 3.12 自复位型图像传感器与脉冲频率调制图像传感器原理对比

自复位型图像传感器的实现如图 3.13 所示[229]。每个像素的晶体管数量仅为 11，这是因为复位计数电路不能在一个像素中实现。表 3.2 列出了与以前报道的脉冲频率调制传感器的规格比较结果。

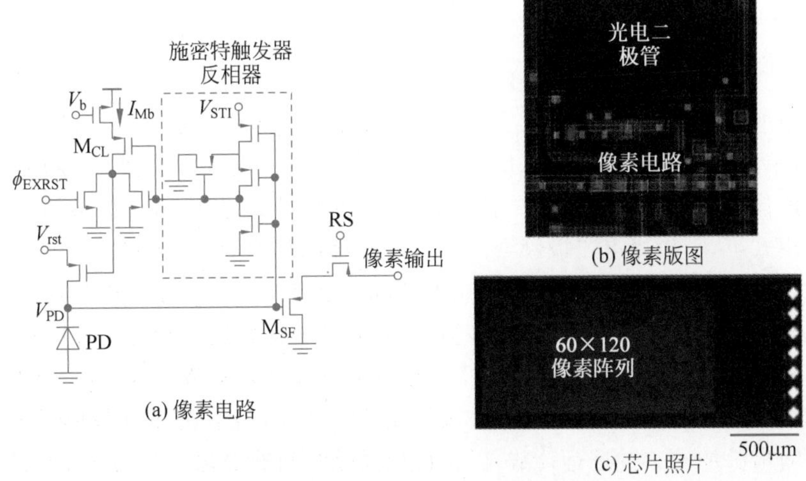

图 3.13 自复位型 CMOS 图像传感器[229]

表 3.2 基于脉冲频率调制图像传感器的比较

参考文献	[230]	[231]	[232]	[233]	[229]
技术	0.25μm	0.35μm	0.18μm	0.50μm	0.35μm
晶体管数量/像素	未知	未知	43	28	11
像素大小/(μm×μm)	45×45	25×25	19×19	49×49	15×15
自复位类型	COMP	COMP	COMP	ST	ST
计数器/bit	8	1	6	6	—
填充因子/%	23	27	50	25	26
电路面积/($\times10^2\mu m^2$)	16	4.6	18	18	1.7
最高帧率/kHz	1	0.015	1	>1	0.3
峰值信噪比/dB	未知	74.5	55.6	65	64

注：COMP—比较器；ST—施密特触发器。

在脉冲频率调制图像传感器中复位值对于构建图像至关重要，而在自复位类型的图像传感器中最终复位操作后的输出数据将用于图像。图 3.14 清楚地表明，通过使用自复位模式，信噪比可以提高 10dB 以上。自复位型图像传感器测量大鼠大脑中神经信号的应用将在 5.4.3.1 节介绍。

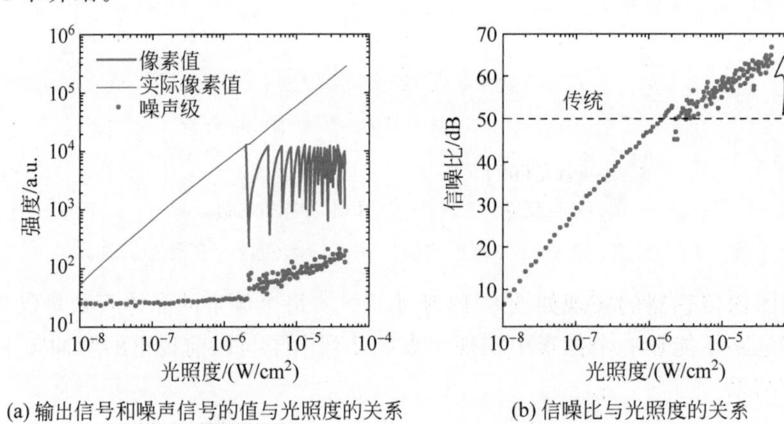

(a) 输出信号和噪声信号的值与光照度的关系　　(b) 信噪比与光照度的关系

图 3.14 自复位型 CMOS 图像传感器的实验结果[229]

3.2.2.3 单光子雪崩二极管(SPAD)

如第 2 章所述，单光子雪崩二极管是工作在盖革模式下的雪崩光电二极管，并输出一个脉冲序列，本节将具体介绍单光子雪崩二极管。图 3.15(a)显示了标准 CMOS 技术中雪崩光电二极管的像素结构。雪崩光电二极管在深 n 阱中制造，其中多个区域被 p^+ 保护环包围。在盖革模式下，雪崩光电二极管会产生类似尖峰的信号，而不是模拟类型的输出，输出模拟信号的是单光子雪崩二极管。如图 3.15 所示，带有反相器的脉冲整形器被用于将信号转换为数字脉冲。单光子雪崩二极管有两种模式：光子计数模式和光子计时模式[234]。在光子计数模式下，它主要用于测量微秒级别的变化缓慢且非常微弱的光信号的强度；在光子计时模式下，它用于在皮秒内重建非常快的光学波形[234]。在光子计数模式中，在一定的时间段内对输出脉冲的数量进行计数，以获得光强随时间的变化。在光子计时模式下，时间数字计数器(TDC)可以集成在单光子雪崩二极管像素中或芯片上。在这两种模式下，都需要取平均运算操作。

最近，有研究人员成功研究出了 512×512 像素的单光子雪崩二极管图像传感器[235]。其中一个像素里有 11 个晶体管和 1 个雪崩光电二极管。该传感器由一个单光子雪崩二极管、一个 1 位存储器和一个能够使单光子雪崩二极管导通、关断的门控机制组成。

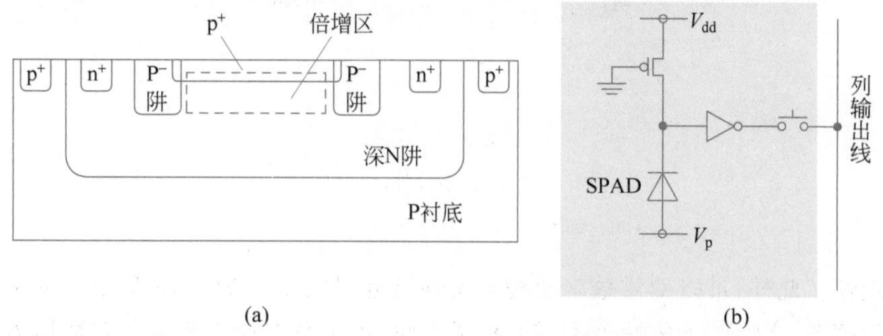

图 3.15 标准 CMOS 技术中的雪崩光电二极管和像素中盖革模式雪崩光电二极管的 CMOS 电路的基本结构[93]

注：连接到 V_{dd} 的 PMOS 用作淬灭过程的电阻。V_p 是一个负电压值，迫使光电二极管进入雪崩击穿区域。SPAD 为单光子雪崩二极管。

3.2.3 数字型像素

如图 3.16 所示[63-64]，智能 CMOS 图像传感器中的数字处理架构是基于在每个像素中采用一个模数转换器（在某些情况下，模数转换器以列并行方式放置[236]），称为视觉处理芯片，其中处理过程在芯片上完成。具有数字输出的 CMOS 图像传感器通常称为数字像素传感器[197-198]。由于是数字信号输出，数字像素传感器的响应速度很快。另外，芯片可以进行编程操作。

图 3.16 展示了数字像素传感器的基本电路，由一个光电探测器、一个缓冲器和一个模数转换器组成。由于模数转换器通常是占用面积严重的电路，因此在像素中实现小面积模数转换器十分关键。

如上所述，数字处理架构的关键特征是在像素内实现模数转换器。面积效率是像素内模数转换器的最重要因素之一。根据表 2.3 的比较结果，单斜模数转换器（参见 2.6.3 节）是像素内模数转换器的备选。图 3.17 显示了在像素中采用的单斜模数转换器[197]，它具有 8 位存储器。

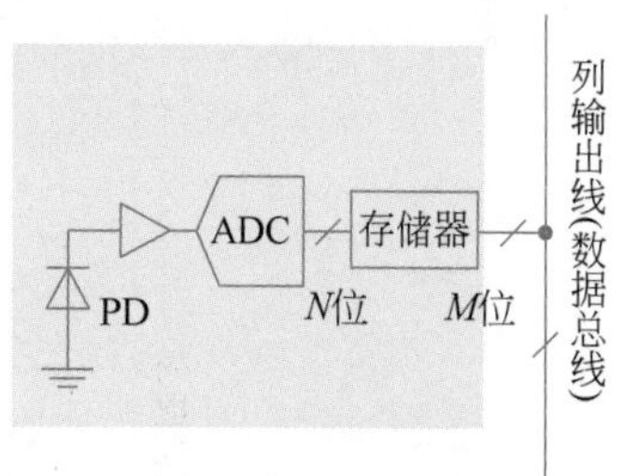

图 3.16 数字像素传感器的基本像素电路

数字像素传感器在智能 CMOS 图像传感器中非常有竞争力，因为它们可以精确地编程。此外，数字像素传感器已实现 10^4 帧/s 的高速度[197]和超过 100dB 的宽动态范围[198]。因此，它适用于机器人视觉领域，该领域需要一定的通用性，以及可以实现快速响应的自主操作。

与表 2.3 相比，有更加简单的模数转换器，在像素中使用模数转换器可以实现具有快速处理速度的编程操作。文献[63]介绍了一种简单的脉冲宽度调制方案，使用了一个反相器

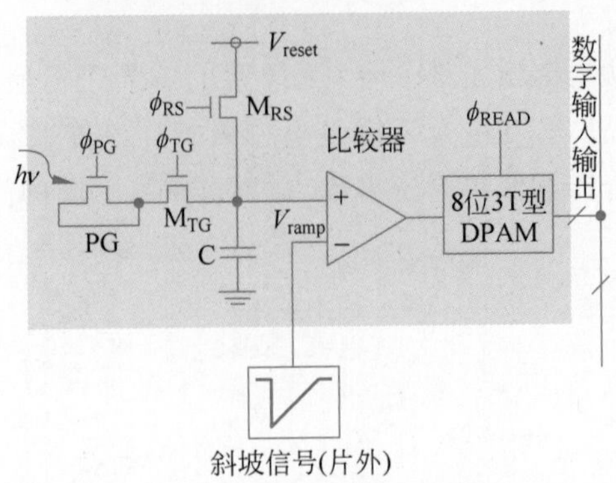

图 3.17 像素里有一个单斜模数转换器的 APS[197]

来实现比较器。此外，可以使用数字架构来实现最近邻操作。图 3.18 显示了从文献[65]中引用的像素框图。注意，该传感器不需要扫描电路，因为每个像素都将数字数据传输到下一个像素。这是完全可编程的数字处理体系结构的另一个功能。在文献[237]中，使用像素级模数转换器来控制转换曲线或伽马值十分有效。传感器的可编程性可用于增强捕获的图像，如对数转换、直方图均衡等类似的技术。数字处理技术面临的挑战是像素分辨率，其目前受限于像素晶体管数。例如，使用 0.5μm 工艺标准的 CMOS 技术，在每个像素中集成了 84 个晶体管，像素尺寸为 80μm×80μm[63]。通过使用更加精细的 CMOS 技术可以制造出更小的像素，获得更低的功耗和更高的处理速度。但是，这种精细技术存在低电压摆幅、低光敏性等问题。在某些数字像素传感器中，模数转换器由四个像素共享[197-198]。3.3.4 节介绍的堆叠式 CMOS 图像传感器技术已经得到实现，它可以解决如何在像素中集成模数转换器的问题，在不久的将来，许多智能 CMOS 图像传感器将采用具有堆叠技术的数字像素传感器。

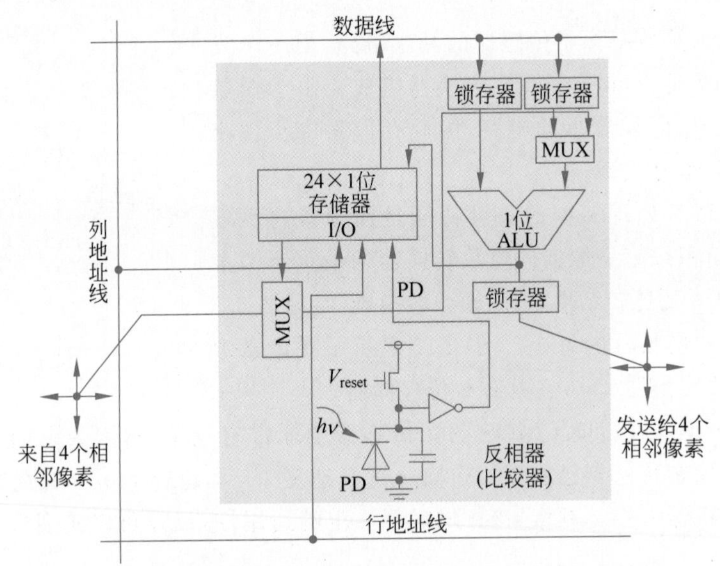

图 3.18 具有数字处理架构的智能 CMOS 图像传感器的像素电路图[65]

3.3 智能材料和结构

本节将介绍可用于智能 CMOS 图像传感器的除单晶硅以外的几种材料。硅可以吸收可见光,硅对于可见光波长区域是不透明的。而有一些材料在可见光波长区域是透明的,这在现代 CMOS 工艺中绝缘体上硅和蓝宝石上硅都有用到,如 SiO_2 和 Al_2O_3。硅的可检测波长取决于它的能带间宽度,约为 1.1μm 的波长。与硅相比,其他材料如 SiGe 和 Ge 能够响应波长更长的光,锗的基本特性见附录 A。

3.3.1 绝缘体上硅

近年来,绝缘体上硅 CMOS 工艺已经应用于低电压电路[238]。这种 SOI 的结构如图 3.19 所示,一层薄硅层置于一层氧化物掩埋层(BOX)上,顶层硅位于 SiO_2 层或绝缘层上。传统的 CMOS 晶体管可称作体 MOS 晶体管,这样可以明显地区别于 SOI MOS 晶体管。MOS 晶体管制作在一层 SOI 上,并通过深入到 BOX 层的浅沟槽隔离工艺实现完全隔离,如图 3.19(b)所示。相比于体 CMOS 晶体管,这种晶体管具有能耗低、闩锁效应较小和寄生电容小等优点[238]。

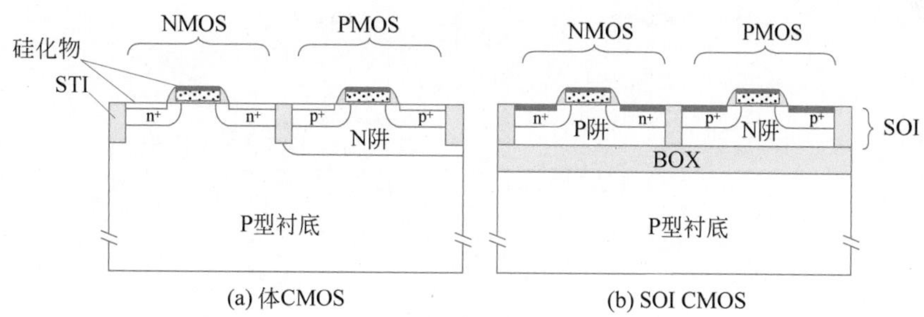

图 3.19 体 CMOS 的横截面和 SOI CMOS 的横截面

注:STI—浅沟槽隔离;SOI—绝缘体上硅;BOX—掩埋氧化层,硅化物是由硅和金属(如 $TiSi_2$)制成的合成材料。

SOI 工艺适用于 CMOS 图像传感器的原因如下:

(1) 利用 SOI 工艺制成的电路电压低、功耗小[239],这种特性对于移动设备、传感器网络、可植入医疗设备来说非常重要。

(2) 体 CMOS 晶体管工艺中的 N 阱层对于建立在 P 型衬底上的 PMOS 是必不可少的,而当使用 SOI 工艺时,使用 NMOS 和 PMOS 晶体管不会牺牲多余面积。图 3.19 清晰地给出了体工艺和 SOI 工艺的 CMOS 对比。PMOSFET 复位晶体管与 NMOSFET 复位晶体管相比,其由于没有压降更适用于 APS 中。

(3) SOI 技术使制造背照式图像传感器变得更加容易,这将在 3.3.3 节介绍。

(4) SOI 结构有利于减少像素之间扩散载流子而引起的串扰,衬底产生的光生载流子可以到达 SOI 图像传感器的像素当中。SOI 技术中每个像素都是电学隔离的。

(5) SOI 工艺也可以用于三维集成[240-241],文献[240]论述了在图像传感器中使用 SOI 技术实现三维集成这种具有先驱意义的研究。通过引入镶嵌金的电极,直接连接方法可以实现像素级的电互连[242]。图像传感器的 3D 集成将在 3.3.4 节进行介绍。

SOI 层通常很薄(一般小于 200nm),因此光灵敏度很低。为了实现良好的光灵敏度,人们提出了几种解决方法。与传统 APS 最兼容的方法是在衬底上制作一个光电二极管区域[243]，这就保证了其光灵敏度与传统光电二极管的光灵敏度相同，但是这需要改变标准 SOI 工艺的制造方法；此外，表面后处理的工艺对于获得低的暗电流也很重要。另一种方法是使用一个横向光电晶体管，在图 2.6(d)有介绍[244]。因为横向光电晶体管有增益，所以即使在很薄的光检测层，光灵敏度也会增加。SOI 的另一种应用是横向 PIN 光电二极管[245]，尽管在这种情况下需要权衡考虑光探测区域和像素密度。3.2.2.2 节介绍的脉冲频率调制光电传感器若使用 SOS 工艺将非常有效，本章还将进一步讨论。

通过有选择性地使用 SiO_2 刻蚀剂刻蚀 BOX 层可以轻松制造一个束状的硅结构，所以 SOI 被广泛应用于微机电系统(MEMS)。这种结构在图像传感器领域的一个应用是非制冷红外焦平面阵列(FPA)图像传感器[247]。采用一个热绝缘的 PN 结二极管完成红外检测；热辐射使 PN 结内建电势差发生变化，通过感知这一变化可以测量温度，从而可以检测红外辐射。结合微机电系统的结构，拓宽了 SOI 在图像传感器领域的潜在应用范围。

最近，基于 SOI 工艺的 CMOS 图像传感器被开发并应用于检测高能粒子[246,248]。图 3.20 展示了基于 SOI 结构的高能粒子检测器的剖面原理图[246]。入射的高能粒子在厚的高阻衬底内部产生电子-空穴对。图中，BOX 层下的 PN 结中检测到产生的空穴。为了检测信号，该 PN 结二极管被连接到 SOI 电路上。

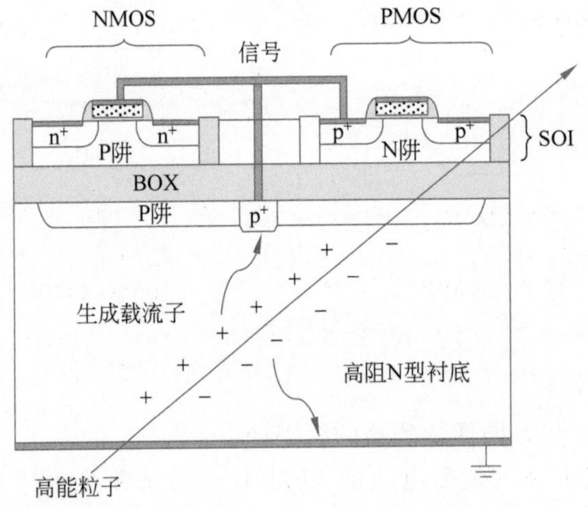

图 3.20 SOI 工艺的高能粒子检测器横截面[246]

注：它由厚的高阻 N 型衬底，以及 BOX 和 SOI 组成，PN 结在衬底内部形成，并且 p 极通过从衬底到 SOI 的 BOX 层的通孔连接到 SOI 电路上。

蓝宝石上硅

蓝宝石上硅是使用蓝宝石代替硅作为衬底的一种技术[249-250]，它直接在蓝宝石衬底上生长一层薄硅层。注意，顶层硅不是多晶硅、非晶硅而是单晶硅，因此它的流动性等物理属性几乎和一个普通的 Si-MOSFET 相同。蓝宝石是氧化铝，它对于可见波长区域是透明的，所以使用 SOS 技术的图像传感器无须任何打薄处理就可以用作背照式图像传感器[214,245,251-252]，但是为了获得平整的背面，还是需要一些打磨。文献[245]提到了横向光电晶体管，文献[214,251]提到了脉冲频率调制光电传感器，其在薄的探测层中光灵敏度较低。图 3.21 是一个用 SOS CMOS 技术制成的图像传感器，这个芯片被放在一叠打印出来的纸上，可以透过透明的衬底清楚看到纸上的打印图案。

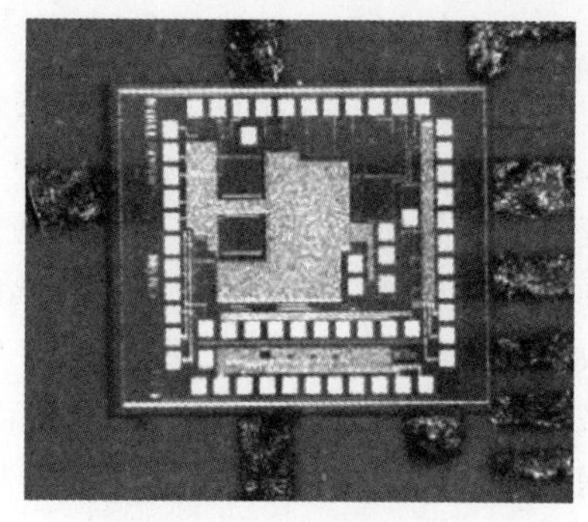

图 3.21 应用 SOS 技术制成的脉冲频率调制光电传感器

3.3.2 扩展到近红外区

硅的灵敏度通常高达 1.1μm，这是由硅的能带隙 E_g(Si)=1.12eV 决定的。即使光波长小于 1.1μm，使用基于硅的光电二极管探测近红外光通常也很困难。在本节中，为了增强近红外光区域的探测性能，提到了两种方法。在这里，近红外光被定义为波长为 0.75～1.4μm 的光(参见附录 D)。第一种方法是引入多路径使近红外光进入硅内部。即使在近红外光区域吸收系数很小，这种多路径也延长了光子的传播距离。第二种方法是引入硅以外的材料。

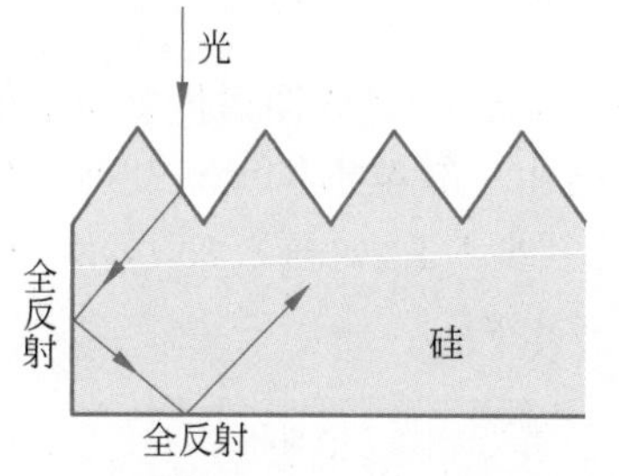

图 3.22 微小的倒金字塔结构可以实现多路径入射，可以拓展接近硅带隙波长附近的可检测 NIR 区域[253]

3.3.2.1 多路径结构

通过在硅表面引入许多微小的倒金字塔结构，可以扩展如图 3.22 所示的入射光路[253]。由于入射光能够以这种多路径结构传播很长的距离，因此即使在近红外光区域中的吸收很小，近红外光的吸收总量也会增加，从而可检测性得到提升。在文献[253]中，与具有平滑表面的传感器相比，使用多路径结构在 850nm 波段处的灵敏度提高了 80%。

延长光传播路径的另一种方法是引入黑硅[254]，黑硅是一种纳米结构材料，在可见光到近红外范围内几乎没有任何反应发生，为黑色。黑硅的制造过程与常规 CMOS 图像传感器的制造过程兼容。与倒金字塔结构相比，黑硅的优势在于其易于制造，然而其缺点是对于具有小尺寸像素的图像传感器光敏度可能不均匀。

3.3.2.2 非硅材料

为了扩展灵敏度到 1.1μm 以上，需要使用除传统的 Si 以外的其他材料，有许多材料的灵敏度在比硅更长的波长范围内。为了实现灵敏度的适用波长范围更长的智能 CMOS 图像传感器，需要在更长波长范围有良好光敏度的混合集成材料，如 SiGe、Ge、InGaAs、InSb、HgCdTe、PbS 和量子阱红外线光电探测器(QWIP)[255]以及一些其他被推荐的材料[256]。这些材料具有的光敏度的波长被称为短波红外(SWIR)(1.4～3μm，见附录 D)。除了黑硅和 SiGe，这些材料都可以被放置在硅读出集成电路(ROIC)上，该电路与一个同金属凸块键合的倒装芯片相连。几种使用 ROIC 来实现短波红外检测的方法见文献[257]。例如，已经开发了在 ROIC 上放置 PbS 量子点膜的短波红外图像传感器[258]。

在超过 3μm 的区域或中波红外(MWIR)(3～8μm，见附录 D)区，肖特基势垒光电探测器如硅化铂(PtSi)已广泛用于红外图像传感器中[259]，可以单片集成在硅衬底上。这些中波红外图像传感器通常在低温条件下工作，但是最近已经开发了非冷却型 MWIR/LWIR 图像传感器。带有这种配置的 MWIR/LWIR 图像传感器已有许多报道，本书不作具体介绍。

在介绍相应的传感器之前，简要概括硅-锗和锗材料。Si_xGe_{1-x} 是硅和锗以任意比例 x 混合的一种混合晶体[260]。它的能带间隙可以从 Si($x=1$)，E_g(Si)=1.12eV，λ_g(Si)=1.1μm 到锗($x=0$)，E_g(Ge)=0.66eV，λ_g(Ge)=1.88μm 变化。硅上的硅-锗可以用于高速电路的异质结双极晶体管或者应变 MOSFET。硅和锗的晶格常数之间的晶格失配很大，导致很难在硅衬底上生长厚的硅-锗外延层。最近，硅上锗技术已经在光纤通信中的高速接收器方面取得了很大发展，其适用于 1.3～1.5μm 波长区域的光[261]。通过各种方法可以减轻硅和锗之间大的晶格失配，从而获得高质量的硅上外延锗层[261]。通过使用为高速光通信开发的这些技术，已经有研究人员开发出了具有锗检测层的图像传感器[262-263]。用于 NIR-SWIR 的另一种材料是 InGaAs。

现在介绍一种在可见光区域和近红外区域以及眼睛安全波长区域都有较好灵敏度的智能 CMOS 图像传感器[264-265]。人眼对眼睛安全波长区域(1.4～2.0μm)的容忍性要比可见区域更大，这是因为与可见区域相比，角膜吸收的眼睛安全区域的光要多于可见区域，因此对视网膜的损害较小。

这种传感器包含一个传统 Si-CMOS 图像传感器和一个位于 CMOS 图像传感器下面的锗光电二极管阵列，这种传感器捕获可见图像的能力并不会由于其范围扩大到红外区域而受影响。近红外探测依靠从锗光电二极管注入硅衬底的光生载流子，如图 3.23 所示。

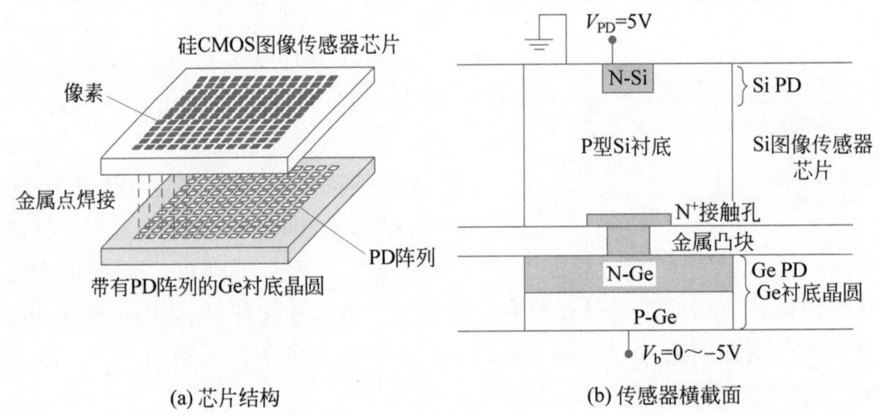

图 3.23　可以在可见光区域和人眼安全区域都能检测的智能 CMOS 传感器[242]（经许可修改自文献[264]）

在锗光电二极管区域产生的光生载流子注入 Si 衬底中，然后通过扩散到达 CMOS 图像传感器像素中的光转化区域。如图 3.24 所示，当施加偏压时，近红外光区域的响应率增加，图中展示了光敏反应实验的测试装置。注意，因为在近红外光波长区域 Si 衬底是透明的，所以近红外光可以被位于传感器背面的锗光电二极管检测到。

3.3.3　背照式 CMOS 图像传感器

如图 3.25 所示，背照式 CMOS 图像传感器与传统 CMOS 图像传感器或前照式(FSI) CMOS 图像传感器相比，其具有较大的填充因子和较大的光学响应角等优点[266-270]。图 3.25(a)显示了常规 CMOS 图像传感器或前照式 CMOS 图像传感器的横截面，其中输入光从微透镜到光电二极管传播了很长的距离，从而导致像素之间发生串扰，另外，金属线对光形成了阻碍。在背照式 CMOS 图像传感器中，微透镜和光电二极管之间的距离减小，从

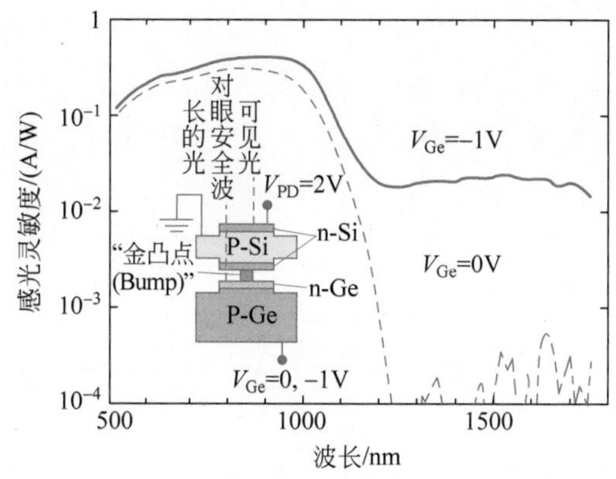

图 3.24 随输入光波长变化的光灵敏度变化曲线(经许可修改自文献[264])

注：锗光电二极管的偏压 V_b 是一个参量，图中展示了光敏反应实验的测试结构。

而光学特性得到了显著提升。由于光电二极管上的P型硅层必须很薄才能最大程度地减少该层中的吸收，因此通常将衬底打磨成薄层。注意，该结构类似于电荷耦合式器件的结构，其中在光电二极管和金属层之间存在非常薄的 SiO_2 层使光学串扰最小化。

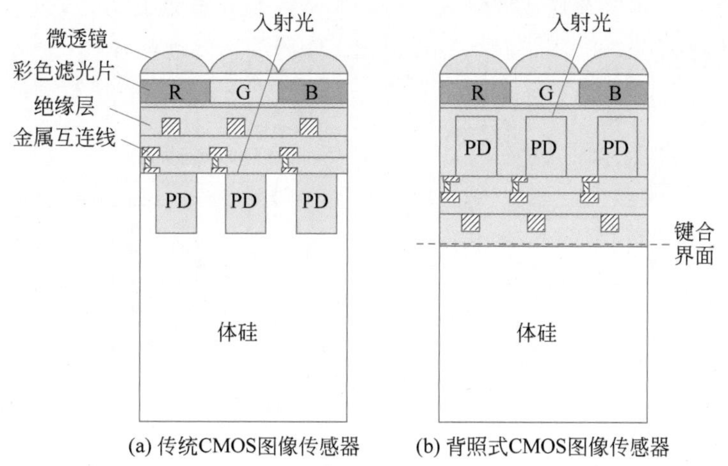

图 3.25 传统 CMOS 图像传感器的横截面和背照式 CMOS 图像传感器的横截面

3.3.4 三维集成

三维(3D)集成可以在有限区域集成更多的电路。具有三维集成结构的图像传感器在其顶层具有成像区，并在后续层中具有信号处理电路。因此，三维集成技术可轻松实现像素级的处理或像素并行处理。

近年来，基于背照式 CMOS 图像传感器的结构，已经有研究人员开发出了三维集成或堆叠的 CMOS 图像传感器。图 3.26 显示了堆叠图像传感器芯片及其横截面结构的概念图。图中的三维图像传感器是在制造背照式 CMOS 图像传感器晶片之后制造的，该晶片与另一个带有处理电路的基于 SOI 的晶片连接。

实现三维集成有两种方法：一种是使用硅通孔(TSV)；另一种是使用微凸点，通过凸点直接键合两个晶片。在硅通孔技术中，将两个晶片键合后，形成了两个晶片之间的电学连

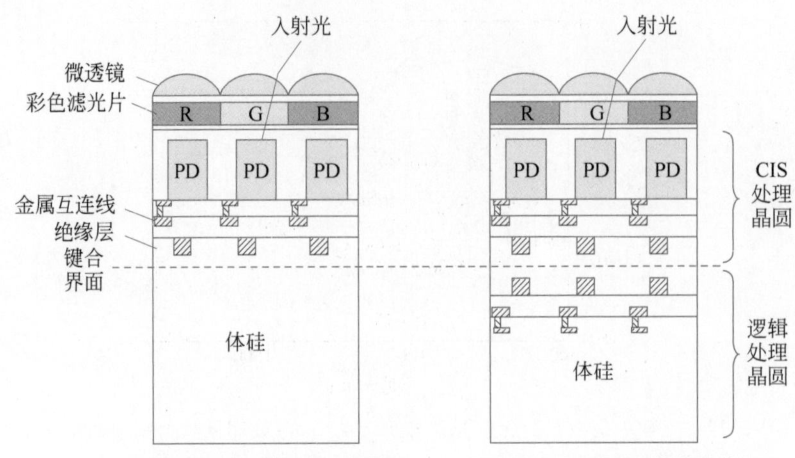

(a) 基于图3.25(b)所示的CIS晶圆工艺制造的背照式CMOS传感器芯片

(b) 结合了CMOS图像传感器、逻辑处理硅片的三维CMOS图像传感器

图 3.26 三维图像传感器芯片

接。如图 3.27(a)所示，通常硅通孔形成在芯片[271,272]的外围。微凸点方法可以实现图 3.27(b)所示的像素级互连或像素块互连[273-275]。使用硅通孔方法，可以堆叠三个不同的处理晶片，即背照式 CMOS 图像传感器、DRAM 和逻辑处理晶片[271,272]。扫描电子显微镜(SEM)的截面图如图 3.28 所示。

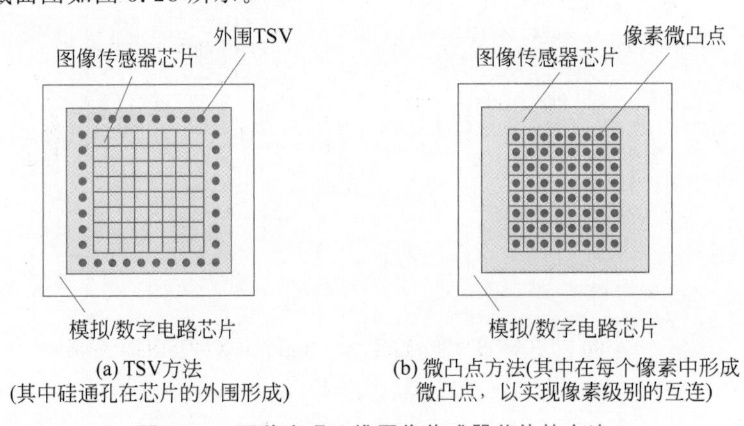

(a) TSV方法（其中硅通孔在芯片的外围形成）

(b) 微凸点方法(其中在每个像素中形成微凸点，以实现像素级别的互连)

图 3.27 两种实现三维图像传感器芯片的方法

3.3.5 用于颜色识别的智能结构

通常，图像传感器可以检测颜色信号，并将光分解成基本的颜色信号，如使用片上彩色滤光片的 RGB。传统的颜色识别的方法已在 2.8 节进行介绍，其他使用智能功能实现颜色识别的方法将在后面介绍。

3.3.5.1 堆叠的有机 PC 薄膜

首先介绍一种可以获得 RGB 颜色的方法，即在一个像素上使用三个堆叠的光电导(PC)有机薄膜[102-104,276]，如图 3.29(a)所示，每个有机薄膜都相当于一个 PC 检测器(见 2.3.5 节)，根据其感光度产生相应的光电流，这种方法几乎可以实现 100%的填充因子。现在面临的主要问题是如何连接堆叠层。

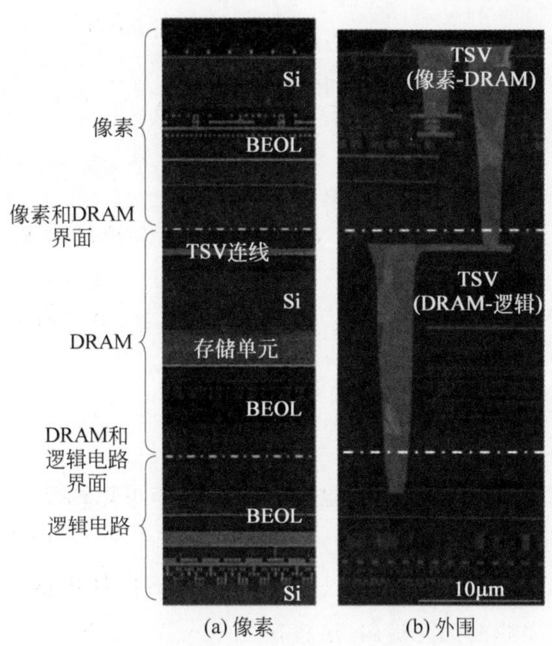

(a) 像素 (b) 外围

图 3.28 具有 3 个堆叠晶片的 CMOS 图像传感器的 SEM 截面图(经许可修改自文献[272])

注：在该芯片中，顶部、中间和底部分别由背照式 CMOS 图像传感器处理晶片、DRAM 处理晶片和逻辑处理晶片组成

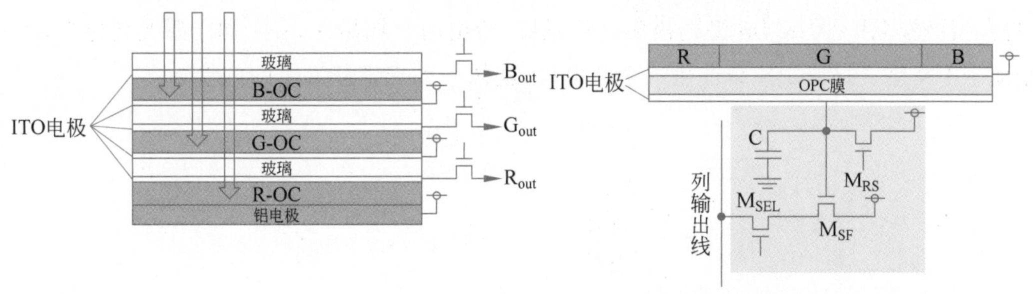

(a) 使用三种有机膜，分别用于蓝色、绿色和红色检测[276]

(b) 一种用于光检测层的有机光电导(OPC)膜，该颜色是通过常规的片上彩色滤光片识别的[277]

图 3.29 有机图像传感器的器件结构

另一种有机图像传感器用有机膜代替 Si 进行光检测，并形成常规的片上 RGB 彩色滤光片[277-278]。注意，有机光电导薄膜的吸收系数比 Si 大了一个数量级。因此，有机光电导膜的厚度可以比传统 CMOS 图像传感器中的光电二极管的膜要薄。这种方法也几乎可以实现 100%的填充因子。在图 3.29(b)中，可以通过源极跟随器晶体管 M_{SF} 感知光电导电压，复位转换和选择晶体管分别是 M_{RS} 和 M_{SEL}，并加入电容器以提升像素的饱和度[277]。

3.3.5.2 多重结

硅的光敏度取决于 PN 结的结深。因此，位于一条垂直线的两个或三个结可以改变光敏范围[279-281]。通过调整三个结深，相对应的 RGB 颜色的最大光敏度就可以实现。图 3.30 展示了这种传感器的结构，做一个三重阱来形成三个不同的二极管[280-281]，这种传感器作为有源像素类型已经实现了商业化。

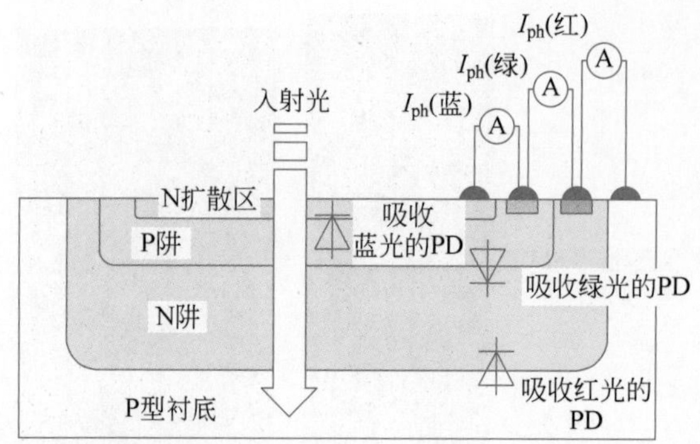

图 3.30 具有三结的图像传感器结构[281]（这种商业化的传感器使用了有源像素结构）

3.3.5.3 控制电势分布

许多研究人员已经提出并证明了通过控制电势分布可以改变光子灵敏度[282-284]范围，提出的这种系统主要使用由多层 P-I-I-I-N[283] 和 N-I-P-I-N[284] 构成的薄膜晶体管（TFT）层。Y. Maruyama 等提出了使用这种方法的智能 CMOS 图像传感器[285-286]，虽然他们的目的不是颜色识别，而是无滤波荧光检测，这将在 3.4.6.2 节讨论。

电势控制原理[285-286]：PN 结光电二极管的灵敏度通常由式（2.19）表示，这里使用如图 3.31 所示的电势分布，该图是由图 2.10 变化来的，即通过用 N 型衬底上的 PMOS 型栅极感光传感器代替 NMOS 型栅极感光传感器，给出两个耗尽区，一个源于感光传感器，另一个源于 PN 结。这个 PN 结产生一个凸电位，就像一个光生载流子的分水岭。

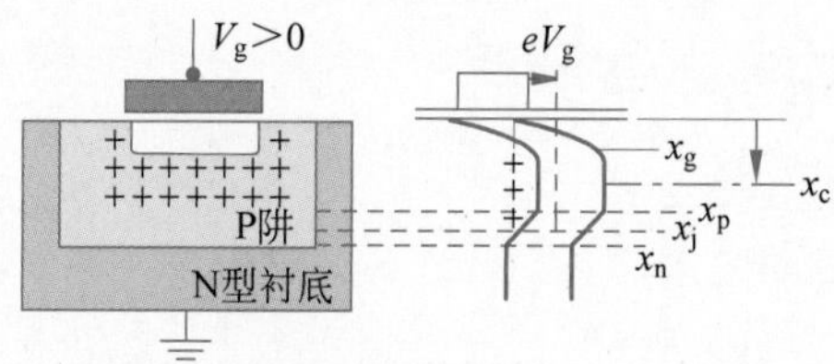

图 3.31 无滤光片的荧光图像传感器的器件结构和电势分布

此例中，式（2.18）的积分区域从 0 变化到 x_c，因为在这个变化范围内光生载流子到达表面和衬底的概率是相同的，移动到衬底的光生载流子只引起光电流，所以灵敏度就变成

$$\begin{aligned} R_{ph} &= \eta_Q \frac{e\lambda}{hc} \\ &= \frac{e\lambda}{hc} \frac{\int_0^{x_c} \alpha(\lambda) P_o \exp[-\alpha(\lambda) x] dx}{\int_0^{\infty} \alpha(\lambda) P_o \exp[-\alpha(\lambda) x] dx} \\ &= \frac{e\lambda}{hc} (1 - \exp[-\alpha(\lambda) x_c] dx) \end{aligned} \tag{3.24}$$

若有两束不同波长的光，激发光源 λ_{ex} 和荧光 λ_{fl} 同时入射，则总的光电流为

$$I_{ph} = P_o(\lambda_{ex}) A \frac{e\lambda_{ex}}{hc} (1 - \exp[-\alpha(\lambda_{ex}) x_c]) + P_o(\lambda_{fl}) A \frac{e\lambda_{fl}}{hc} (1 - \exp[-\alpha(\lambda_{fl}) x_c]) \tag{3.25}$$

式中：$P_o(\lambda)$和 A 分别是 λ 的入射光功率密度和 PG 面积。

当有两种不同栅压计算光电流时，x_c 有两个不同的值 x_{c1} 和 x_{c2}，这就导致有两个不同光电流 I_{ph1} 和 I_{ph2}，分别为

$$I_{ph1}=P_o(\lambda_{ex})A\frac{e\lambda_{ex}}{hc}(1-\exp[-\alpha(\lambda_{ex})x_{c1}])+P_o(\lambda_{fl})A\frac{e\lambda_{fl}}{hc}(1-\exp[-\alpha(\lambda_{fl})x_{c1}])$$

$$I_{ph2}=P_o(\lambda_{ex})A\frac{e\lambda_{ex}}{hc}(1-\exp[-\alpha(\lambda_{ex})x_{c2}])+P_o(\lambda_{fl})A\frac{e\lambda_{fl}}{hc}(1-\exp[-\alpha(\lambda_{fl})x_{c2}]) \tag{3.26}$$

在这两个方程中，未知参数是输入光照度 $P_o(\lambda_{ex})$和 $P_o(\lambda_{fl})$，可以计算两个输入光照度，即激发光源强度 $P_o(\lambda_{ex})$和荧光光源强度 $P_o(\lambda_{fl})$，便可以实现无滤波测量。

3.3.5.4 亚波长结构

实现颜色检测的第四种方法是使用亚波长结构，例如一个金属网格或表面等离子体[287-291]和光子晶体[167,292]，这些技术还处于起步阶段，但对于微间距像素的 CMOS 图像传感器可能较为有效。对于亚波长结构，量子效率对极化、入射光波长和金属网格的形状与材料都非常敏感，这意味着必须将光视为电磁波来估算它的量子效率。

当孔径 d 比入射光波长 λ 小得多时，通过孔 T/f 的光传输随着$(d/\lambda)^4$[293]而减少，这就会造成图像传感器的灵敏度呈指数式降低，T/f 即在孔面积 f 上传输光照度 T 归一化后入射光的光照度。T. Thio 等提出了一种传输增强装置，它是通过在金属表面上被周期性凹槽包围的亚波长孔径实现的[294]。在这样的结构中，表面等离子体(SP)模式由入射光的栅极耦合[295]激发，表面等离子体共振造成了通过孔径的光传输的增强，这种传输增强使得具有亚波长孔径的图像传感器的实现成为可能。通过文献[296]给出的计算机仿真结果可以看出，铝金属网格增强了光传输，而钨金属网格却没有增强，金属网格的厚度、布线和间距也会影响到传输。

表面等离子体模式的另一种应用是在彩色滤光片中[290,297]。图 3.32(a)显示了由金属制成的同心周期性波纹结构或牛眼形结构的彩色滤光片。在结构的中心做一个孔，可以通过改变金属表面的波纹周期来选择光的波长，如图 3.32(b)所示。

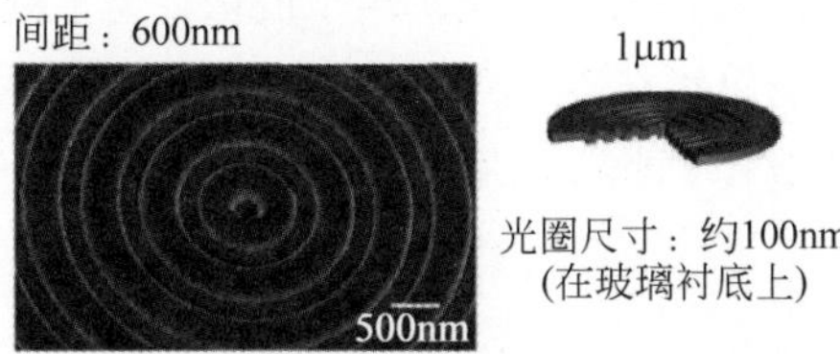

(a) 具有同心周期波纹的银薄片的SEM图像(俯视图)

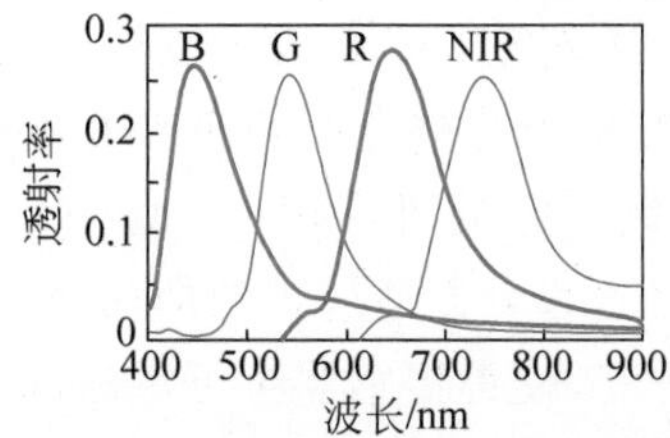

(b) 蓝、绿、红和近红外透射光谱的仿真结果

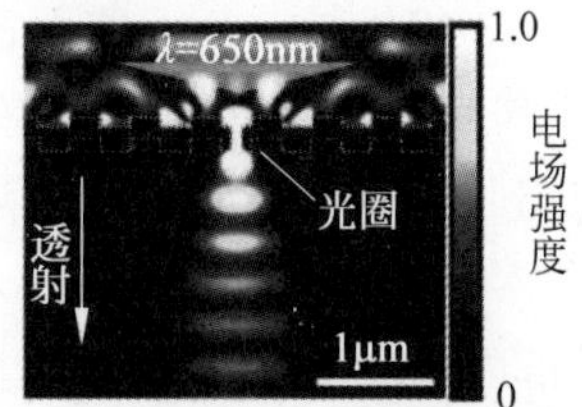

(c) 入射光波长为650nm时电场强度分布的仿真结果

图 3.32 具有同心圆型周期波纹的金属滤光片[290](由静冈大学 Ono 教授提供)

由于表面等离子体滤光片是由金属制成的，因此由于金属的不透明特性，透射率实质上降低了。为了减轻这个问题，已经有研究人员开发出了由介电材料制成的纳米结构的偏转器或分离器[298-300]。由于纳米偏转器可以由诸如 SiN 的介电材料制成，因此结构是透明的，透射率几乎不降低。另外，诸如 SiN 的材料通常在标准 CMOS 工艺中使用，以使得纳米偏转器与其兼容。这里的一个问题是，不是所有的输入光都会发生偏转，即一部分输入光没有发生偏转。为了解决这个问题，将两个纳米偏转器与图像处理结合使用。

3.4 智能 CIS 的专用像素阵列和光学元件

本节讨论拥有专用像素阵列和专有光学元件的智能 CMOS 图像传感器。传统的智能 CMOS 图像传感器用一个光学透镜将图像聚焦到传感器的成像平面上，在成像平面上有矩阵式正交排列的像素。另外，在一些视觉系统中也采用非正交排列的像素阵列进行成像，一个很典型的例子是人类的视觉系统光感受器的分布不均匀：在中央区（或者称为视网膜中心凹）的像素密度排列紧密，而在周围区像素分布稀疏[199]。这种结构在某些情况下很有用，因为它可以在一个宽视角中快速地检测到物体，一旦检测到目标物体，眼球就会直接转向目标物体并用视网膜中心区域进行更精确的成像。另一个例子就是昆虫的复眼[301-302]，在昆虫的复眼中，它的复杂的像素排列是与特殊的光学元件相结合的。CMOS 图像传感器的像素排列方式可以做到比 CCD 图像传感器更复杂，因为对于 CCD 图像传感器来说，像素之间的准直排列对电荷的传输有着关键性的影响，一个弯曲排列的像素阵列会造成 CCD 图像传感器电荷转移效率的大幅降低。

本节首先讨论智能 CMOS 图像传感器的一些特殊像素阵列，然后介绍具有专用光学元件的智能 CMOS 图像传感器。

3.4.1 相位差检测自动对焦

具有快速自动对焦功能的 CMOS 图像传感器可以实现在图像平面上完成相位差检测[303-304]。在传感器中，一些像素用于相位差检测自动对焦（PDAF）。光电二极管的一部分被遮光，因此相位差检测自动对焦的像素无法用于成像。为了减轻这个问题，在像素上制造了分离的微透镜，分割后的微透镜可能产生角度依赖性，因此可以将其用于相位差检测自动对焦，而分离后的信号可以用于成像。此方法对于间距较小的 CMOS 图像传感器十分有效[305]。

3.4.2 全景成像

全景成像（HOVI）是一种可以拍摄周围所有方向上的图像的成像系统，它可以通过一个传统的 CCD 相机与一个双曲面镜来实现[306-307]。此成像系统很适合用于监视。输出图像是被反射镜反射得到的，所以存在失真。通常情况下，失真图像被变换到笛卡儿坐标系，进行重新排列，然后显示出来，这样的相机外变换操作限制了它的可应用性。CMOS 图像传感器在像素排列方面具有多样性，因此像素的排列可以经过设计以适应被双曲面镜扭曲的图像，这样可以实现直接的影像输出，无需任何软件转换程序，使得传感器有更广泛的应用。本节将讨论一个用于全景成像的智能 CMOS 图像传感器的结构和特征[308]。一个传统的全景成像系统通常包括一个双曲面镜、透镜和 CCD 相机。全景成像系统拍摄的图像由于双曲面镜的原因会发生失真，为获得一个可辨认的图像，必须经过变换过程，这通常由计算机软件来实现。图 3.33 给出了全景成像的成像原理。

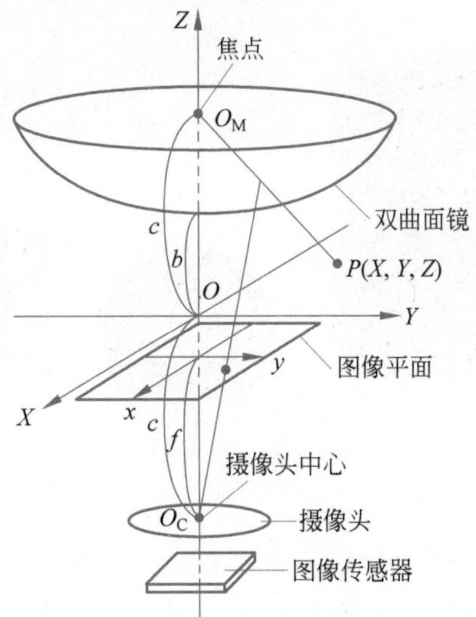

图 3.33　全景成像系统结构（镜面：$\frac{X^2+Y^2}{a^2}-\frac{Z^2}{b^2}=-1$。$f$ 为焦距）

一个位于 $P(X,Y,Z)$ 的物体通过双曲面镜投射到一个二维图像平面上，坐标为 $p(x,y)$，$p(x,y)$ 的坐标由下式得到：

$$x=\frac{Xf(b^2-c^2)}{(b^2-c^2)Z-2bc\sqrt{X^2+Y^2+Z^2}} \tag{3.27}$$

$$y=\frac{Yf(b^2-c^2)}{(b^2-c^2)Z-2bc\sqrt{X^2+Y^2+Z^2}} \tag{3.28}$$

式中：b 和 c 为双曲面镜的参数；f 为相机的焦距。

根据式(3.27)和式(3.28)，将像素排列成放射状来设计智能 CMOS 图像传感器[308]，并在像素电路中使用 3T-APS。芯片的一个特征是像素的间距由外围到中心越来越小，因此，该传感器使用了四种不同尺寸的像素。在放射状结构中，列扫描器和行扫描器分别被放置到沿径向和圆周方向。

图 3.34 给出所制造的芯片的显微照片，图中显示了中心像素的特写图。图 3.34(c)显示了使用 CCD 摄像机的常规全景成像的图像采集，输出图像失真。在图 3.34(d)中，图像被制造的图像传感器捕获，获得没有失真的图像。

3.4.3　受生物学启发的图像传感器

一些动物的眼睛结构与传统图像传感器的结构不同，这些特定的结构具有一些优势，如宽视角(FOV)。本节介绍受生物启发的图像传感器的一些例子。

3.4.3.1　曲面图像传感器

曲面图像传感器是受某些动物眼睛的启发，这些动物眼睛具有弯曲的检测表面。已有研究人员成功研究出模仿它们的曲面的图像传感器[309-311]，如图 3.35 所示。曲面的图像传

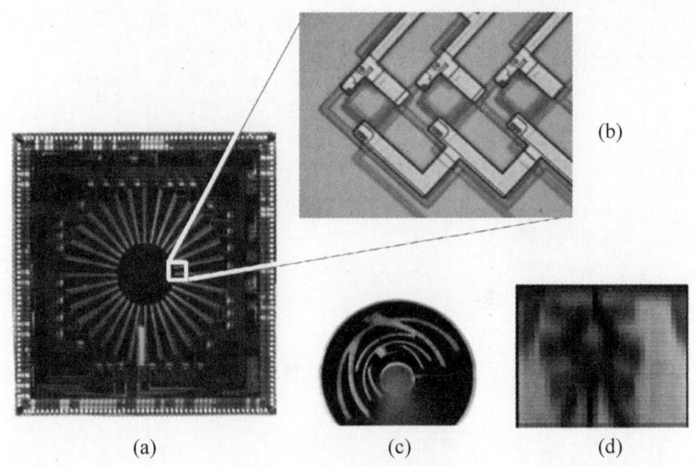

图 3.34 用于全景成像系统的智能 CMOS 图像传感器的显微照片及其特写显微照片、常规全景成像系统输入的汉字字符和其传感器的输出图像

感器可通过简单的透镜系统实现宽视场角和低像差。文献[310]介绍了一种弯曲的背照式CMOS图像传感器，通过曲面传感器可以减少焦距比，从而提高系统灵敏度。另外，当传感器弯曲时，传感器产生拉伸应力，该拉伸应力减小了Si的带隙，因此减小了暗电流。对于图像传感器而言，该影响是正向的，性能可以得到提升。

图 3.35 曲面图像传感器(经许可修改自文献[311])

3.4.3.2 复眼

复眼是包括昆虫以及甲壳类动物在内的节肢动物的生物视觉系统。复眼中有大量独立的具有小视角的微小光学系统，具体结构如图 3.36 所示，每只独立的微小眼睛(称为小眼或单眼)所获得的图像在大脑内重组整个图像。

复眼的优点是它的宽视场角、紧凑的体积和很短的工作距离，可实现超薄相机系统。另外，由于一只小眼只需要一个较小的视场角，每只小眼中只需要简单的光学系统。其缺点是分辨率较低。

目前已经有很多组织正在研究仿生复眼[312-318]。3.4.4 节将介绍基于复眼结构的智能CMOS图像传感器的一个例子：大阪大学 J. Tanida 等研制的 TOMBO。

TOMBO系统是绑定光学元件的薄观测模块(Thin Observation Module by Bound Optics)的首字母缩写，是另外一种复眼系统[319-320]。图 3.37 给出了 TOMBO 系统的概念。TOMBO系统的核心引入了大量的光学成像系统，每个光学成像系统中有若干微透镜，也称为光学成像单元，每个光学成像单元用不同的摄影角度拍摄小的完整图像，因此可

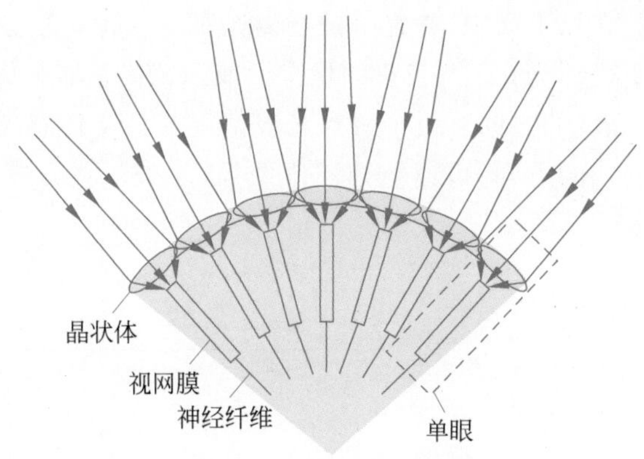

图 3.36　并置复眼系统的概念

注：系统包括大量的小眼，每只小眼拥有一个晶状体(透镜)、视网膜和神经纤维。注意，另一种复眼是神经叠加复眼。

以获得大量的拥有不同拍摄角度的微小图像。一个整体图像可以通过将每个光学成像单元图像整合重建来获得。数字的后端处理算法可以提高合成图像的质量。

实现复眼系统的关键问题是用微光学技术设计小眼结构。在 TOMBO 系统中，图 3.37 所示的信号分离器解决了这个问题，专用于 TOMBO 系统的 CMOS 图像传感器已经得到开发[119,321]。TOMBO 系统也可用作广角摄像系统和超薄型或紧凑型摄像系统。

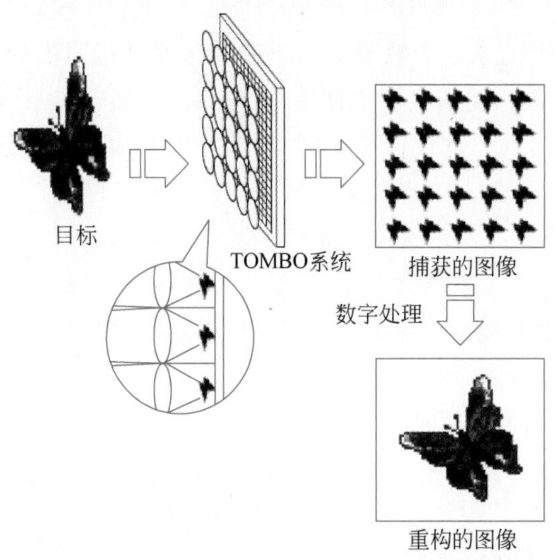

图 3.37　TOMBO 的概念

3.4.4　光场相机

光场相机称为全光相机。光场的概念如图 3.38 所示[322]，光与 u-v 和 x-y 两个平面相关联，因此与图 3.38(a)的四个参数(u，v，x，y)相关。而传统的图像传感器仅检测二维平面，即(x，y)。

光场图像传感器的研究已经取得一定成果，可以检测其他两个参数(u，v)。光场图像传感器的概念如图 3.38(b)所示，成像镜头聚焦在 x-y 表面上[由于图 3.38(b)是一维图，因此在该图中仅显示了 x 轴]，在图中，根据与透镜之间的入射角，绘制了两条光线，其中一条是实线，另一条是虚线。在焦平面中，放置了微透镜阵列。透过微透镜的光线投射在图像传感器表面，在 u-v 平面上坐标为 u。此投影图像平面或图像传感器平面是透镜平面图像，但是每个微透镜都对应于光线的方向。由于所有光线都记录在此传感器中，因此可以重建聚焦平面，并且通过记录光线的方向，可以重建三维图像[322]，这是4.6节将介绍的三维测距仪内容。

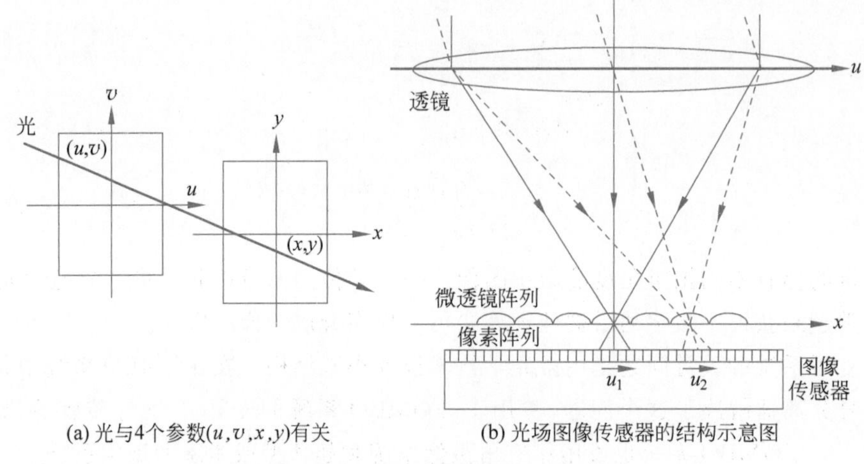

(a) 光与4个参数(u,v,x,y)有关　　(b) 光场图像传感器的结构示意图

图 3.38　光场图像传感器的概念

将具有较小像素间距的图像传感器中的微透镜阵列进行对准较为困难。如图3.39所示，Wang等通过在图像传感器的表面上使用两组衍射光栅阵列，证明了光场图像传感器的可行性[323-325]。衍射光栅是通过在标准CMOS工艺流程中在相互连接的金属层中使用金属线制成的，该工艺类似于3.4.5节介绍的集成偏振图像传感器。在这种传感器中，两个光栅层被嵌入传感器中，并且可以检测输入光的入射角，此特性可以实现三维图像，其像素称为角度敏感像素（ASP）[323]。输入光被顶部金属光栅衍射，并在第二光栅的深层产生干涉图样，第二光栅通过或阻碍干涉图案，由于干涉图案的位置取决于输入光的入射角，因此像素实现了角度敏感像素功能。

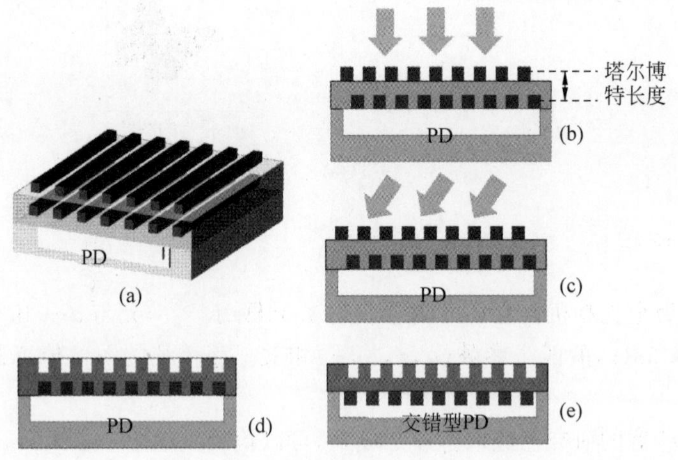

图 3.39　基于塔尔博特效应的光场图像传感器的结构示意图[323]

通过使用衍射光学元件，研究人员已经开发出了另一种类型的光场图像传感器[326]。在这种情况下，左、右光束可以通过双凸透镜作为分束器进行分离，而数字微透镜则作为聚焦增强器。数字微透镜基于衍射光学器件，原理结构将在4.6.3.1节进行详细介绍。

3.4.5　偏振成像

偏振是光的一种特性[302]。偏振成像利用光的偏振特性，可以应用在需要更高清晰度的目标检测领域。例如，通过偏振成像可以清晰地拍摄到玻璃上的反射图像。另外，偏振成像还可以用于测量透明材料的二维双折射分布，该分布显示了材料内部的残余应力。Sarkar和Theuwissen[327]详细描述了偏振成像。通过将双折射材料，例如聚乙烯醇(PVA)[328-329]、金红石(TiO_2)晶体[330]、钒酸钇(YVO_4)晶体[331]、液晶聚合物(LCP)[332]和光子晶体[333]放在传感器表面上，一些类型的偏振图像传感器得到了初步发展。偏振器的另一种类型是金属线栅，如图3.40所示。当线偏振光照射到金属线上且金属线间距远小于光的波长时，与栅格平行的光的强度会衰减，因为它会激发栅格中的振荡电流，其中一些电流会转换为热量，剩余的会产生与输入电场反相的电场。相反，垂直于栅格阵列的线偏振光几乎不衰减。线栅偏振器被广泛用于近红外领域，因为近红外光不需要栅距。双折射材料在可见光区域显示出优异的偏振特性，然而将材料与图像传感器整合较为困难。

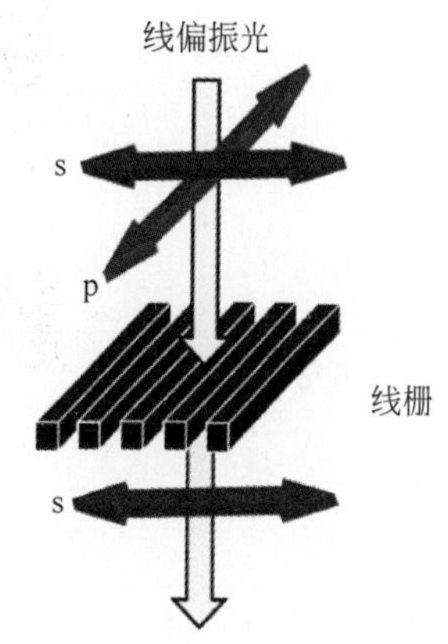

图3.40　金属线栅偏振器的概念性图示

在2008年，奈良先端科学技术大学院大学(NAIST)课题组提出在CMOS工艺流程中使用金属线作为线栅，并成功展示了其在分析偏振方面的用途[334]，如图3.41所示。其他一些课题组也证明了相同的结构[335-337]。

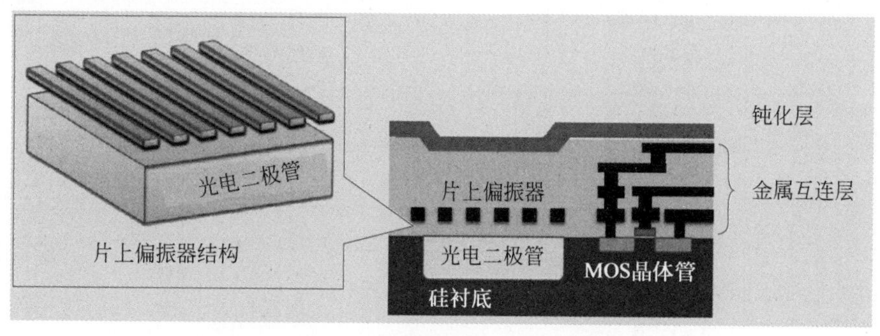

图3.41　偏振检测图像传感器结构

因为可以将用于布线的金属层用作线栅偏振器，所以该结构适合于CMOS制造流程。诸如65nm CMOS工艺的精细制造工艺更适合于线栅偏振器，其与0.35μm或0.18μm CMOS工艺相比，具有更高的消光比(ER)[338]。在这里，消光比定义为角剖面中最大归一化强度与最小归一化强度之比，这是偏振器的性能参数。图3.42显示了在65nm CMOS工艺中使用偏振图像传感器捕获的具有局部偏振变化的图像的实验结果[339]。表 3.3 总结了集成偏振 CMOS 图像传感器(包括基于 CCD 的传感器)的规格。

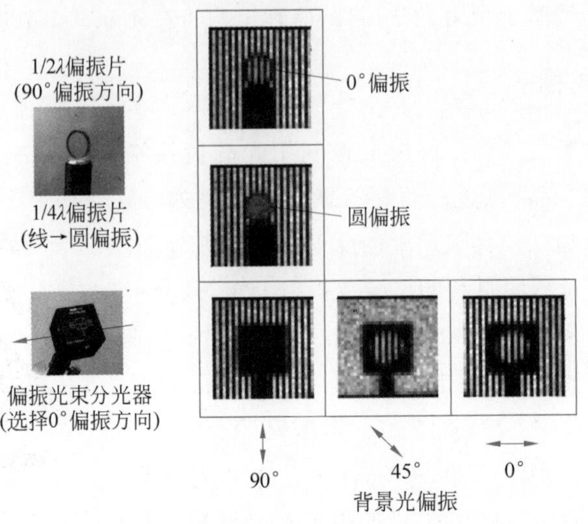

图 3.42　具有局部偏振变化的拍摄图像[339]

表 3.3　偏振图像传感器的规格比较

归属	年份	传感器	方向/(°)	(栅 *L*/*S*)/nm	材料	制造方法	消光比/dB	参考文献
约翰斯·霍普金斯大学	1996	2μm 标准 CMOS(PTr)	0,90	—	图案化 PVA	分离	—	[328]
	1998	1.2μm 标准 CMOS(PTr)	0,90	—	图案化双折射晶体	分离	—	[330]
纽约州立大学	2006	1.5μm 标准 CMOS(PTr)	0,90	—	图案化双折射晶体	分离	—	[331]
东北大学和光子晶体株式会社	2007	CCD	0,45,90,135	—	介质光子晶体	分离	40	[333]
奈良先端科学技术大学院大学	2008	0.35μm 标准 CMOS (3T-APS)	0～180 (步长 1°)	600/600	CMOS 金属线	CMOS 工艺	3	[334]
	2013	65nm 标准 CMOS (3T-APS)	0,90	100/100	CMOS 金属线	CMOS 工艺	19	[338]

续表

归属	年份	传感器	方向/(°)	(栅 *L*/*S*)/nm	材料	制造方法	消光比/dB	参考文献
宾夕法尼亚大学	2008	0.18μm 标准 CMOS(改进型 3T-APS)	0,45	—	图案化 PVA	分离	17	[329]
	2014	65nm 标准 CMOS(3T-APS)	0,45,90	90/90	CMOS 金属线	CMOS 工艺	17	[341]
代尔夫特理工大学和欧洲微电子研究中心	2009	0.18μm CIS CMOS(4T-APS)	0,45,90	240/240	CMOS 金属线	CMOS 工艺	8.8	[342]
华盛顿大学和伊利诺伊大学	2010	CCD	0,45,90,135	70/70	铝纳米线	分离	60	[343]
	2014	0.18μm CIS CMOS(4T-APS)	0,45,90,135	70/70	铝纳米线	分离	60	[344]
亚利桑那州立大学	2012	CCD	0,45,90,135	—	图案化 LCP	分离	14	[332]
索尼	2018	90nm 背照式 CIS CMOS (4T-APS)	0,45,90,135	50/100	气隙线栅	片上后期处理	85	[340]

使用 0.35μm 工艺标准 CMOS 技术的集成线栅阵列的偏振图像传感器具有较低的消光比,因为线栅间距与可见光波长相当。为了利用这种低消光比,微偏振器在每个角度上的网格取向为 0°～180°,并重复此设置,使波动更为平滑。图 3.43 显示了嵌入微偏振器的像素阵列,其方向在 0°～180°之间变化。在 5.3.1 节中,这种偏振 CMOS 图像传感器的类型被证明可应用于化学,在化学应用中,偏振通常用于识别化学物质。

在芯片上嵌入了线栅的集成 CMOS 偏振图像传感器首次实现了商业化[337-340],可应用于工业,例如检查玻璃上的划痕和污垢。线栅型偏振器集成在传感器芯片上,每条线栅都用气隙代替绝缘体隔开,以确保入射光的波长在线栅内部不发生变化。另外,由于铝的吸收系数比铜还要低,因此线栅由铝而不是通常用作金属布线层的铜制成。

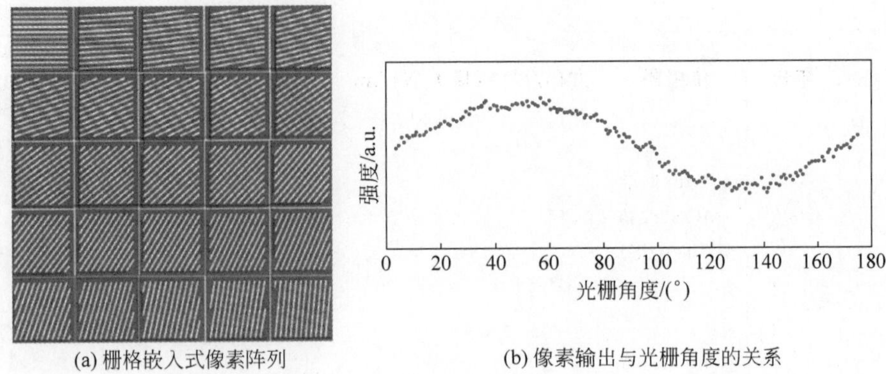

(a) 栅格嵌入式像素阵列

(b) 像素输出与光栅角度的关系

图 3.43 偏振检测图像传感器

3.4.6 无透镜成像

无透镜成像是没有任何透镜的成像系统。常规透镜是折射透镜，而菲涅耳透镜是衍射透镜。这里，无透镜成像不包括有衍射透镜的成像系统。无透镜成像系统分为两种类型[345]，如图 3.44 所示。

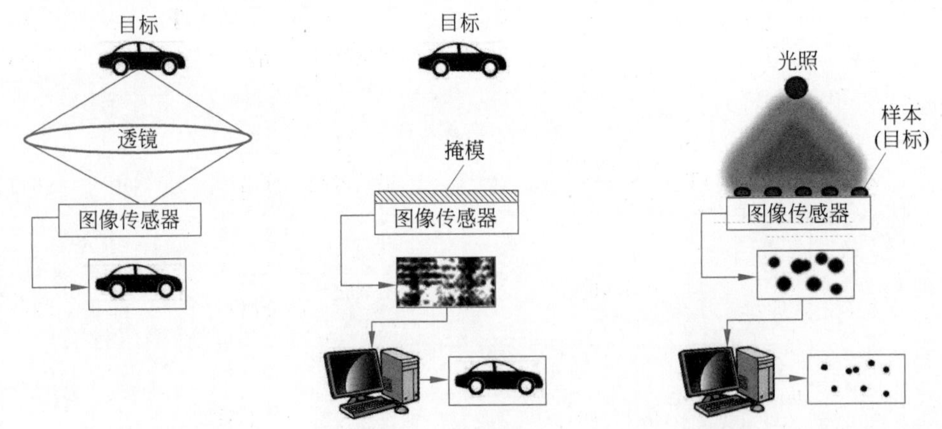

(a) 带有透镜的常规成像系统 (b) 带掩模的无透镜成像系统 (c) 目标直接接触传感器表面的无透镜成像系统

图 3.44 无透镜成像的概念图

3.4.6.1 编码孔径相机

在传感器表面上或靠近传感器表面放置掩模，以此调制输入图像的无透镜成像系统[图 3.44(b)]称为编码孔径无透镜成像系统[346-352]，该掩模表现为多针孔阵列[347]。针孔照相机是第一款无透镜照相机，但是具有光利用效率低的缺点。为了克服这个缺点，已经出现了编码孔径的方法。

编码孔径相机最初用于 X 射线和 γ 射线成像，因为在这些波长区域中不存在合适的透镜材料[347-348]。编码孔径在空间上对图像进行编码，并且检索[347]。记录的图像 R 是物体 O 与光圈 A 之间的卷积，或者 $R=O\times A$。解码处理 G 将原始图像恢复为 $R\otimes G=\hat{O}$。因此，恢复的原始图像 O 表示为

$$\hat{O}=R\otimes G=(O\times A)\otimes G=O*(A\otimes G) \tag{3.29}$$

因此可得，

$$\text{if } A \otimes G = \delta \text{ (delta function), then } \hat{O} = O \tag{3.30}$$

为了以最小的计算量最大程度地检索原始图像，在光圈设计中满足式(3.30)至关重要。已经有研究人员开发了均匀冗余阵列[346]、伪噪声模式[351]、平面傅里叶捕获阵列(PFCA)[349]、螺旋模式[350]以及菲涅耳区域[352]等光圈设计方法。

通过利用无透镜照相机，已经有诸如 FlatCam[351]，PicoCam[350]和其他[349]紧凑型照相机得到报道。在 FlatCam 中，将编码的掩模放置在靠近传感器表面的位置(距离为0.5mm)，从而可以实现薄型形状因数[351]。在 PicoCam 中，编码孔径是由玻璃制成的相位光栅，因此与幅度编码孔径相比，光损失得以减少。在文献[349]中已经报道了 CMOS 图像传感器中的集成编码孔径，在这种情况下可以实现芯片大小的相机。采用常规 CMOS 制造工艺中使用的金属层来制造编码孔径图案，其结构与图 3.39 中基于塔尔博特效应的光场传感器中的结构相同，因此光栅图案以正弦强度调制输入图像。为了实现编码孔径阵列，如图 3.43(a)所示，以不同的倾斜角放置每个像素中的光栅图案，并设置不同的光栅间距。每个像素都以入射角正弦地调制输入图像的强度，所有像素都可以实现完整的二维傅里叶变换。这些带有编码的紧凑型相机与传统有透镜的相机相比的主要缺点是分辨率较低，增加像素数在某种程度上可以减轻该缺点。

在编码孔径相机中，图案在空间上是固定的，但是某些类型的编码孔径引入了可编程孔径[353-355]。空间光调制器(SLM)用作可编程编码孔径，可以在每个像素中独立地控制透明度。通过引入可编程的编码孔径，可以在成像期间实现瞬时视场变化、视场分裂和光学计算[353]。作为相机用作计算传感器的示例，可以执行相关的光学处理以在可编程编码孔径上显示相关模板图像。

3.4.6.2 直接接触型

在直接接触型的无透镜成像系统中，要确保与目标直接接触或紧密接触以产生图像[356-358]。这种类型的主要应用是观察细胞，例如在光学显微镜中[357]，并在微流控装置或流式细胞仪中检测特定的细胞[359-360]。若没有镜头，则可以实现尺寸紧凑的大视场。该类型进一步分类为基于衍射的成像(或阴影成像)和接触模式成像方法。基于衍射的成像方法是由 Ozcan 等开发的，通过使用全息方法来提高空间分辨率[357]，当光从上方照射到细胞上时，散射光和直射光会受到干涉，并产生干涉图样或全息图样。为了分析这种模式，将其与直接投影类型相对比，其可以更好地增强空间分辨率。带有无透镜图像传感器的光学显微镜紧凑且具有大的视场。此外，它还可以应用于流式细胞仪，该流式细胞仪用于检测微流控设备中正在生长的细胞中特定类型的细胞。在常规的流式细胞仪中，放置相机以检测特定细胞，通过引入无透镜成像系统，可以减小系统的总体积，从而可以应用于“即时医护”(POC)。

接触模式成像的另一种方法是将目标直接放置在传感器表面上生成图像[362-363]。这种类型主要用于荧光成像，因为荧光在每个方向上发射的波长都与激发光的波长不同，因此不会产生干涉，很难应用全息方法。在这种情况下，分辨率的降低更为关键，因为通过在传感器表面上插入发射滤光片以消除激发光，可以在目标和传感器表面之间产生更多的空间。图 3.45 显示了荧光成像的接触类型[361]。为了抑制激发光强度而不是荧光强度，已经出现了使用棱镜[364]、纳米等离子滤光片[365]、干涉滤光片[363]、光导管结构[366]，将吸收和干涉滤光片结合在一起使用[362,367]等方法。斯托克斯位移很大时，抑制激发光并不难。斯托克斯位移是指激发光的峰值波长与荧光的峰值波长之差。例如，Hoechst 3342 中激发光和荧光之间的峰值波长差约为 120nm，而在绿色荧光蛋白质（GFP）中约为 30nm。因此，在这种情况下，与 Hoechst 3342 相比，检测 GFP 更加困难。

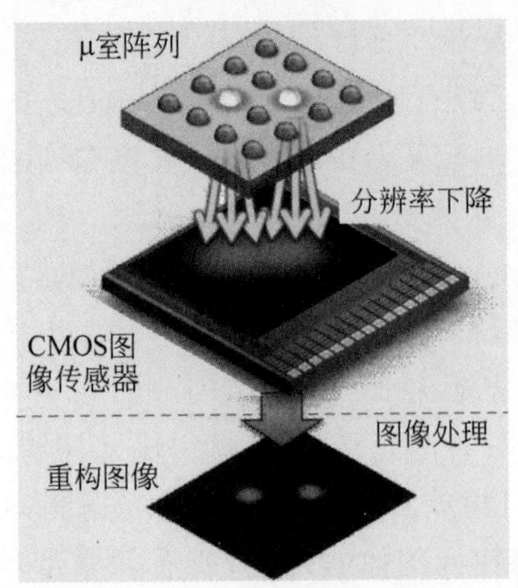

图 3.45　基于直接接触法的无透镜成像系统（经许可修改自文献[361]）

注：在这种情况下，使用纤维光学板以最小的图像失真程度传输图像。

第4章

智能成像

4.1 简介

在某些应用中,传统的图像传感器难以获得所需图像。一方面受到传统图像传感器基本特征的限制,如速度、动态范围等;另一方面在于这些应用对特殊功能的要求,如测量距离等。在将来的智能交通系统(ITS)和高级辅助驾驶系统(ADAS)中,要求智能照相系统具有能够辅助车辆保持车道、测量距离以及驾驶员监控等功能[368]。因此,在这种应用环境中,图像传感器的动态范围应该大于100dB,速度也要超过视频的帧频速率,并且能测量出图像中多个对象间的距离[369]。与之相似的图像传感器还应用于安全、监控和机器人视觉等方面。因此,智能成像技术在信息、通信和生物医学工程领域都有巨大的应用前景。

前面已经介绍了许多在图像传感器上集成智能功能的实现方法,这些智能功能通常根据功能实现级别分为像素级、列级和芯片级。图4.1给出了智能成像在CMOS图像传感器中的分类,当然,智能功能也可以集成到系统中。

三种实现方法中最简单的是芯片级处理,它将信号的处理电路放在信号输出之后,如图4.1(a)所示。例如"片上相机",将1个ADC、降噪系统、彩色信号处理模块和其他模块都集成于1块芯片上。注意,这种方法要求数据的处理速度和读出速度保持一致,因此该信号处理电路的增益有限。列级处理(或称为列并行处理)由于列级输出总线在电学上相互独立,这种方式比较适用于CMOS图像传感器。由于列级处理的方案每一列都要进行信号处理,因此对信号处理速度的要求比芯片级处理要低,并且这种实现方法可以采用传统CMOS图像传感器的像素结构实现,如4T-APS等,这使其在高SNR方面有很大优势。

像素级处理(或称为像素并行处理)方法中,每个像素拥有一个独立的信号处理电路和一个光电探测器。这可以对信号进行通用且快速的处理。由于像素中引入了信号处理电路,其光电探测器的面积(或称为填充因子)会比前两种实现方法更低,使得图像质量变差。同时,这种方法也很难将4T-APS应用到像素中。无论如何,这种结构始终还是存在一定的优势,使其仍是下一代智能图像传感器的发展方向之一。特别是最近开发的堆叠技术可以为像素级处理开辟新路。

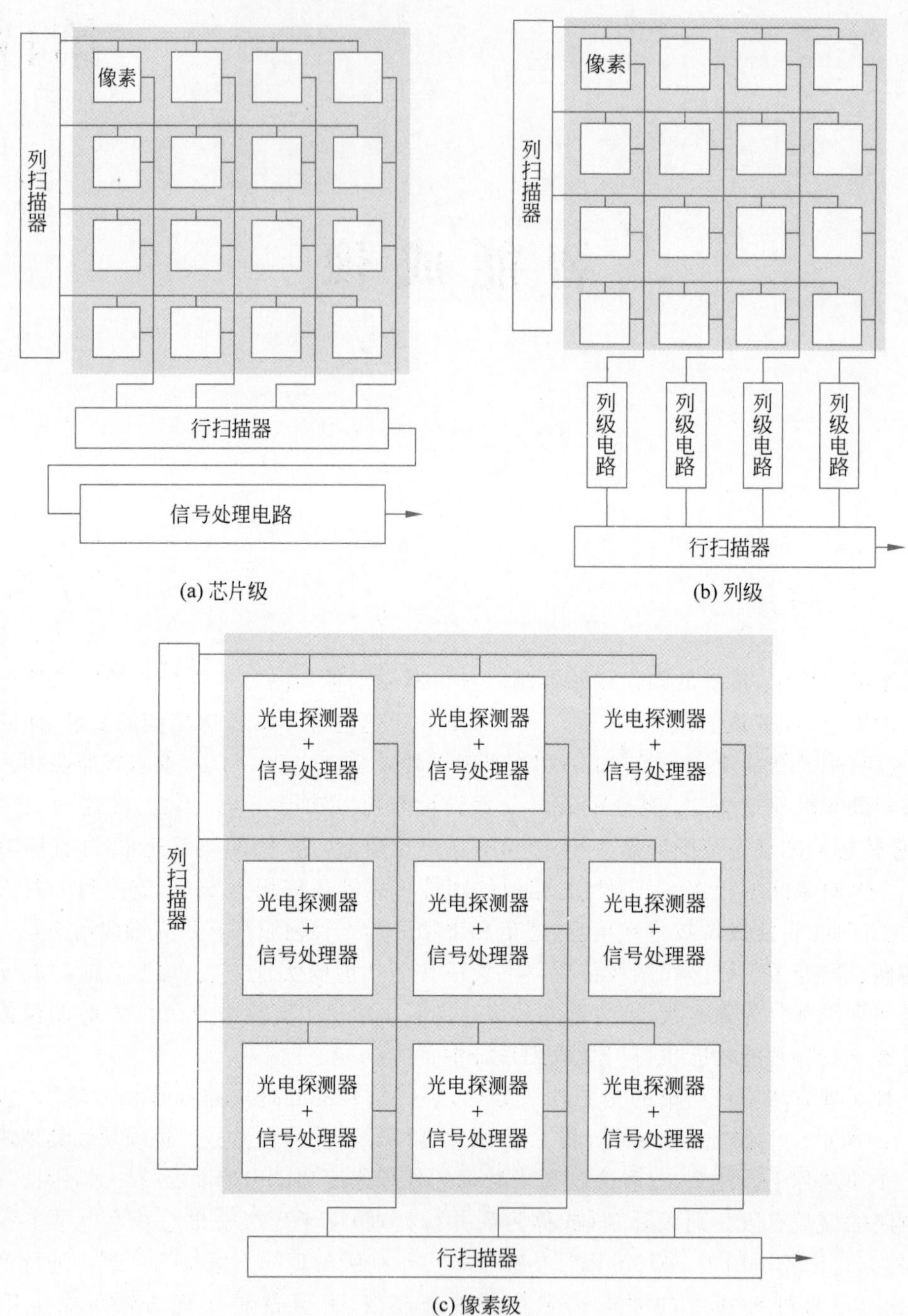

图 4.1 智能图像传感器的基本分类

本章将研究智能 CMOS 图像传感器在几个应用中的智能成像要求。

4.2 高灵敏度

在多种科学应用领域内，高灵敏度是低光成像质量的关键因素，例如天文学、生物技术，以及汽车、监控行业的消费和工业上的应用。一些图像传感器有着超高的灵敏度，例如，超级 HARP[100] 和电子倍增 CCD(EMCCD)[370]。本节重点介绍具有超高灵敏度的智能 CMOS 图像传感器。

4.2.1　降低暗电流

一些低光成像的应用无须达到视频帧率的成像速度,因此可以进行长时间的曝光。对于长曝光时间成像,影响最大的因素是暗电流和闪烁噪声(或称为 $1/f$ 噪声)。文献[210-211,371]对抑制 CMOS 图像传感器在低光成像的噪声方面进行了详细的分析。为了降低光电二极管的暗电流,最有效且最简单的方法是降低温度。但在许多应用中,光电探测器很难冷却。

接下来将讨论如何在室温下降低暗电流。2.4.3 节介绍的钳位光电二极管和埋层光电二极管两种结构可以有效地降低暗电流。

降低 PD 的偏置电压也能有效地降低暗电流[80]。正如 2.4.3 节提到的,隧穿电流对于偏置电压的依赖性很强。图 4.2 为一种近零偏电路[372],芯片用一个近零偏电路来为芯片提供复位晶体管的栅极电压。

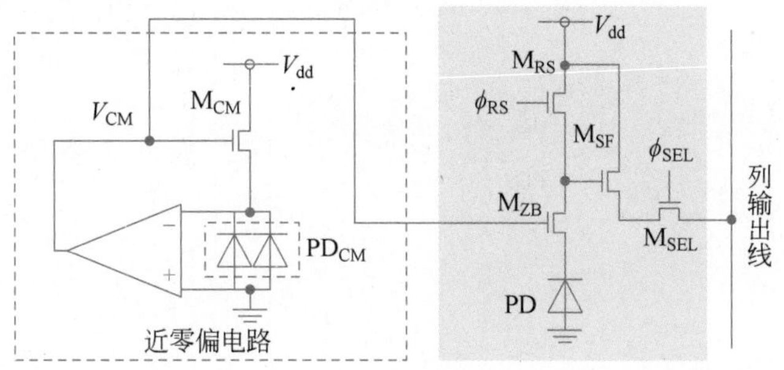

图 4.2　在一个 APS 中用来减小暗电流的近零偏电路[372]

如图 4.3 所示,带有近零偏 PD 的脉冲频率调制图像传感器能够实现低光探测,其最小探测信号大小为 0.15fA(积分时间为 1510s)[210]。根据 2.3.1.3 节中 PD 的暗电流与其偏置电压的指数关系,得出接近零伏的 PD 偏置电压能够有效地减少暗电流。在这种情况下,应该优先考虑其他的漏电流影响。

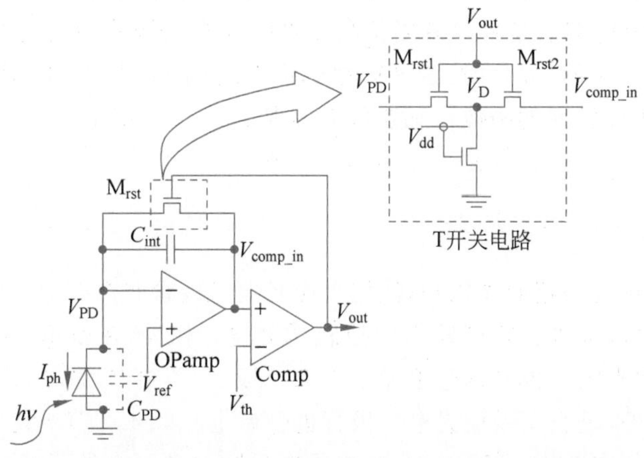

图 4.3　用于低光探测的带有恒定 PD 的 PFM 电路[210]

注:T 开关电路代替单个复位晶体管 M_{rst}[211];OP amp 为运算放大器;Comp 为比较器。

对于一个 PD 偏置固定的 PFM 图像传感器，其复位晶体管 M_{rst}（如图 4.3）形成的漏电流或亚阈值电流对于信号的影响很大，必须尽可能降低。为解决这个问题，Bolton 等提出一种复位电路，如图 4.3 所示。电路中，源极复位晶体管被一个 T 开关电路代替。T 开关电路中包括了两个 M_{rst} 晶体管，即 M_{rst1} 和 M_{rst2}，当两个晶体管通过导通晶体管接地时，其连接点的节点电压 V_D 接近零。所以，复位晶体管 M_{rst1} 的漏源电压接近零并且 $V_{PD}\approx 0$，因此亚阈值电流接近于零[211]。注意，亚阈值电流与源漏电压和栅源电压呈指数关系，如附录 F 所述。

4.2.2 差分 APS

为了抑制共模噪声，文献[371]提出了差分 APS，其结构如图 4.4 所示。传感器中采用了一个钳位 PD，并用 PMOS 电流源进行低偏置操作，且 PMOS 的 $1/f$ 噪声数小于 NMOS。该传感器在室温下，经过 30 多秒的积分时间实现了光照度 10^{-6} lx 的超低光探测。

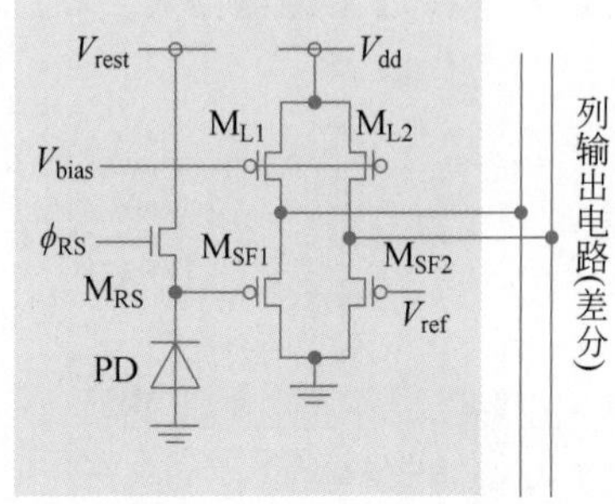

图 4.4 差分 APS[371]

4.2.3 高转换增益像素

转换增益 g_c 是在低光成像中实现高灵敏度的关键参数之一，在 2.5.3 节中被定义为 C_{FD}^{-1}，C_{FD} 是浮置扩散电容(FD)的电容值。因此，通过减小 FD 的电容可以实现较高的灵敏度。由于 FD 的电容包括 FD 的结电容和其他寄生电容元件，即使减小 FD 的结电容，其他寄生电容元件的电容值仍保持不变。在文献[373]中，通过去除复位栅极晶体管减小了与复位晶体管相关的所有电容。这种没有复位晶体管的像素结构称为无复位门(RGL)，其漏极端子靠近 FD 放置。当 FD 复位时，漏极会承受很大的偏压，使得 FD 中的所有电荷都流入漏极。这种具有 RGL 像素的图像传感器可以实现 $g_c=220\mu V/e^-$，$0.27e^-_{rms}$ 的亚电子读取噪声。

4.2.4 单光子雪崩二极管

为了实现快速响应的超低光探测，使用雪崩光电二极管非常有效。注意，雪崩光电二极管工作模式是模拟型，很难在阵列器件中控制其增益。相反，在盖革(Geiger)模式中，雪崩光电二极管(本书中光电二极管称为单光子雪崩二极管)不会产生一个模拟输出，而是产生一个峰状信号。另外，垂直型雪崩光电二极管也会产生 2.3.4.2 节所述的数字信号，两者均适用于阵列设备。如图 3.15 所示，一个反相器作为脉冲整形电路，用来将输出的峰状信号转化为数字脉冲(详细内容在 3.2.2.3 节已有描述)。

4.2.5 列并行处理

CMOS 图像传感器中的每个像素的输出连接列输出线，因此列并行处理是可以实现的。每一列都放置 1 个相关双采样、1 个模数转换器和 1 个放大器，通过修改这些电路，来提高灵敏度。下面将介绍相关多采样(CMS)电路、自适应增益控制电路和采用数字 CDS 的 ADC 电路。

1. 相关多采样

传统 CDS 是对复位电平和信号电平进行采样，如 2.6.2.2 节所述。相关多采样是对多个复位电平和多个信号电平进行采样，如图 4.5 所示[373-374]，并且在文献[375-376]中已经提出了类似的多重采样技术来实现高灵敏度。尽管其他噪声因素也会影响 SNR 值，但多次采样技术将 SNR 提高了 $\sqrt{M}$ 倍，其中 M 是处理次数。如图 4.5(a)所示，列电路由采样部分、积分部分和 ADC 组成，以对复位进行采样和积分，并将此过程重复 M 次。最终的值会存储在 C_{SH} 中，再进行 ADC 转换，最终保存在存储器中以便复位。信号采样遵循相同的过程。这种实现高灵敏度方法的缺点是要花费更长的时间。

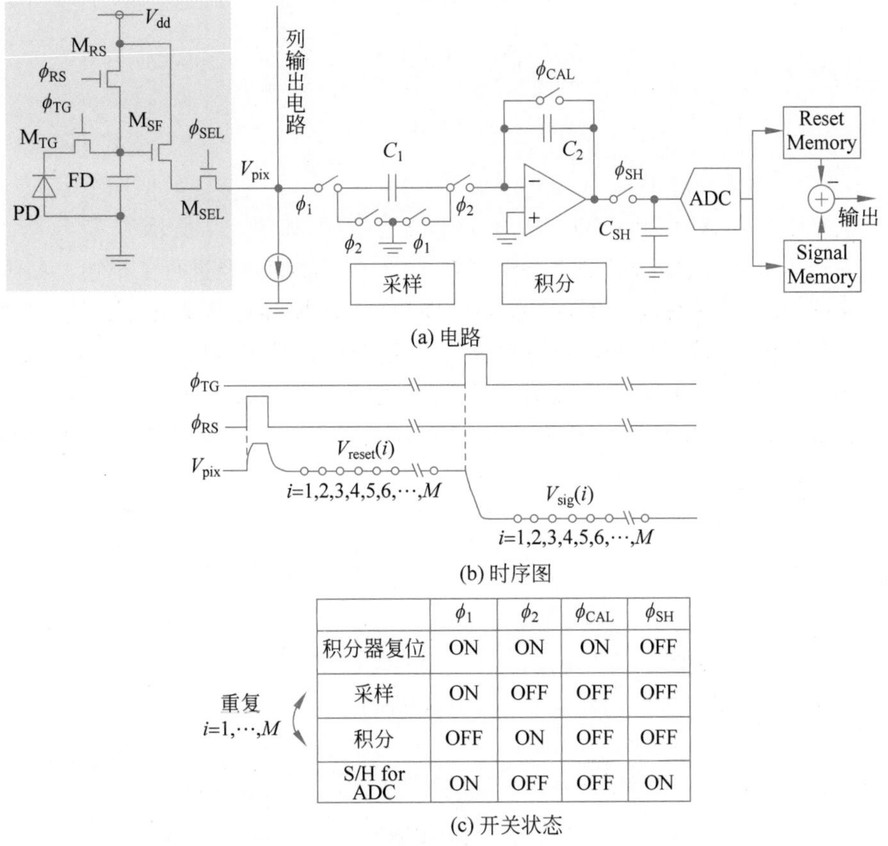

(a) 电路

(b) 时序图

	ϕ_1	ϕ_2	ϕ_{CAL}	ϕ_{SH}
积分器复位	ON	ON	ON	OFF
采样	ON	OFF	OFF	OFF
积分	OFF	ON	OFF	OFF
S/H for ADC	ON	OFF	OFF	ON

(c) 开关状态

图 4.5 相关多采样[374]

注：在文献[374]中使用 RGL 像素结构代替传统的 4T-APS。

2. 自适应增益控制

随着列中的增益增加，输入参考噪声随之降低，SNR 提高。但高增益会饱和，导致动态范围会减小。相反，对于具有高电平信号的像素而言，不需要这样的高增益。因此，对每个像素值引入自适应增益控制可以解决这些问题[377-379]。

图 4.6 给出了自适应增益控制的示例。根据图 4.6 中比较器的比较结果，将增益值选择为 1 或 8。如图 2.31 所示，用 CDS 电路修改可编程放大器，该电路就可以同时具有放大和 CDS 的功能。在这种情况下，将图 2.31 中的电容 C_2 改为 C_{21} 和 C_{22} 两个电容。图 2.31 中的输入电容 $C_1=8\times C_{21}$，$C_{22}=7\times C_{21}$。通过这样的配置，可以将电路的增益值进行 1 和 8 的切换。若信号电平小于某个值，则增益值为 8，否则为 1。

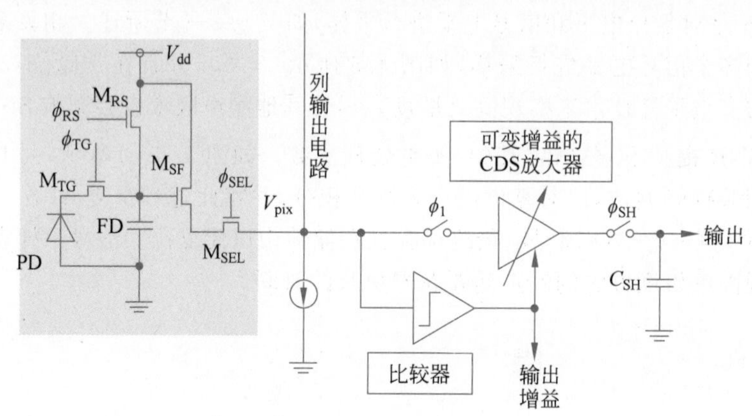

图 4.6　自适应增益控制[379]

3. 采用数字相关双采样的 ADC

在列电路中综合 ADC 和 CDS 的功能是非常有效的，如图 4.7 所示[380-381]。

图 4.7(a)所示的列电路基本上是 SS-ADC，在 2.6.3 节中已经进行了描述。如图 4.7(b)所示的时序图，在复位采样持续时间内，SS-ADC 中的计数器向下输出计数值。反之，在数据采样持续时间内，计数器向上输出计数值。因此，最终计数值为向上计数值与向下计数值之差，等于数据与复位信号之差的数值。最后，在数字域中完成 CDS 操作。这种结构能有效实现高灵敏度和高速操作，由于 CDS 和 ADC 操作是在列处理中同时进行的，因此在高速

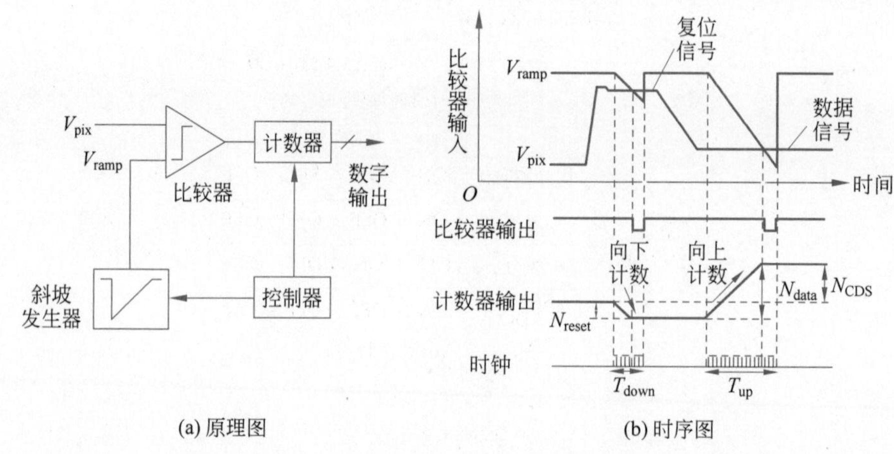

图 4.7　使用 SS-ADC 进行 CDS 操作的顺序（使用一个向上和向下的计数器替代图 2.33 所示的简单计数器）[380]

操作中,噪声的影响也较小。

4.3 高速度

4.3.1 概述

高速 CMOS 图像传感器可以分为三类:

第一类是带有“全局曝光”的 CMOS 图像传感器。如 2.10 节所述,传统 CMOS 图像传感器工作在滚筒式曝光模式下,而 CCD 工作在“全局曝光”模式下。全局曝光可以准确捕获以高于帧率的速度移动的对象,这一特性更适合车载摄像头一类的消费摄相机。

第二类是具有高帧率(即超过 1000 帧/s)的 CMOS 图像传感器。高帧率可以弥补 CMOS 图像传感器中滚筒快门的固有缺陷。注意,帧率在某些情况下并不是判断高速的标准,因为它还取决于像素数。因此,特别是在高分辨率 CMOS 图像传感器中,像素率或数据率会是更好的速度评判标准。像素率定义为每秒输出的像素数,可表示为

$$R_{pix} = N_{row} \times N_{col} \times R_{frame} \tag{4.1}$$

式中:N_{row} 为行数;N_{col} 为列数;R_{frame} 为帧率。

实现高速图像传感器的一种直接方法是并行放置输出端口。然而,由于高速输出端口数很大,会消耗更多的功率和空间。因此,这种方法仅适用于并行端口数量较少的图像传感器应用。另一种有效的方法是列并行处理[382-383],这适用于如 4.1 节所述的 CMOS 图像传感器架构。这种方法适用于智能手机摄像头一类的消费电子产品。列并行处理可以在每列电路处理时间相对较慢的情况下实现高数据速率,如约 1μs。在这种情况下,高速图像传感器的速度受到列并行速度的限制。在高速成像中,像素并行处理要比列并行处理更有效,但它会减小填充因子,进而降低灵敏度。这些是 4.1 节描述的像素并行处理的常见特性。通过引入 3.3.4 节[273-274,384]所述的堆叠技术或三维技术可以减轻这一缺陷。

第三类是超高速(UHS)CMOS 图像传感器。本书中将超过 10^4 帧/s 和 10^{10} 像素/s 的 CMOS 图像传感器视为 UHS CMOS 图像传感器。UHS 摄像机的应用通常在科学和工业领域。但是,最近出现了另一个重要的消费应用,即飞行时间相机的应用,这将在 4.6.2 节进行介绍。

UHS CMOS 图像传感器的一个简单方法是限制成像区域或设置感兴趣区域(ROI),该方法可以通过减少像素数来提高帧率。为了设置 ROI,使用了 2.6.1 节讨论的随机访问方法。本节将介绍具有全帧捕获功能的 CMOS 图像传感器代替 ROI 传感器。

在帧率大于 10^4 帧/s 和 10^{10} 像素/s 时观察 UHS 现象,在传统像素结构中很难应用列或像素并行处理方法,因为达到 $R_{pix}=10^{10}$ 像素/s 需要约 100ps 的读出时间。因此,需要特定的结构来观察 UHS 现象。

本节首先介绍全局快门像素,然后介绍具有列并行和像素并行处理的 CMOS 图像传感器,最后介绍 UHS CMOS 图像传感器。

4.3.2 全局曝光

由于 CMOS 图像传感器通常在 2.10 节中描述的滚筒式曝光模式下操作，因此需要全局曝光（GS）[385-397]正确获取高速移动物体的图像。图 4.8 展示了全局曝光像素的三种类型。

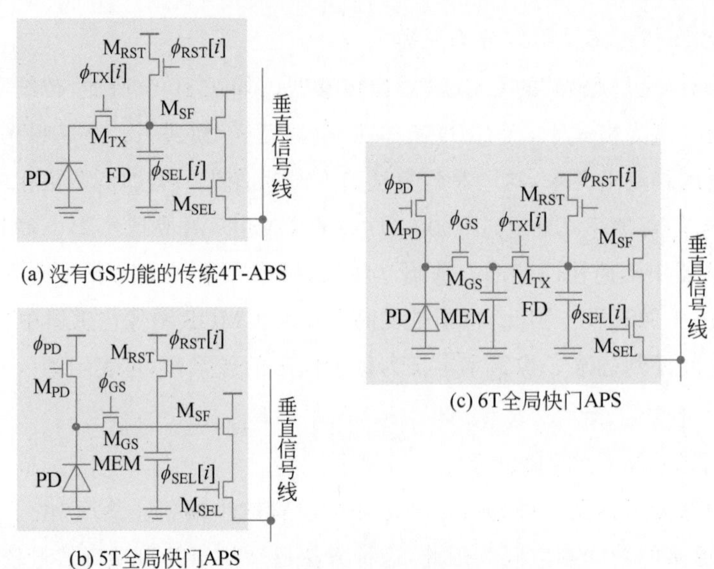

(a) 没有GS功能的传统4T-APS

(b) 5T全局快门APS

(c) 6T全局快门APS

图 4.8　全局快门功能的基本像素电路

注：[i]表示局部操作，其他就是全局操作。

基本全局曝光像素由一个 4T-APS 加上 PD 曝光晶体管 M_{PD} 组成，如图 4.8(b)所示。M_{PD} 也用于溢出漏（OFD）。在图中，传统的（FD）浮置扩散用于存储（MEM）节点。操作顺序如下。首先，PD 曝光晶体管 M_{PD} 导通以将 PD 复位为初始条件，由于光电二极管是钳位的光电二极管，因此 PD 中的所有载流子都将被传输。积分时间过后，打开 M_{GS} 将存储的电荷转移到 MEM。该操作是全局执行的。然后逐行顺序读取 MEM 中存储的电荷，在全局曝光中不能引入 CDS 操作，因此 SNR 低于 4T-APS，另外，存储在 MEM 中的电荷至少要保持一帧时间，但是其他射到 MEM 区域的光生载流子可能会影响存储的电荷，这种在全局曝光像素中的现象称为寄生光敏（PSL）。与此同时，因为 FD 被用作 MEM，此时 MEM 中产生的暗电流会使信号变差。

为了解决上述问题，人们开发了如图 4.8(c)所示的全局曝光像素。在像素中，MEM 独立于浮置扩散，并且需要额外一个晶体管，即通过一个存储栅晶体管 M_{SG} 来将存储在 PD 中的电荷全局转移到 MEM。MEM 的结构原理上是一个钳位光电二极管；然而，二极管的某些部分被栅极覆盖。因此，栅极下的电势可以通过施加在栅极上的电压来控制。通常，为了确保光屏蔽，使用金属钨来遮盖 MEM。另外，已经开发了用于减少 CCD 图像传感器中的拖影的技术[398]。

图 4.9(a)为 6T 型全局曝光像素的结构，图 4.9(b)展示了其电荷检测顺序。其步骤：首先在 PD 中积累光生电荷（图 4.9 中的步骤①）；然后电荷转移到 MEM 区域（步骤②）；

再将其存储在 MEM 中(步骤③)。值得注意的是,MEM 分为两个区域,一个区域是存储栅极覆盖表面的位置,另一区域是表面上没有存储栅极的区域。在步骤②中,通过导通 ϕ_{SG} 将光生电荷转移到 MEM 的左侧区域。在步骤③中,通过关闭 ϕ_{SG} 将转移电荷存储至 MEM 中。综上所述,该 MEM 具有钳位 PD 结构。因此,其暗电流非常小,而且通过钨金属覆盖来减少 PSL。步骤④是执行 CDS 的读出过程。在将电荷转移到 MEM 中之前,将 FD 复位,读出复位值。然后,电荷才会被转移到 FD 中,并以传统 CDS 过程的方式读出电流值。

步骤①～③是全局操作,步骤④是行操作。包括全局和行运算的总时序图如图 4.9(c)所示。在 GS 像素中,由于 PD 面积的减小,满阱容量也会随之减小,进而导致动态范围缩小。对于这个问题,2.5.3.2 节提出的像素共享技术十分有效。此外,3.3.4 节描述的堆叠技术对于 GS CMOS 图像传感器也有很好的效果[273]。

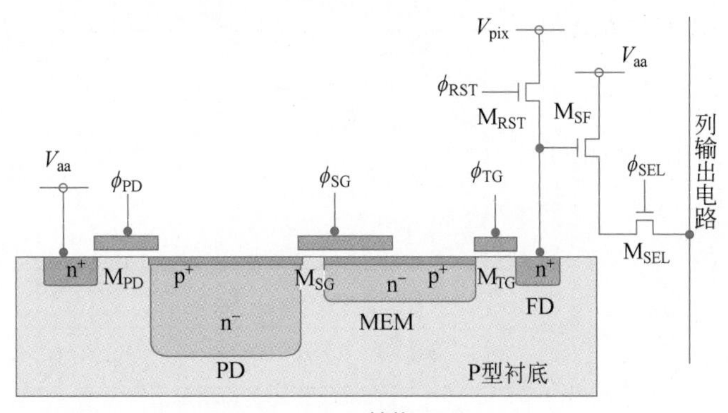

(a) 结构

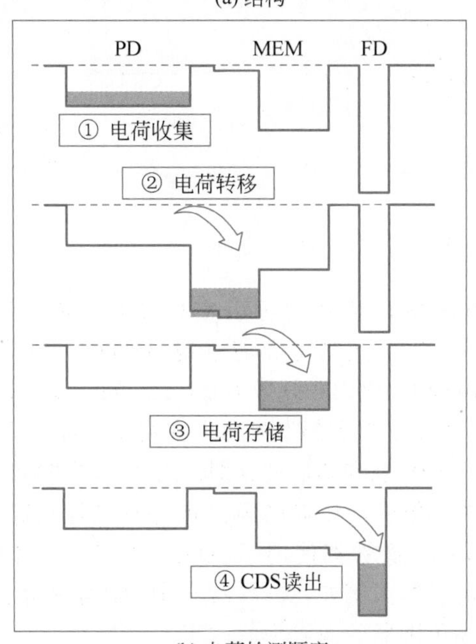

(b) 电荷检测顺序

图 4.9 6T 型 GS 像素[387]

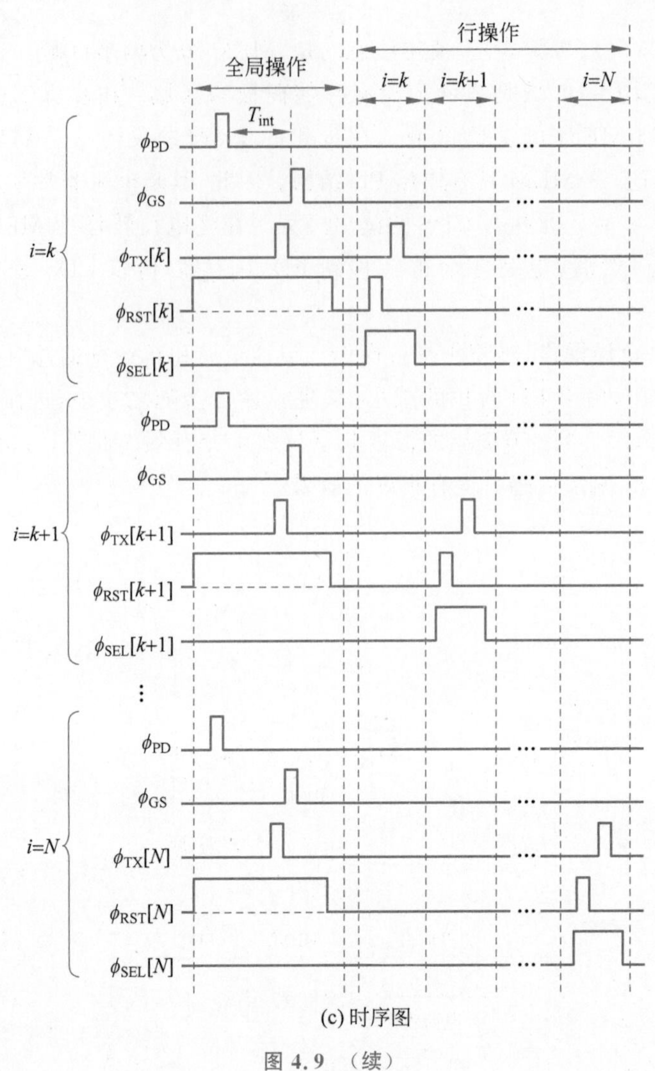

(c) 时序图

图 4.9 （续）

4.3.3 高速成像的列或像素并行处理

通过列并行处理，CMOS 图像传感器可以实现超过 1000 帧/s 的高帧率或高于 10^9 像素/s 的高像素率[236,383,399-404]。尤其是高清电视（HDTV）等需要高像素率的图像传感器[402]。例如，具有 4K（见附录 G，约 800 万像素）和 120 帧/s 的 CMOS 图像传感器需要 10^9 像素/s 的像素率。然而，若引入列并行处理，则可以在约 4μs 内完成列处理。对于一列来说是可接受的处理时间。另外，若奇数列和偶数列分别输出，则处理时间就会是两倍，约 8μs。

近来，堆叠式 CMOS 图像传感器技术已经出现并且已经在高速 CMOS 图像传感器领域应用。在这些传感器中，每个像素都使用了 ADC[273-274,384]。因此，与列并行处理相比，某些限制得到了更大程度的缓解。例如，文献[274]中的像素率达到 7.96×10^9 像素/s。说明堆叠技术可以进一步提高传感器的像素率。

4.3.4 超高速

对于一些工业和科学应用需要超过 10^4 帧/s 的超高速相机[405-406]。这些相机的典型用途是观察与燃烧、冲击波、放电等相关的高速现象。另一种用途是 4.6.2 节提到的 TOF 相机。为了满足该要求,已经开发了几种 UHS 图像传感器。如图 4.10 所示[405],限制 UHS 成像的因素包括:

(1) 光生载流子从 PD 到输出信号线的总传输时间 T_{tr}。

(2) 像素的寻址时间 T_{sel},如设置导通选择晶体管的时间。

(3) 信号线或垂直线的寻址时间 T_{sig}。

(4) 列处理时间 T_{col}。

(5) 读出时间 T_{read}。

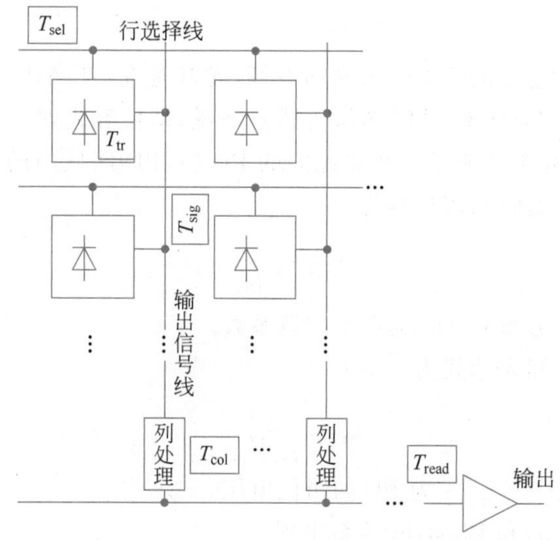

图 4.10 超高速 CMOS 图像传感器的限制因素[405]

在上述限制因素中,在很多情况下读出时间是至关重要的。为了解决这一限制和实现 UHS 成像,一些 UHS 图像传感器除了传统图像传感器的连续模式外还有突发模式[407]。在突发模式下,像素信号存储在模拟存储阵列中。在完成整个读出过程后,将信号输出到传感器外部。到存储器的传输时间非常短,因此通常将存储器阵列放置于芯片内。用于 UHS 图像传感器的片上存储器分为三种类型:一是像素内传感器[197,407-408];二是与像素相关联的存储阵列[409-411];三是放置在图像平面外部的模拟帧存储器[412-414]。像素关联存储器通常安装在 CCD 图像传感器中,因为 CCD 本身可以用作存储阵列。应当指出,CCD 最初用作存储设备[21]。UHS 图像传感器中内存的长度决定了帧数。与其他类型的存储器相比,图像平面外部的帧存储器可以实现较长的内存,尽管它们在像素中所占面积一样。另一方面,T_{sig} 和 T_{read} 在帧存储器类型中是重要的参数。图 4.11 显示了带有片上模拟帧存储器的 UHS 图像传感器。在传感器中,CDS 和源极跟随器的电流负载集成在一个像素中,使 T_{sig} 和 T_{read} 达到最小。

对于此类 UHS 图像传感器,实现具有高速响应的光电检测至关重要。此外,高灵敏度对于高速 CMOS 图像传感器也非常重要,因为在传统光电二极管中入射的光子数量很多且没有横向电场。因此,光生载流子不会漂移而会进行扩散,其响应速度不是很高。为了提升速度,必须在光电探测器内部引入电场。一个典型的例子是雪崩光电二极管。单光子雪崩二极管是一种可以通过标准 CMOS 工艺制造的 APD,结构和特性在 3.2.2.3 节详述。

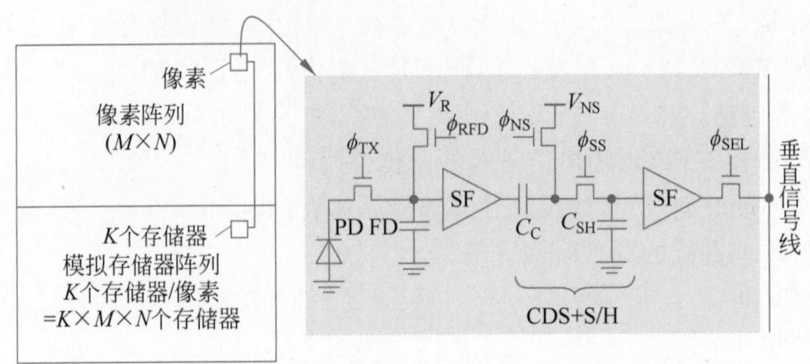

图 4.11 具有片上模拟帧存储阵列的 UHS CMOS 图像传感器[412,414]

另一种方法是在光电二极管中引入横向电场，尤其是在 4T-APS 中用钳位光电二极管来实现高信噪比。对于 UHS CMOS 图像传感器来说，即使曝光时间较短也需要大面积的 PD 来确保足够数量的光生载流子。在如此大的 PD 中，PD 区域内的漂移机制对高速响应很重要。扩散模式的传输时间表达式为

$$t_{\mathrm{diff}} \approx \frac{l^2}{D_{\mathrm{n}}} \tag{4.2}$$

式中：l 为像素大小(正方形)；D_{n} 为电子扩散系数。

漂移模式的传输时间表达式为

$$t_{\mathrm{drift}} \approx \frac{l^2}{\mu_{\mathrm{n}} V_{\mathrm{pinning}}} \tag{4.3}$$

式中：μ_{n} 为电子迁移率；V_{pinning} 为 PD 的钳位电压。

由式(4.2)和式(4.3)和 Einstein 关系得到

$$D_{\mathrm{n}} = \frac{k_{\mathrm{B}} T}{e} \mu_{\mathrm{n}} \tag{4.4}$$

式中：k_{B} 为玻耳兹曼常数；T 为热力学温度。

由式(4.2)和式(4.3)可得

$$\frac{t_{\mathrm{diff}}}{t_{\mathrm{drift}}} \approx \frac{\mu_{\mathrm{n}} V_{\mathrm{pinning}}}{D_{\mathrm{n}}} \approx \frac{e V_{\mathrm{pinning}}}{k_{\mathrm{B}} T} \tag{4.5}$$

室温下的 $k_{\mathrm{B}}T$ 为 25meV，V_{pinning} 为 1～2V。因此漂移迁移时间比扩散迁移时间快两个数量级。

通过引入横向场，即使在大面积的 PD 中，光生载流子也会迅速转移到 FD 上。下面显示了两种方法：

一是改变 N 型区域的形状和浓度，形成完全耗尽的电势分布，从而横向产生电场；二是通过引入横向电场的 PD 结构改变 PD 的宽度来控制钳位电压[415]，如图 4.12 所示。

2.4.3.1 节描述了钳位 PD 的钳位电压。在 PD 中还引入了带有梯度掺杂分布的垂直电场，具有 PD 结构的图像传感器最初是为 TOF 传感器设计的。图 4.11 中的 UHS CMOS 图像传感器为 PD 中的横向电场引入了类似的机制，如图 4.13 所示[412,414]。因为在该传感器中，光电二极管的面积较大，尺寸为 30.00μm×21.34μm，因此可改变 N 层的宽度，并且沿径向引入三种不同的掺杂浓度[415]。

另一种 UHS 图像传感器是引入四个控制电极来增强平面内电场，如图 4.14 所示[188]。

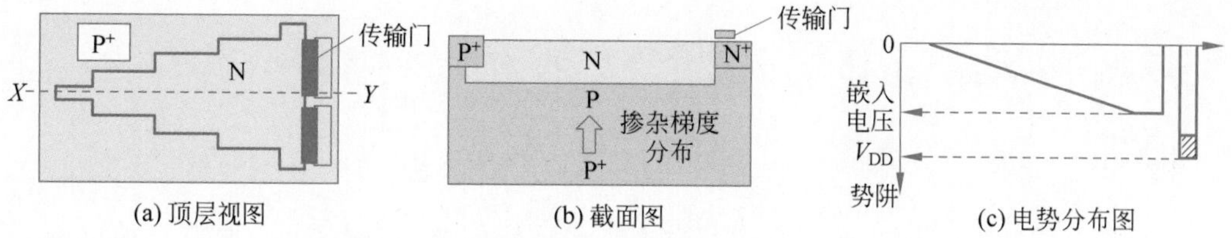

图 4.12 UHS CMOS 图像传感器中的 PD 结构[415]

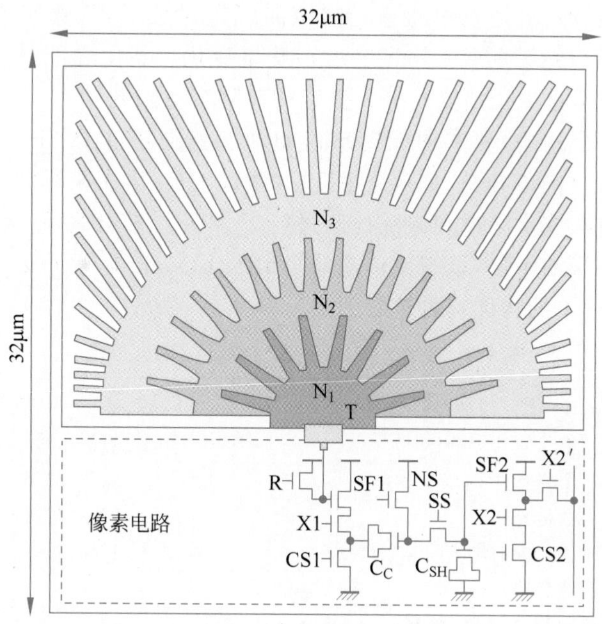

图 4.13 UHS CMOS 图像传感器的 PD 结构及其像素电路(经允许修改自文献[414])

由于控制电极布置在 PD 的两侧,所以电极不覆盖 PD 表面,FD 可以正常放置。与如图 3.5 所示类似结构相比,这种类型的 UHS 图像传感器更适合于高速调制,因此适用于 4.6.2 节描述的 TOF 传感器。

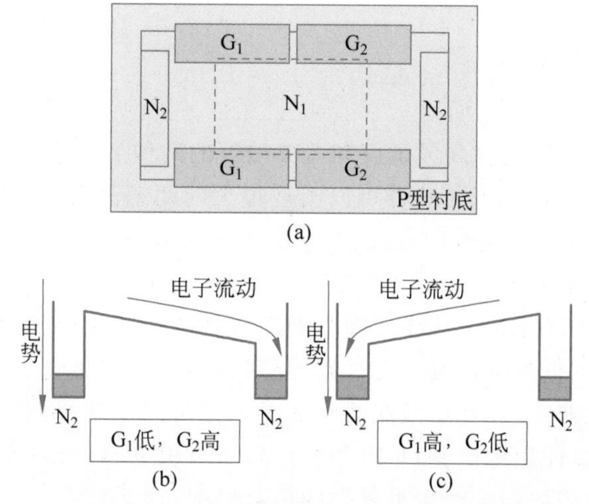

图 4.14 具有横向电场电荷调制器的 UHS CMOS 图像传感器[188]

4.4 宽动态范围

4.4.1 概述

人眼具有约 200dB 的宽动态范围。为了实现这样的宽动态范围，人眼有三种机制[416]（见附录 C）：一是人眼具有的视锥细胞和视杆细胞两类感光细胞，它们对应于两类具有不同光敏度的光电二极管；二是眼睛的感光响应曲线呈对数形式，致使达到饱和的速度慢；三是响应曲线根据环境光级别或平均亮度级别发生变化。相比之下，传统的图像传感器动态范围只有 60～70dB，这主要是受光电二极管的势阱容量限制。

在汽车和安防等应用中，要求图像传感器的动态范围超过 100dB[369]。为了扩大动态范围，已经提出并论证了许多方法，如双灵敏度、非线性响应、多次采样和饱和检测，见表 4.1。图 4.15 对非线性响应、多次采样和饱和检测进行了说明。图 4.16 显示了一张通过宽动态范围的图像传感器拍摄的示例，该图像传感器是由 S. Kawahito 等研发[417]。左侧极亮的灯泡，以及右侧黑暗条件下的物体均可被看到。

表 4.1 智能 CMOS 图像传感器的动态范围

分　类	实现方法	参考文献
双灵敏度	一个像素中双 PD	[418-419]
	一个像素中的双积累电容	[420-422]
非线性响应	对数传感器	[174-177,179,423]
	对数/线性响应	[424-426]
	调整势阱	[427-431]
	控制积分时间/增益	[432,433]
多重采样	双重采样	[434-436]
	带有固定的短曝光时间的多重抽样	[437,438]
	带有变化的短曝光时间的多重抽样	[417]
	带有像素级 ADC 的多重采样	[155,198,439]
饱和检测	本地集成时间和增益	[377]
	饱和计数	[377,440-444]
	脉冲宽度调制	[445]
	脉冲频率调制	[156,206-207,213,446-447]

综上所述，人的视网膜包含高灵敏度和低灵敏度的两种类型感光体。同样地，带有高灵敏度 PD 和低灵敏度 PD 的图像传感器可以实现很大的动态范围。这种图像传感器已经用一些 CCD 技术实现[448]。在文献[418,419]中提出的带有灵敏度 PD 的图像传感器中包含两种高、低灵敏度的光电探测器。

非线性响应是一种将光响应从线性修改到非线性的方法，例如对数响应。该方法可分为采用对数传感器和调整势阱容量。在对数传感器中，光电二极管具有对数响应。通过调整势阱容量，可以实现非线性响应，但在某些情况下也可以实现线性响应，这些内容将在后面章节进行介绍。通过使用溢出漏（OFD）作为第二累积电容，可以实现非线性响应，与线性响应相比，非线性响应可能会产生更复杂的色彩处理问题。

多次采样是一种信号电荷被多次读取的方法，这是一种线性响应。例如，以不同的曝光

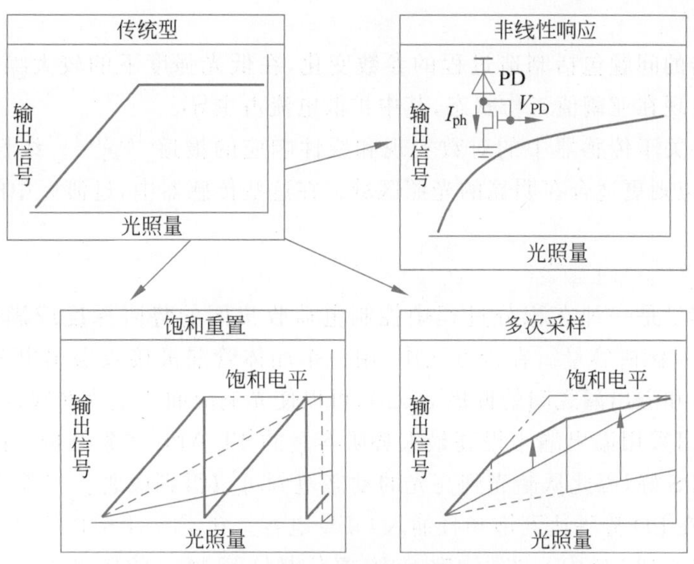

图 4.15 提高动态范围的概念图示

图 4.16 宽动态范围图像传感器所拍摄示例图[417]

注：图像由多个图像合成产生，在 4.4.3.2 节进行详细介绍。

时间来获取亮或暗的图像，然后将两张图像合成，以使两个场景能够在一个图像中显示。在文献[449]中详细分析了通过调整势阱容量和多个采样来扩展动态范围。

在饱和探测方法中，电路检测积分信号或累积电荷信号时，如果信号达到阈值，那么电路开始重置积累电荷并记录复位的次数。重复这个过程，最终得到残余电荷信号和复位次数。有几种其他方法也是基于饱和检测原理的，3.2.2 节讨论过的脉冲调制就是其中之一。在该方法中，各像素的积分时间是不同的。例如，脉冲宽度调制中，输出为脉冲宽度或计数值，这样最大可检测的光照度由最小可计数值或时钟决定，同时最小可检测光照度由暗电流决定。因此，该方法不受势阱容量的限制，具有很宽的动态范围。下面将举例描述上述方法。

4.4.2 非线性响应

4.4.2.1 对数传感器

3.2.1.2 节描述的对数传感器适用于宽动态范围成像，可以获得超过 100dB 的动态范围[174-177,179,423]。

对数传感器的问题包括制造过程的参数变化，在低光强度下的较大噪声和图像拖尾。这些缺点主要表现在亚阈值工作状态，其中扩散电流占主导。

已经有一些关于传感器中的对数实现和线性响应的报道[424-426]。线性响应在暗光区更好，而对数响应则更适合在明亮的光照区域。在这些传感器中，过渡区中的校正是必不可少的。

4.4.2.2 调整势阱容量

调整势阱容量是一种在积分过程中控制电荷收集区的势阱深度或满阱容量的方法。2.5.2.1节介绍了满阱容量。在该方法中，用一个晶体管漏极接收溢出电荷。随时间控制位于电荷收集区和溢出漏之间的栅极 $\phi_B(t)$，可以使光响应曲线变为非线性。

图4.17给出采用溢出漏来提高最大势阱容量的4T-APS像素结构。因为4T-APS的灵敏度比3T-APS好，因此从暗光到亮光的动态范围可以得到改善。当强光照射到传感器时，光生载流子在PD势阱达到饱和且涌入OFD电容。在4T-APS中，超过PD势阱容量的光生载流子被转移到FD中。图4.17(a)中，复位晶体管 M_{RS} 的栅极电压 $\phi_B(t)$ 随时间变化[429]。图4.17(b)中，传输晶体管 M_{TX} 的栅极电压 $\phi_B(t)$ 也随时间变化[430]。随着 $\phi_B(t)$ 逐渐减少势阱，强光信号不会使阱达到饱和，弱光信号也可被检测到。通常 $\phi_B(t)$ 会逐步变化，光响应曲线会出现多个拐点。这种方法的缺点是溢出机制消耗了像素面积，所以填充因子降低了。

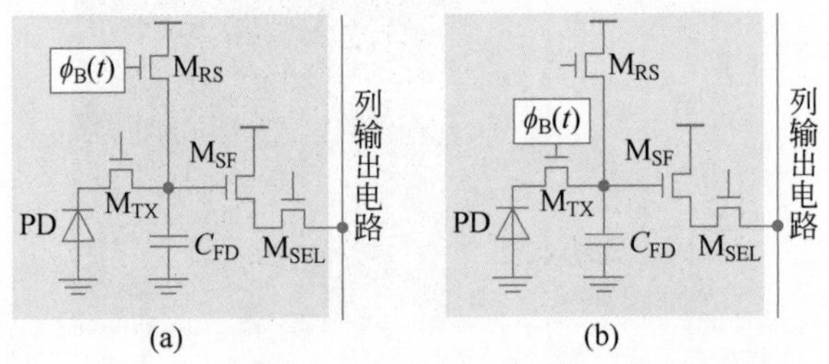

图4.17 具有宽动态范围和调整势阱的4T-APS像素结构[430]

注：调整势阱的信号被施加到复位晶体管的栅极[429]，并且被施加到传输晶体管的栅极。

4.4.3 线性响应

4.4.3.1 双灵敏度

1. 双光电二极管

当两种具有不同灵敏度的光电探测器集成到一个像素中时，可以覆盖较大范围的照明条件。在明亮条件下，使用灵敏度较低的PD，而在黑暗条件下，使用灵敏度较高的PD。如上所述，这与人类的视觉系统非常相似，并且已经用一些CCD来实现了。FD可用作低灵敏度光电探测器[450]。在强光条件下，信号是由在衬底中生成的载流子扩散到FD而产生的，这种结构在文献[451]中第一次被提出。与4.4.3.2节中提到的多次采样方法相反，这是一种直接的检测方法，因此不会在捕获图像时发生延迟。文献[452]提出了另一种实现双光电探测器的方法，其中栅极感光传感器用作基本PD，N型扩散层作为次级PD。在文献[418]中，4T-APS实现了两个钳位PD，双PD方法的缺点在于传感器灵敏度取决于光入射角，因为具有不同灵敏度的 PD 位于像素中的不同位置。在文献[419]中通过同心地放置两个 PD，该缺陷能够得到有效改善。

2. 双累积

在势阱容量调整中，调节信号 $\phi_B(t)$ 随时间变化传递溢出电荷。因此，光响应曲线变为非线性。日本东北大学的 Sugawa 等已经发明了宽动态范围的 4T-APS 型 CMOS 图像传感器，其中电容 C_S 累积了从 FD 溢出的载流子，如图 4.18 所示双重积累的结构[420-422]。该研究采用了一个横向 OFD 的层叠电容 C_S，如图 4.18 所示。它称为横向溢出积分电容(LOIC)。光生电荷转移到 FD 和 C_S 中，光照度饱和时在两个电容中积累，光照度非饱和时仅在 FD 中积累。因此，当光照度较弱时，光生电荷只存储在 FD 中，这与传统 4T-APS 中相同；当光照度较强时，光生电荷存储在 FD 和 C_S 中，使得电容增大，同时有效地扩大了势阱容量。

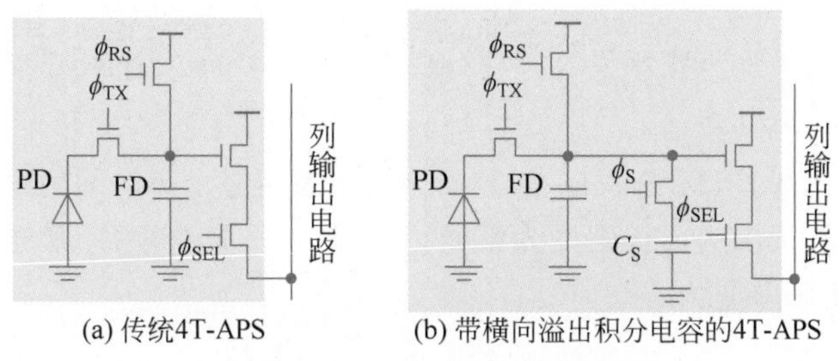

(a) 传统4T-APS　(b) 带横向溢出积分电容的4T-APS

图 4.18　横向溢出积分电容[420]

如文献[421]所述并结合文献[420]提出的结构，通过引入直接光电流输出模式，已实现了 200dB 以上的超高动态范围。在直接光电流输出模式的区域中采用对数响应。

文献[431]将 3T-APS 和 PPS 组合在一个像素中以增强动态范围。一般来说，APS 在暗光下比 PPS 具有更好的 SNR；在亮光条件下，则可以使用 PPS。PPS 适合与 OFD 结合在一起应用，因为列电荷放大器可以完全转移 PD 和 OFD 中的电荷。在这种情况下，不必关心 PD 的信号电荷是否转移到 OFD 中。

4.4.3.2　多次采样

多次采样是指对信号电荷进行多次读取，并将读取出的多个图像合成一个图像。通过这种方法可以很方便地实现宽动态范围。然而，在合成所获得图像时存在着一些问题。

1. 双采样

在双采样技术中，如文献[434,436]中的一个芯片采用了两种读出电路。采样第 n 行中像素数据，并保存在一个读出电路中，然后复位像素。而此时，采样第 $n-\Delta$ 行中的像素数据，并将其保存在另一个读出电路，然后复位该像素。阵列的大小为 $N\times M$，其中 N 是行数，M 是列数。在这种情况下，第一读出行的积分时间 $T_1=(N-\Delta)T_{row}$，第二读出行的积分时间 $T_s=\Delta T_{row}$。ΔT_{row} 为读出一行数据所需要的时间，$T_{row}=T_{SH}+MT_{scan}$，T_{SH} 为采样保持时间，T_{scan} 为从采样保持电容读出数据所需的时间(或者所扫描数据的时间)。这里定义一帧的时间 $T_f=NT_{row}$，T_1 可以表示为

$$T_1=T_f-T_s \tag{4.6}$$

因此，动态范围为

$$\mathrm{DR}=20\log\frac{Q_{\max}T_1}{Q_{\min}T_s}=\mathrm{DR}_{\mathrm{org}}+20\log\left(\frac{T_f}{T_s}-1\right) \tag{4.7}$$

式中：$\mathrm{DR}_{\mathrm{org}}$ 为未采用双采样的动态范围；$Q_{\max}$ 和 $Q_{\min}$ 分别为最大和最小的积分电荷。

例如，若 $N=480$，$\Delta=2$，则积分比例 $T_f/T_s \approx T_1/T_s \approx 240$。因此，它可以扩大到约 47dB 的动态范围。

这种方法只需要两个采样保持区，而对像素结构不做任何改变，因此，它可以应用于具有高灵敏度的 4T-APS。而这种方法的缺点是只有两个积分次数，在两次不同曝光之间的边界会出现比较大的信噪比落差。

在两个不同的曝光边界时，积累的信号电荷从它的最大值 $Q_{\max}$ 变为 $Q_{\max}T_s/T_1$，这会导致较大的 SNR 落差。信噪比落差为

$$\Delta\mathrm{SNR}=10\log\frac{T_s}{T_1} \tag{4.8}$$

若在这两个区域中噪声水平没有改变，则上述例子中的 $\Delta\mathrm{SNR}\approx 24\mathrm{dB}$($T_1/T_s\approx 240$)。

2. 固定的短时间曝光

为了减小信噪比落差，M. Sasaki 等[437,438]提出采用多个短时间的曝光方法。多次采样方法以像素非破坏性读出为前提则变为可能。将短的积分时间 T_s 曝光得到的信号读取 k 次，就可以使信噪比落差变为

$$\Delta\mathrm{SNR}=10\log k\frac{T_s}{T_1} \tag{4.9}$$

这种情况下 T_1 表达式为

$$T_1=T_f-kT_s \tag{4.10}$$

因此，动态范围的提升值为

$$\Delta\mathrm{DR}=20\log\left(\frac{T_f}{T_s}-k\right) \tag{4.11}$$

这与 T_f/T_s 相关，若 $T_f/T_s=240$，而 $k=8$，则 $\Delta\mathrm{DR}\approx 47\mathrm{dB}$，$\Delta\mathrm{SNR}=-15\mathrm{dB}$。

3. 渐变的短时曝光

在之前的方法中，多次读取的短曝光的时间是固定的。M. Mase 等[417]通过改变短曝光的时间改进了该方法。在较短的曝光时间段，采用几个不同的短曝光时间。在短曝光时间的读出时间中插入一个更短的曝光时间，以此类推插入更短的曝光时间，如图 4.19 所示。具有列并行循环 ADC(cyclic ADC)的快速读出电路就可以实现该方法。在该方法中，动态范围扩展为

$$\Delta\mathrm{DR}=20\log\frac{T_1}{T_{s,\min}} \tag{4.12}$$

式中：$T_{s,\min}$ 为最短的曝光时间。

采用这种方法，通过使每次曝光时间中的 T_s/T_1 最小来降低 SNR 的落差。

4. 像素级 ADC

另一种实现多次采样的方法是通过像素级 ADC[155,198,439]。在这种方法中，每四个像素中采用一个具有单斜的位串行的 ADC。ADC 的精度随着积分时间的变化而变化，从而获得高的分辨率。对于较短的积分时间，ADC 采用较高的精度。文献[198]中提出的图像

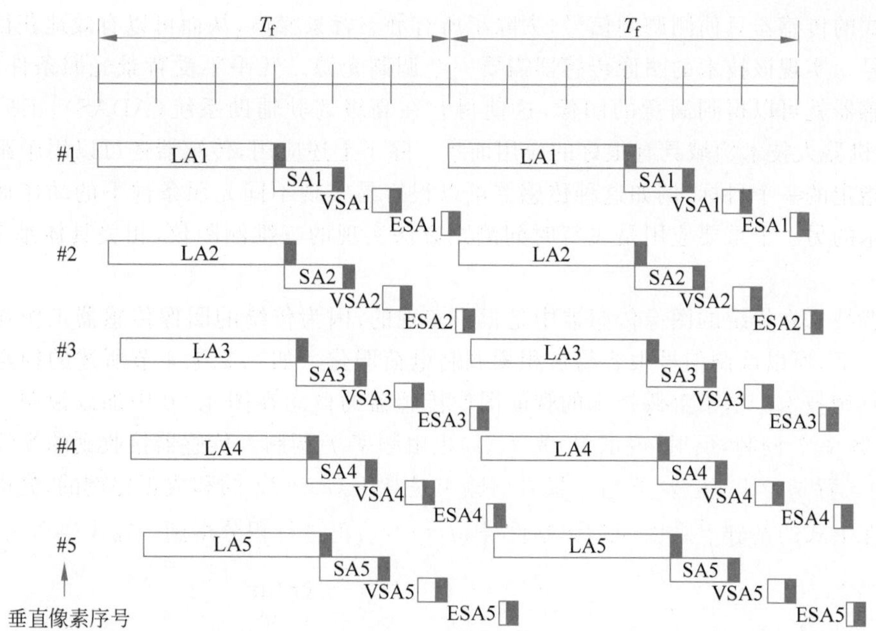

图 4.19 具有变化的短曝光时间的多采样曝光过程和读出时序(经允许修改自文献[417])

注：LA—长时间积分；SA—短时间积分；VSA—很短的时间积分；ESA—极短的时间积分。

传感器在芯片上集成了一个动态随机存取存储器(DRAM)的帧存储器,在 724×554 像素的条件上,实现了超过 100dB 的动态范围。

4.4.3.3 饱和探测

饱和探测是一种监测和控制饱和信号的方法。由于该方法是异步的,每个像素很容易实现自动曝光,常见的问题是如何抑制复位噪声。由于该方法中有多个复位操作,所以很难使用噪声消除机制。另外,复位时信噪比的下降也是一个亟待解决的问题。

当信号电平达到饱和时,电荷收集区域被复位,并且重新开始积累。通过重复该过程,并计算一段时间内的复位计数,该时间段的总电荷可以通过复位次数以及最后残余电荷信号来计算[377,440-444]。文献[440,441]在像素级上实现计数电路,而文献[377,442-443]通过列级实现计数电路。在像素级实现的方法中,计数电路需要消耗额外的面积,这会导致填充因子(FF)降低。无论是像素级还是列级,采用饱和计数这种方法都需要帧存储器。这种方法本质上与 PFM 相同。

通过脉冲宽度调制来拓宽动态范围的方法已经在 3.2.2.1 节中提到,文献[192]采用这种方法实现了图像传感器动态范围的拓宽。

通过脉冲频率调制来拓宽动态范围的方法已经在 3.2.2.2 节中提到,文献[156,204-206]采用这种方法实现了图像传感器动态范围的拓宽。

4.5 解调

4.5.1 概述

在解调方式中,一个调制光信号照射在目标物体上,反射的光被图像传感器捕获,这种工作方式的传感器只侦测调制信号,去除了所有静态背景噪声,从而可以有效地获得高信噪比的信号。实现该技术的图像传感器需要一个调制光源。几乎不受背景光照条件的影响,这种传感器就可以得到满意的图像,这使得它在高级驾驶辅助系统(ADAS)、工厂自动化(FA)和机器人技术领域具有很好的应用前景。除了上述应用,传感器还可以用于跟踪由调制光源指定的一个目标,例如这种传感器可以很容易实现不同光照条件下的动作捕捉。该解调技术的另一个重要应用是飞行时间测距方法实现的三维测距仪,相关具体细节在 4.6 节详述。

解调技术在传统的图像传感器中是很难实现的,因为传统的图像传感器工作在积累电荷的模式下,所以调制信号很容易被积累调制电荷弱化。如 3.2.1.4 节所述的锁定像素可应用于解调技术。基于解调技术的智能图像传感器的概念在图 4.20 中加以说明。光照度 $I_o(t)$ 由频率 f 调制,反射(或散射)光 $I_r(t)$ 也由频率 f 调制。传感器接收到的光线由反射光 $I_r(t)$ 与背景光 I_b 组成,光电二极管的输出是与 $I_r(t)+I_b$ 的和成正比例的,光电二极管的输出在上式的基础上乘以同步调制信号 $m(t)$ 然后再进行积分得到。输出电压为[453]

$$V_{\text{out}}=\int_{t-T}^{t}(I_r(\tau)+I_b)m(\tau)\mathrm{d}\tau \tag{4.13}$$

式中:T 为积分时间。

基于图 4.20 的概念,已经有数项关于在智能图像传感器中实现解调功能的研究。实现方式可以分为相关法[175,454-457]和在一个像素中采用双电荷积累区的方法[458-463]。锁定像素就是这种类型的方法,如 3.2.1.4 节所述。相关法是图 4.20 所示概念图的直观实现。

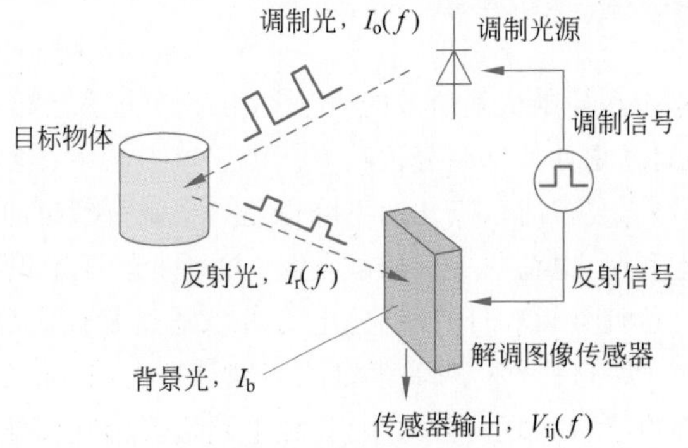

图 4.20 解调图像传感器的概念

4.5.2 相关法

相关法的基本原理是将侦测信号与参考信号相乘并进行积分或低通滤波。相关法流程如式(4.13)所述。图 4.21 展示了相关法的概念。实现相关法的关键要素是乘法器。文献[457]使用了简单的源连接型乘法器[44]。文献[175]中运用了吉尔伯特单元(Gilbert Cell)消除背景光信号。

在相关法的应用中,更适合使用三相基准以获得足够的调制信息,该信息包括幅度和相位。图 4.22 展示了可以实现三相基准的像素电路图。具有三个参考输入的源连接电路可以实现此目的[457]。此结构可以完成调幅与相位调制的解调。

电路中各个 M_i 的漏电流 I_i 可表示为

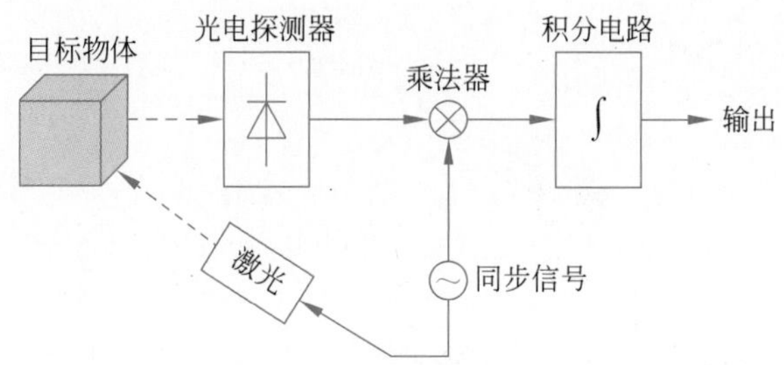

图 4.21 相关法的概念示意图

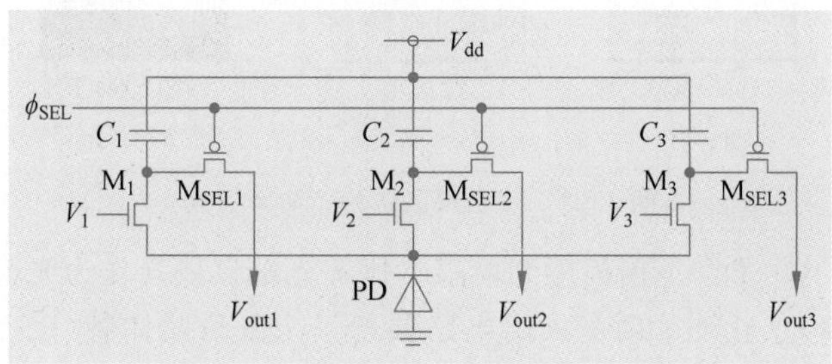

图 4.22 相关法中所采用的像素电路[457]

$$I_i = I_o \exp\left(\frac{e}{mk_B T} V_i\right) \tag{4.14}$$

式中所用符号与附录 F 中使用的相同。

每个 M_i 的漏电流 I_i 又可表示为

$$I_i = I \frac{\exp\left(-\frac{eV_i}{mk_B T}\right)}{\exp\left(-\frac{eV_1}{mk_B T}\right) + \exp\left(-\frac{eV_2}{mk_B T}\right) + \exp\left(-\frac{eV_3}{mk_B T}\right)} \tag{4.15}$$

由此可得

$$I_i - I/3 = -\frac{e}{3mk_B T} I(V_i - \bar{V}) \tag{4.16}$$

式中：$\bar{V}$ 是 $V_i(i=1,2,3)$的平均值。

此方法已应用于三维测距仪[460,464]和频谱匹配装置中[465]。

4.5.3 双电荷积累区法

在一个像素中使用双电荷积累区法与相关法的原理本质上是一样的，但是更易于实现，具体原理如图 4.23 所示。该方法与 3.2.1.4 节描述的锁定像素的方法基本相似。此方式中的调制信号为脉冲信号或开关信号。当调制信号为打开时，信号累积到其中的一个积累区，相关法是通过此操作完成的。当调制信号为关闭时，信号累积在另一个区域，从而可以将两个信号相减来消除背景信号。

图 4.24 展示了一个具有双积累区的像素结构[458]。图 4.25 展示了像素的版图，使用了 3 层金属和 2 层多晶硅 0.6μm 标准 CMOS 工艺。电路包含两个类似于传统栅极感光型有源像素传感器(PG APS)的读出电路。换句话说，其中含有两个传输门(TX1 和 TX2)和

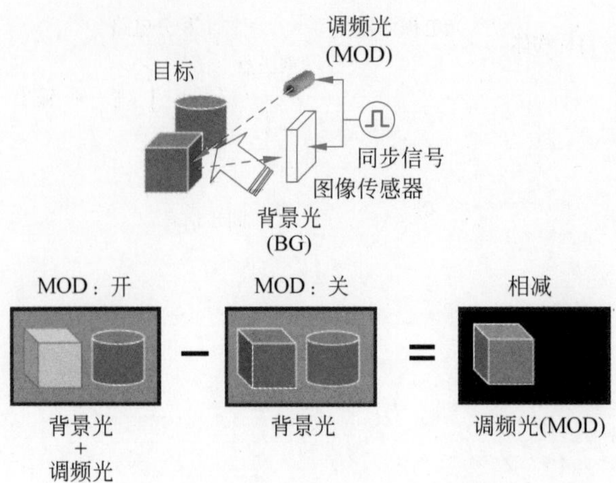

图 4.23 双积累区法的概念示意图

两个浮置扩散(FD1 和 FD2)。栅极感光传感器代替光电二极管作为光电探测器，分别通过 TX1、TX2 与 FD1、FD2 相连。两个读出电路共用一个复位晶体管(RST)。两个输出信号 OUT1 与 OUT2 相减，最后只得到一个调制信号。文献[463]提出了另外一种具有两个积累区的相似结构。

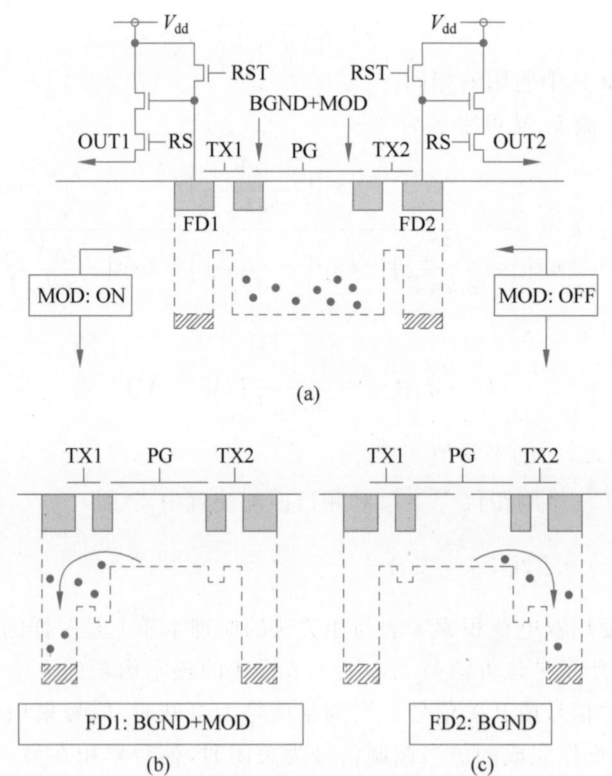

图 4.24 解调 CMOS 图像传感器的像素结构

注：当调制光信号为 ON 模式时，PG 中的积累电荷转移到 FD1；当调制光信号是 OFF 模式时，PG 中的积累电荷转移到 FD2。

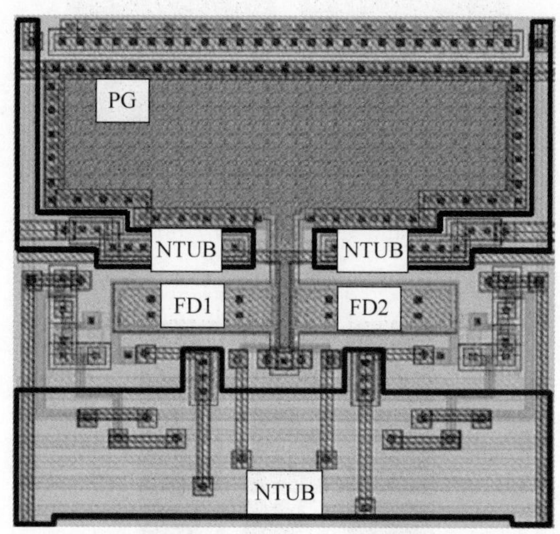

图 4.25　解调图像传感器的像素版图，像素尺寸为 42μm×42μm（经允许修改自文献[459]）

图 4.26 给出了传感器的工作时序图。首先，当调制光信号关闭时，通过使 RST 导通完成复位操作。当调制光信号打开时，对栅极感光传感器进行偏置，进行光载流子的积累。然后调制光信号关闭，栅极感光传感器关闭，通过打开 TX1 将积累的电荷转移至 FD1。以上过程是调制光信号高电平时的操作过程，在这个状态调制光信号和静态光信号都被存储在 FD1 中，接下来将调制信号关闭，栅极感光传感器再次被偏置，开始收集光载流子。在调制信号的关闭状态结束时，将积累电荷转移至 FD2，这样只有静态光信号会被储存在 FD2 中。重复上述过程，则调制信号开启状态与关闭状态积累的电荷分别储存在 FD1 与 FD2 中。根据积累的电荷量，FD1 与 FD2 的电压会呈现阶梯状下降。通过在一个规定的时刻测量 FD1 与 FD2 的压降的差值就可以提取出调制信号。

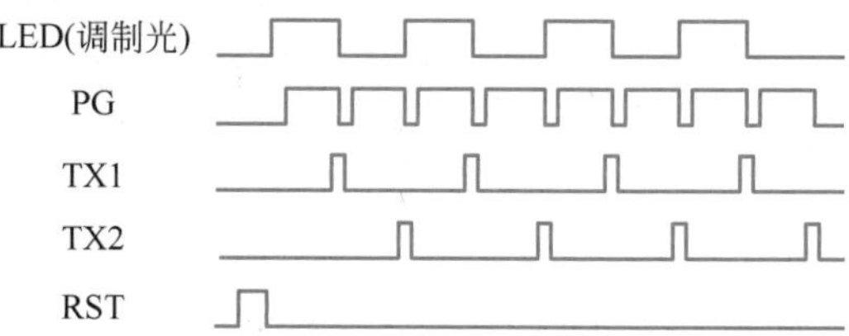

图 4.26　解调图像传感器的时序图[458]

注：PG—栅极感光传感器；TX—传输栅；RST—复位管。

使用该图像传感器的实验结果[456]如图 4.27 所示。调制光只照射两个物体（猫和狗）其中的一个，解调图像只显示被调制光照射的猫。图 4.28 展示的是进一步的实验结果。在实验中，一个调制的 LED 光源固定在一只四处移动的狗的脖子上，解调图像只显示了该调制 LED 光源，进而给出了物体的移动轨迹，这说明这个解调图像传感器可以用于目标追踪。另一种应用是在相机系统中抑制饱和[466]。

这种工作方式可以获得几乎不受背景光照条件影响的图像，然而动态范围仍受积累区电容或满阱容量的制约。文献[460-461]中，背景信号在每个调制周期都被减掉，实现了动态范围的扩大。尽管增加的电路需要消耗像素的面积，但这项技术对于解调型 CMOS 图像传感器十分有效。

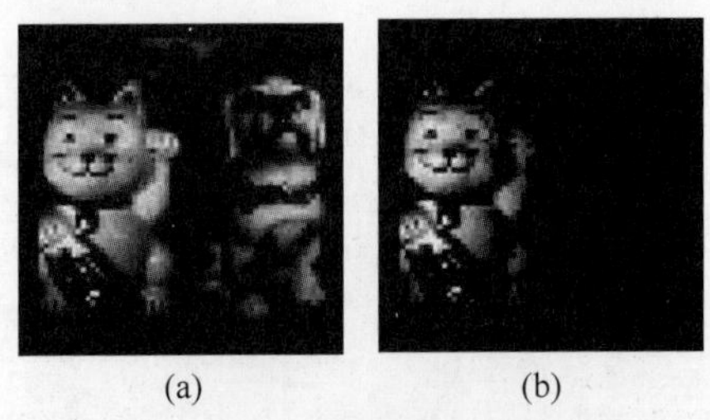

图 4.27 (a)普通图像和(b)解调图像(经允许修改自文献[459])

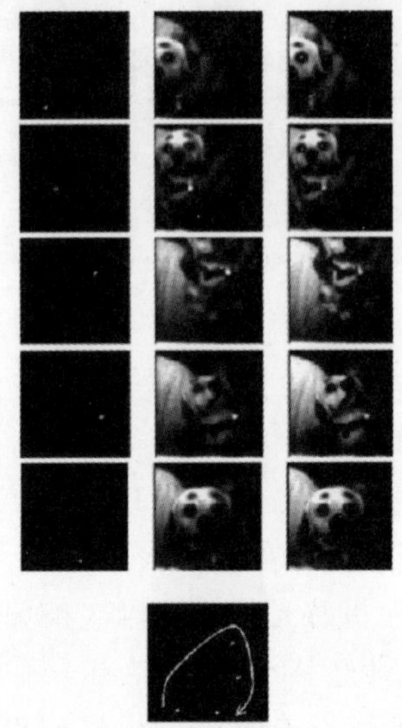

图 4.28 标记追踪实例(经许可改编自文献[459])

注：图像按时间顺序由上到下排列。左列，传感器提取的调制光图案；中间列，背景光与调制光一起输出；右列，只含有背景光的输出；最底部的图显示了物体的运动轨迹。为方便起见，将运动轨迹与LED光源轨迹重叠。

4.6 三维测距

4.6.1 概述

测距在工厂自动化、ADAS、机器人视觉、手势识别等领域都具备很强的应用价值。光检测和测距(LIDAR)是测距仪的一种。通过利用智能CMOS图像传感器可实现三维测距或者与距离有关的图像生成。研究者研究了几种适用于CMOS图像传感器的测距方法，它的原理是基于飞行时间、三角测距等方法，总结在表4.2中。图4.29解释了飞行时间、双目测距和光截面测距三种典型方法的概念。图4.30展示了一张三维测距仪拍摄得到的显示物体距离的图像[467]。

表 4.2 三维测距的智能CMOS图像传感器

分　类	实现方法	归属和参考文献
直接TOF	APD阵列	ETH[92-93]，MIT[468]
间接TOF	脉冲	ITC-irst[469]，Fraunhofer[470]，Sizuoka U.[471]
	正弦曲线	PMD[472]，CSEM[463]，Canesta[473]

续表

分　　类	实 现 方 法	归属和参考文献
三角法	双目	Shizuoka U. [474], Tokyo Sci. U. [475], Johnss HopkinsU. [476]
	光截面	Camegie Mellon U. [89], U. Tokyo [477], SONY [478], Osaka EC. U. [455]
其他	光照度	Toshiba[479]

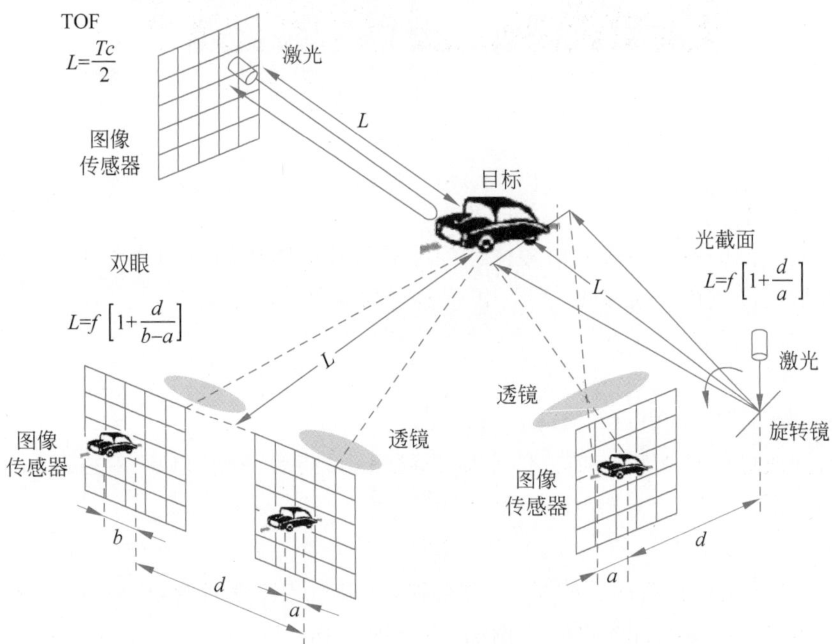

图 4.29　三维测距的三种方法

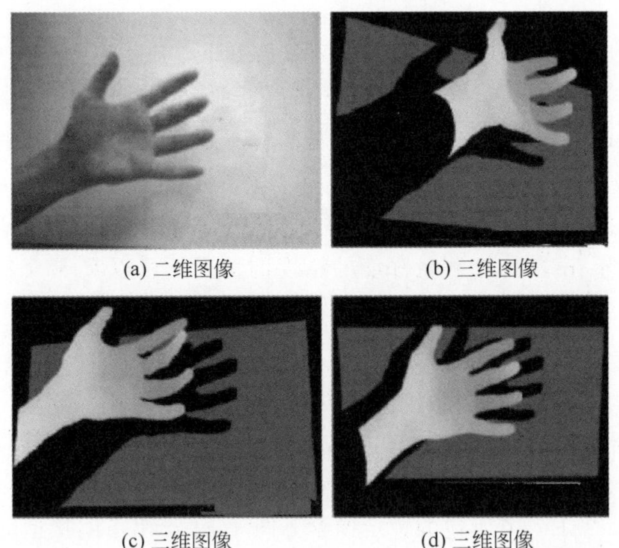

图 4.30　三维测距仪所拍摄的照片(经允许修改自文献[467])

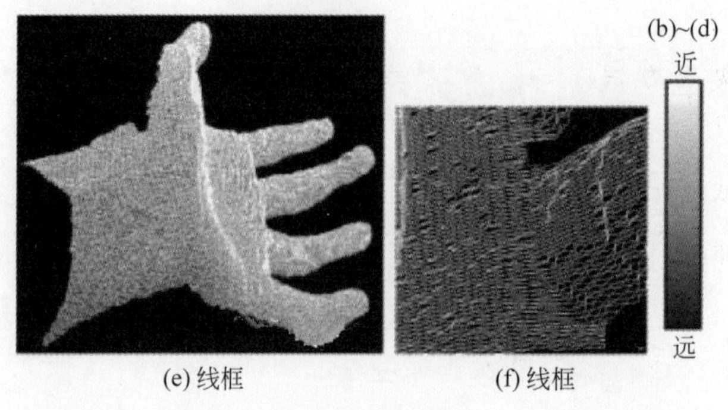

(e) 线框　　(f) 线框

图 4.30 （续）

4.6.2 飞行时间

飞行时间成像是通过测量光信号往返传感器与被测物体的时间来测距的方法，在光检测和测距领域已经应用了很多年[480]。传感器与物体之间的距离可表示为

$$L=\frac{Tc}{2} \tag{4.17}$$

式中：T 是往返时间（TOF$=T/2$）；c 为光速。

飞行时间成像的显著特点是它的系统很简单，只需要一个 TOF 传感器和一个光源。TOF 传感器分为直接型 TOF 与间接型 TOF。

4.6.2.1 直接型 TOF

直接型 TOF 是传感器内部的每一个像素都直接测量往返时间，相应地，需要一个高速的光电探测器和高精度的计时电路。例如，对于 $L=3\text{m}$，$T=10^{-8}\text{s}=10\text{ns}$。为了获得毫米级的精度，必须要进行平均运算。直接型 TOF 的优势是它的测距范围很宽，可以从数米到数千米。

直接型 TOF 传感器使用的高速光电探测器是工作在盖革模式下的基于标准 CMOS 工艺技术的有源像素[92-93,468]，例如，用于 TOF 传感器的 SPAD，详见 2.3.4 节。研究人员采用高压方案的 0.8μm 标准 CMOS 工艺技术制造出一种 TOF 传感器，该传感器拥有 32×32 像素、每个像素集成了图 4.6 中的电路，并且每个像素大小为 58μm×58μm。有源像素的正极偏置在−25.5V 的高压。像素的抖动时间为 115ps，如果要获得毫米级精度，必须进行平均操作。距离大约为 3m，10^4 个测量深度的精度的情况下可以实现 1.8mm 以内的测量距离偏差。

4.6.2.2 间接型 TOF

为了突破直接型 TOF 的限制，发明了间接型 TOF 传感器[460,463,470,472-473,481-482]。在间接型 TOF 传感器中，往返时间不是直接被测量的，而是使用了两个调制光源信号来进行间接测量。间接型 TOF 传感器中每个像素都有两个电荷积累区域以完成信号的解调，如 4.5 节所述或者如 3.2.1.4 节所述的锁定像素。图 4.31 给出了间接型 TOF 传感器的时序图，图中展示了两个例子。

调制信号是脉冲信号或开关信号时，两个脉冲以既定的 MHz 级别的频率发射，两个脉冲之间延迟为 t_{d}。图 4.32 给出了其工作原理[469,481]，在这种工作方式下，TOF 信号通过

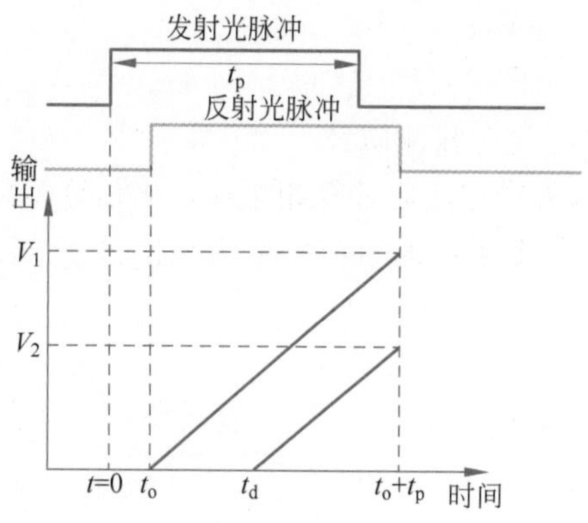

(a) 第二个脉冲与第一个脉冲之间有t_d的时间延迟

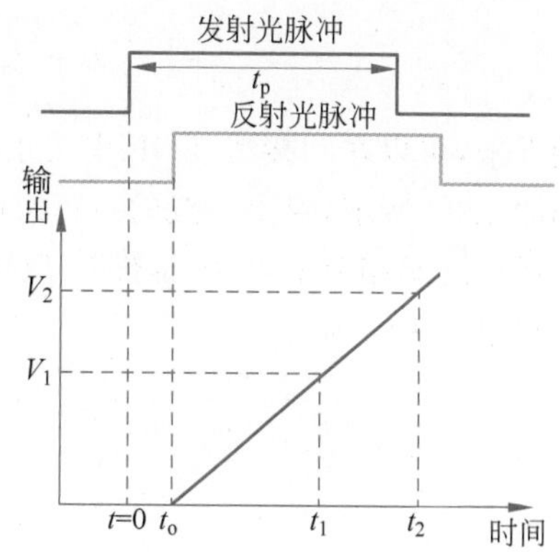

(b) 两个持续时间不同的脉冲

图 4.31 工作于两种不同脉冲的间接型 TOF 的时间示意图[469]

以下方法获得。两个积累信号 V_1 与 V_2 分别与两个宽度为 t_p 的脉冲相对应，如图 4.31(a)所示。根据 t_d 以及两个飞行时间，可求得距离为

$$t_d - 2 \times \mathrm{TOF} = t_p \frac{V_1 - V_2}{V_1} \tag{4.18}$$

$$\mathrm{TOF} = \frac{L}{c} \tag{4.19}$$

$$L = \frac{c}{2}\left[t_p\left(\frac{V_2}{V_1} - 1\right) + t_d\right] \tag{4.20}$$

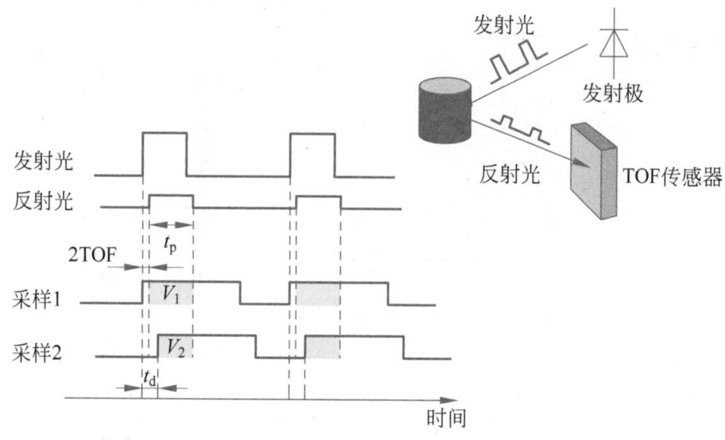

图 4.32 使用两个延迟脉冲实现间接型 TOF 的工作原理

在时序上加入背景去除周期，可以滤去最高 40klx 的背景光[469]。研究人员研发了一种 50×30 像素阵列传感器，像素大小为 81.9μm×81.7μm，使用 0.35μm 标准的 CMOS 工艺技术制造，可以在 2～8m 的范围内，实现 4%的测距精度。

另一种使用持续时间 t_1、t_2 的脉冲来进行脉冲调制的传感器是间接型 TOF 传感器[470,483,484]。估算 L 的过程如下所示：

V_1、V_2 是曝光时间分别为 t_1、t_2 时的输出信号电压。如图 4.31(b)所示，根据这 4 个参数可以得到相交点 t_0＝TOF 的差值。因此

$$L=\frac{1}{2}c\left(\frac{V_2t_1-V_1t_2}{V_2-V_1}\right) \tag{4.21}$$

接下来,可以在间接型 TOF 中用正弦波信号代替脉冲信号[463,472-473,485]。

如图 4.33 所示,对 4 个点的飞行时间采样,采样完成后计算相位移 φ 来估算距离,其中两个采样点之间相差 $\pi/2$,从而获得 TOF[485]。4 个采样值 $A_1\sim A_4$ 由相位移 φ、幅值 a 与固定漂移量 b 表示为

$$A_1=a\sin\varphi+b \tag{4.22}$$

$$A_2=a\sin(\varphi+\pi/2)+b \tag{4.23}$$

$$A_3=a\sin(\varphi+\pi)+b \tag{4.24}$$

$$A_4=a\sin(\varphi+3\pi/2)+b \tag{4.25}$$

通过求解上述方程组,可解得 φ、a、b 为

$$\varphi=\arctan\left(\frac{A_1-A_3}{A_2-A_4}\right) \tag{4.26}$$

$$a=\frac{\sqrt{(A_1-A_3)^2+(A_2-A_4)^2}}{2} \tag{4.27}$$

$$b=\frac{A_1+A_2+A_3+A_4}{4} \tag{4.28}$$

通过 φ 计算距离为

$$L=\frac{c\varphi}{4\pi f_{\text{mod}}} \tag{4.29}$$

式中:f_{mod} 为调制光源的重复频率。

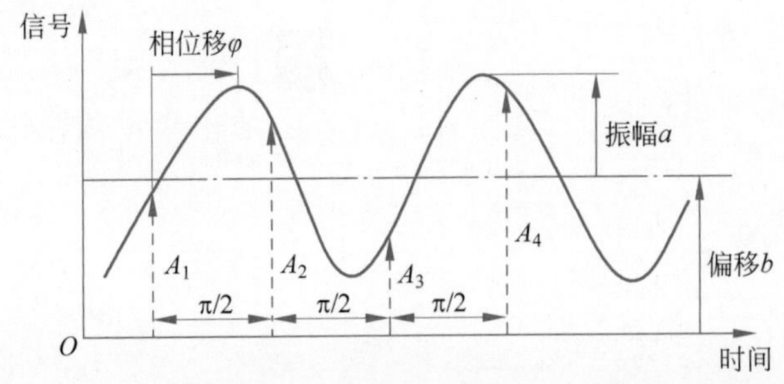

图 4.33 使用正弦发射光信号进行间接 TOF 测距的工作原理[454]

为了用 CMOS 图像传感器实现间接型 TOF,研究人员提出了几种拥有双电荷积累区的像素。这些像素按使用的技术可分为两种:一种是在像素光电探测器的两侧分别放置一个 FD[463,471,473,485];另一种是在像素内部加入一个电压放大器,将信号储存在电容上[470,481]。总之,第一种方法是改变光电探测的器件结构,第二种方法是使用传统的 CMOS 电路。光混频器(PMD)是一种已经商业化的器件,它拥有一个 PG,并且 PG 两侧都有一个积累区[485]。

4.6.3 三角测距

三角测距是一种使用三角形的几何排列测量到视场距离的方法。三角测距的方法主要

分为主动式和被动式。被动式也称为双目法或立体视觉方法，该方法使用两个传感器。主动式称为结构光源方法或光截面测距法，该方法使用图案化的光源照亮视场。

4.6.3.1 双目测距

被动式方法的优点在于它不需要外加光源，只需要两个传感器就能实现测距。已经发表了数篇关于这种传感器的研究报告[474,476]。两个传感器分别集成到两套成像区域来实现立体视觉，这意味着两个传感器必须能够对同一视场进行识别，对于一个典型的场景来说，这会产生一个非常复杂的问题。文献[474]中的传感器工作时已经限定了一个已知物体的视场，并且三维信息可以提高物体的识别率。这种传感器拥有两个成像区和一个包含ADC的读出电路。文献[476]中的传感器集成了电流模式差动运算电路。

通过使用衍射光学器件，左右光束可以被作为分束器的透镜分开。使用衍射光学器件的数字微透镜作为聚焦增强器，其原理结构如图4.34所示[326]。利用这种布局结构可以获得视差，进而实现三维成像。

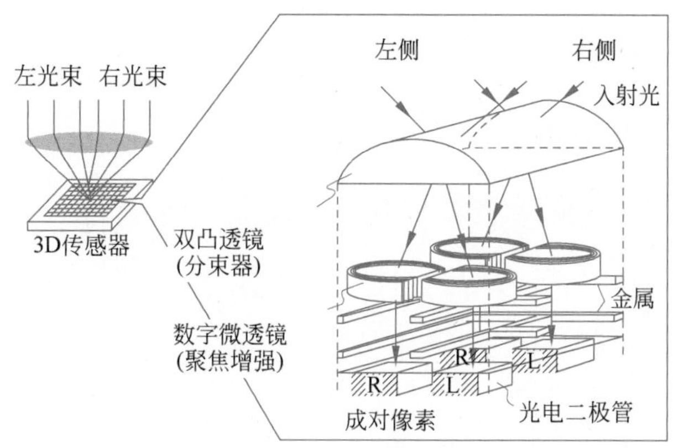

图4.34 具有分束透镜和数字微透镜的多眼图像传感器的结构示意图

4.6.3.2 结构光源法

在结构光源法或光截面测距法中，需要一个结构光源，获得照亮目标对象的二维图案。例如，将条纹图案照射在对象上，使投影的条纹图案沿着对象的三维形状发生扭曲。为了获得畸变图像，可以利用三角测距估算出距离，与此同时，也提出了许多投影模式[486]。多条纹图案通过扫描物体上的一个条纹来获得。在这种情况下，结构光源需要对视场进行扫描。已经发表了大量关于这种结构光源法的研究[168,455,460,467,477,487]。为了能够将需要的光图案从周围光线中识别出来，需要大功率的光源及扫描系统。文献[488]提出了一种基于2μmCMOS工艺的集成传感器系统，其像素阵列为5×5。

在结构光源法中，需要寻找拥有最大信号值的像素。传统的3T-APS可以在普通的图像输出模式和脉冲宽度调制模式下工作[467,487]，具体如图4.35所示。PWM在3.2.2节已经有过详述，在这里，PWM可用作1位ADC。在传感器中，按列放置PMW-ADC就能够实现一个列并行ADC。在图4.35(b)中，像素与传统的3T-APS工作方式一样，但在图4.35(c)中输出总线是需要预充电的。另外，像素的输出信号与列放大器的参考电压V_{ref}进行比较。像素的输出与输入的光照度成比例减小，这样就实现了PWM。使用3T-APS结构，传感器可以达到视频图形阵列(VGA)级别的大阵列，实现了高精度，在所测距离为1.2m时，精度可达到0.26mm。文献[168,478]通过设计模拟电流复制器[489]和比较器能够快速地判定最大峰值。文献[168]中将模拟操作电路集成到每个像素中，但是在文献[478]中只集成了四组模拟帧存储器来减小像素的尺寸，并且使用 4T-APS 结构实现了彩色的(QVGA)制式。

在结构光源法中也需要抑制周围光源的影响使结构光源照射到视场的光更容易被辨别。可以使用对数传感器与调制技术以实现更大的动态范围。文献[460]中研制的传感器，其动态范围为 96dB*，同时其信号背景噪声比(SBR)达到了 36dB。

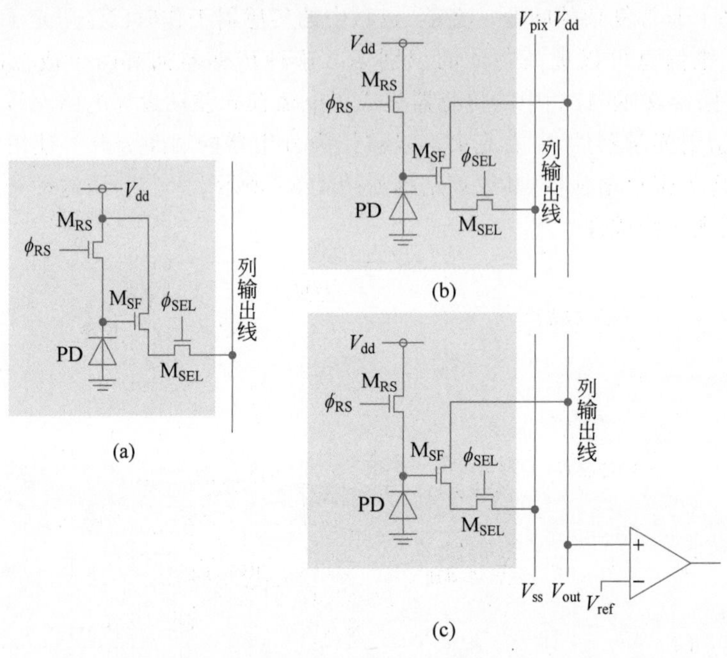

图 4.35 传统像素结构、修改后工作在普通成像模式和脉宽调制工作模式[487]

---

* 在文献[460]中，SBR 和 DR 的定义与传统定义相差一半。本书中采用传统定义。

第5章

应　　用

5.1 简介

本章主要介绍智能 CMOS 图像传感器的应用。首先介绍信息和通信技术(ICT)方面的应用,以及交通和人机界面的应用。其次介绍化学工程方面的应用,通过引入智能 CMOS 图像传感器可以将化学性质(例如 pH)可视化为二维图像。然后介绍生物科学与技术方面的应用,该领域广泛使用了结合光学显微镜的 CCD。使用智能 CMOS 图像传感器,可以使成像系统紧凑并集成更多功能,从而提高性能。此外,智能 CMOS 图像传感器可用于实现 CCD 无法实现的特性。最后介绍医学方面的应用,因为其中一些可能会通过吞咽或通过植入方式进入人体,所以通常需要非常紧凑的成像系统。智能 CMOS 图像传感器具有体积小、功耗低、功能集成等特点,因此更适合这些方面的应用。在上述应用中,引入多模态传感和/或与成像相结合的激励可能较为有效,而这些是 CCD 图像传感器无法实现的。

5.2 信息与通信技术方面的应用

自蓝色 LED 和白色 LED 出现以来,光源已经发生了巨大变化,例如,当今的室内照明、车用光源和大型户外显示器都使用 LED。可快速调制的 LED 的引入产生了一个新的应用领域,称为"自由空间光通信"。可见光通信(VLC)是自由空间光通信的一种,包括可见光源,尤其是基于 LED 的信号,如室内灯、汽车集总器、交通信号灯和室外显示器[490]。与图像传感器相结合,自由空间光通信可以扩展到人机界面,因为对于人类而言,图像更为直观。这个称为"光学摄像机通信"(OCC)的特定领域是 IEEE 802.15.7r1 中问题标准化的候选对象。

本节介绍了智能 CMOS 图像传感器在信息和通信领域的应用。首先介绍无线光通信的主题,然后介绍"光学识别"(ID)标签。

5.2.1 无线光通信

无线光通信或自由空间光学通信相对于使用光学纤维和 RF 的常规通信具有优势,原因如下：

(1) 建立光无线系统仅需较小成本，这意味着此类系统可用于建筑物之间的通信。

(2) 它在 Gb/s 级的高速通信领域也有很大的潜能[491]。

(3) 它受其他电子设备干扰的影响较小，这对于医院中某些应用来说很重要，这些应用对于植入了诸如心脏起搏器之类的电子医疗设备的人来说尤为重要。

(4) 由于变化小，安全性高。

(5) 它可以与多色 LED 一起使用波分复用(WDM)技术。

(6) 它可以与成像同时使用，这表明了创建具有光通信功能的智能 CMOS 图像传感器的可能性，这将在后面提到。

从应用方面来分析，可以将无线光通信分为三类：

第一类系统是用在户外或者超过 10m 距离的无线光通信。主要的应用目标是建筑内的局域网(LAN)，自由空间中的光束可以高数据速率连接建筑物的两个点。这个系统的另外一个应用是工厂中的局域网，低电磁干扰(EMI)和安装方便的特点非常适合在嘈杂的环境下的工厂中使用。这些应用的很多产品已经实现了商用化。

第二类系统是近距离光通信。红外数据通信及与其相关的都属于这一类，由于 LED 速率的限制[432]，所以数据速率不是很快。这种系统可以与射频无线通信(如蓝牙)相媲美。

第三类系统是室内无线光通信。与第二类系统相似，但是主要应用于局域网，至少有 10MHz 的数据速率。这样的室内无线光系统已经实现了比较有限的商用化[433]。如图 5.1 所示，一个在室内使用的无线光通信系统，这个系统由安装在天花板上的枢纽站和位于电脑旁边的几个节点站组成。它是一对多的通信架构，而室外的多是一对一的通信架构，这种一对多的架构容易产生一些问题。例如，为了节点能够找到枢纽中心，枢纽中心需要配备一个可移动的、笨重的、带有光接收器的光学装置，也就意味着节点站的规模相对较大。但是，由于系统在室内使用，枢纽中心和节点的大小至关重要，不应过大。

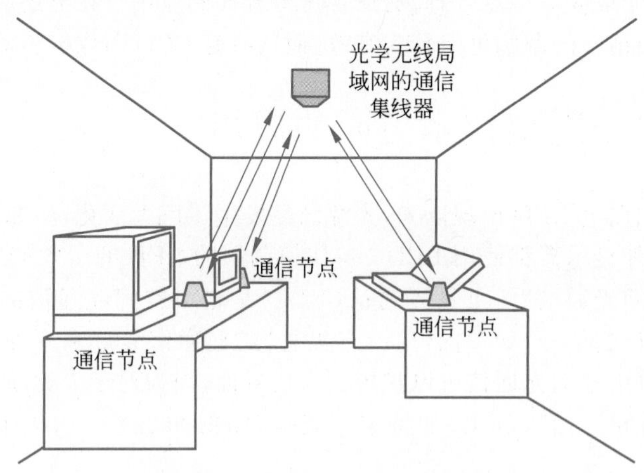

图 5.1 室内无线光通信系统示例

注：集线器安装在天花板上，计算机附近有几个节点站，以帮助它们与集线器通信。

包括蓝色和白色在内的 LED 的快速发展，使一种称为可见光通信的新型室内无线光通信成为可能[490]。标准 IEEE 802.15.7 支持 VLC，具有高达 96 Mb/s 的高数据速率[494]。许多使用这一概念的应用已经被提出并开发，例如，室内的白色 LED 灯可被用作收发器，汽车上的 LED 可以用来与其他汽车和交通灯进行通信，如图 5.2 所示。已经有研究人员通过使用 LED 开发出室内使用的高速 VLC[491,496-497]。这些应用都与 5.2.2 节中的光学识别标签紧密相关。

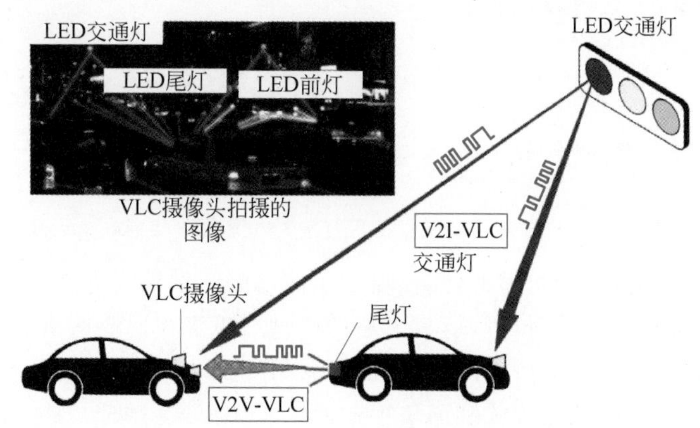

图 5.2 汽车运输光通信的概念示意图[495]

注：VLC—可见光通信；V2I—车辆与基础设施；V2V—车与车。

在光学无线通信中，使用二维检测器阵列不仅可以提高接收器效率[498]，而且可以将图像本身用于数据通信，并且非常有效。用智能 CMOS 图像传感器取代这种二维探测阵列进行快速无线光通信有很多优势，NAIST[499-502] 和加州大学伯克利分校[503] 已经提出并验证了这种传感器。加州大学伯克利分校致力于研究小型无人机之间的通信[503-504]，它相对室内通信来说具有更长的室外通信距离。

无线光通信的另一个应用是在汽车运输系统中，如图 5.2 所示。这一应用是由庆应义塾大学、名古屋大学的研究人员以及丰田与静冈大学的合作小组开发的[495,505-507]。注意，传统的 CMOS 图像传感器以累积模式工作，因此难以将它们直接应用于高速信号检测。下面首先详细介绍一种新的室内无线光局域网方案，其中利用了基于图像传感器的光接收器。光电二极管可用于累积和直接光电流模式。其次介绍专用于汽车运输通信系统的 CMOS 图像传感器。这些传感器与专门为此开发的光探测器配合使用，可以探测高速调制的光信号。其中引入了两种类型的像素：一种用于获取图像；另一种用于探测快速调制的光信号。

5.2.1.1 局域网的无线光通信

在室内光学无线局域网中，智能 CMOS 图像传感器用作光接收器，这与探测中心和节点的通信模块位置的二维位置感应装置一样。相比之下，在传统的系统中一个或者多个光电二极管用来探测光信号。

图 5.3 对比了所提出的室内光无线局域网和传统的系统。在光无线局域网中，光学信号必须准确地向目标传输，从而实现以特定的光输入功率入射到光探测器，因此通信模块的位置检测和光线的校准非常重要。如图 5.3(a)所示，在自动节点探测的无线光局域网系统中，具有光探测功能的机械式扫描系统被安装在枢纽站，以寻找节点。然而，为了获得足够的光功率，聚焦透镜的直径必须很大，这会使扫描系统的体积很庞大。另外，如前面所述，研究人员使用智能图像传感器作为光接收器，如图 5.3(b)所示。

这种方法有几个非常好的无线光局域系统的特征。因为图像传感器可以捕捉通信模块

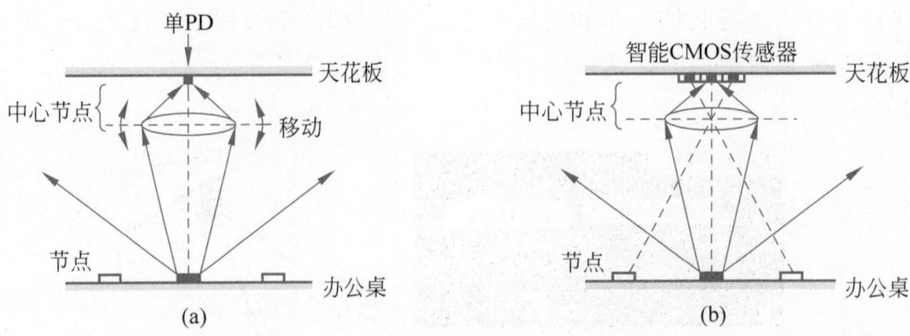

图 5.3 传统的室内无线光局域网系统和使用智能 CMOS 图像传感器的无线光局域网系统

的周围环境，并且无须额外的机械部件，仅仅使用简单的图像识别算法就可以得出其他模块的位置。此外，图像传感器本身可以通过大量的微型二极管并行地捕捉多个光信号。所以，当图像传感器有足够的空间分辨率时，独立的像素可以探测不同的模块。

这种传感器有图像传感器模式和通信模式两个工作模式。如图 5.4(a)所示，枢纽中心和节点工作在图像传感器工作模式下，它们传输漫射光来进行相互识别，为了尽可能地覆盖对应目标存在的区域，漫射光所采用的辐射角度范围为 2θ。因为对应目标的光功率探测信号通常比较微弱，所以在图像传感器工作模式下进行探测非常有效。值得一提的是，在传统的系统中，光收发器需要通过摆动笨重的光学仪器扫描房间里其他的收发器，这既耗时又费电。

如图 5.4(b)所示，在图像传感器工作模式下指定位置后，中心和节点的传感器工作模式转变为通信工作模式，它们向对应目标的方向发出带有通信数据的窄平行光束。在通信工作模式下，光电流直接读出，而不需要经过接收光信号的特定像素的时间整合。在通信模块和接收电路区域中使用平行光束能够降低功耗，这是因为发射极的输出功耗和光接收器的增益减少了。

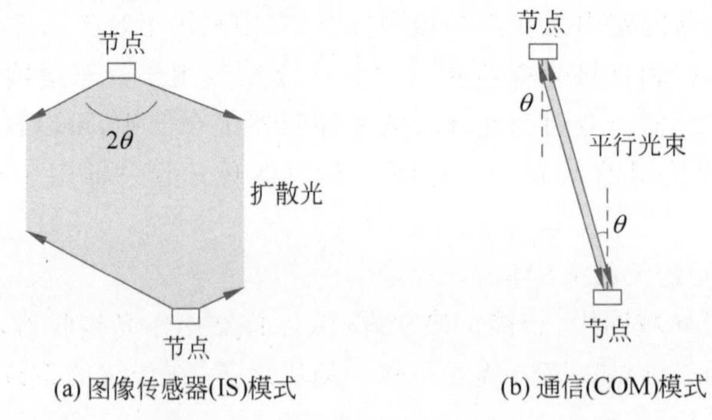

图 5.4 传感器中的两种模式（经允许修改自文献[499]）

使用智能 CMOS 图像传感器的系统还有一个好处，它们可以采用空分复用(SDM)技术增加通信带宽，图 5.5 显示了系统中的空分复用技术。当来自不同通信模块的光信号被独立的像素接收之后，在读出行中分开读出，可以对多个模块的并行数据进行采集。因此，中心下行线的总带宽随读出行数的增加而成比例地增加。

为了读出通信模式下的光电流，可以使用集中读出的方式，如图 5.5(b)所示。因为光点的大小是有限的，所以来自通信模块的光信号被一个或者几个像素接收到。像素接收光

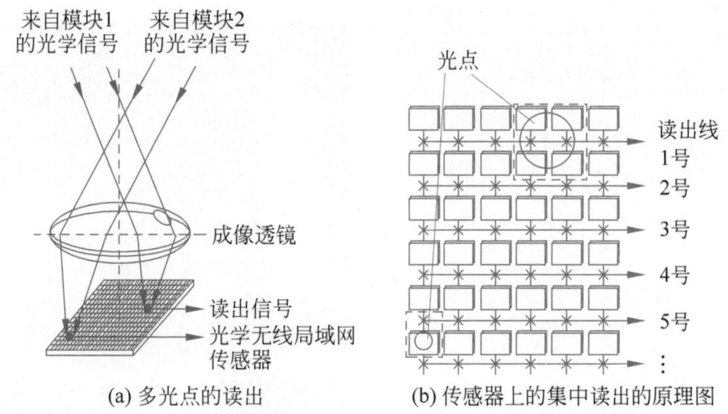

图 5.5 使用集中读出的传感器进行空分复用的示意图(经允许修改自文献[499])

信号后,产生放大的光电流,汇集在相同的读出行中。这些读出行用于通信模式,所以信号电平并不会减小。

图 5.6 显示了像素电路,该电路包括一个 3T-APS、一个跨阻放大器(TIA)、模数转换电路和一个锁存器。为了能够切换 COM/IS 模式,锁存器中写入了一个高/低信号。跨阻放大器的输出转换为一个电流信号并与相邻像素的信号进行加和。如图 5.6 所示,每个像素分布在左右两边数据输出线,并与上述信号集中读出。电流信号流的总和输入到列线,通过 TIA 转换并通过主放大器进行放大。

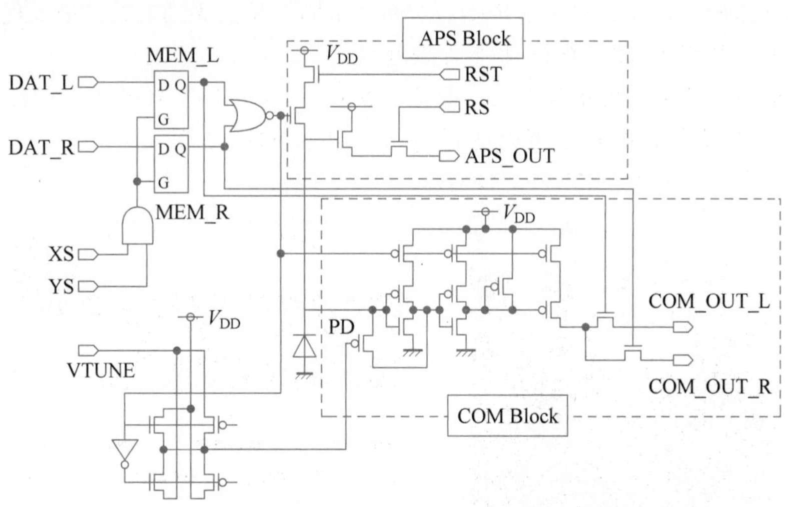

图 5.6 用于室内无线光局域网的智能 CMOS 图像传感器的像素电路[499]

注:它由一个用于图像传感的 APS 模块和一个用于光信号高速检测的 COM 模块组成。

室内光无线局域网中使用的传感器的框图如图 5.7(a)所示。该传感器具有一个图像输出和四路数据输出,通过 S/H 电路读取图像。该芯片具有 4 个用于 COM 模式的独立数据输出通道,它采用标准的 0.35μm CMOS 技术制造,制成的芯片的显微照片如图 5.7(b)所示。

图 5.8 显示了使用制作的传感器进行成像和通信的实验结果。对波长 830nm 的感光灵敏度是 70V/(s·mW),接收到的波形如图 5.8 所示。传感器对 650nm 波长的光的接收

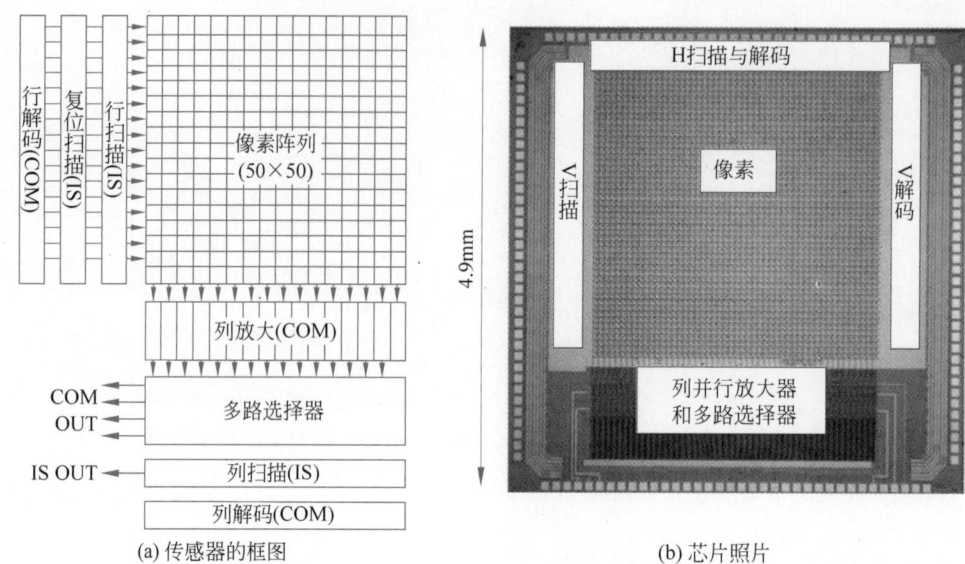

(a) 传感器的框图 (b) 芯片照片

图 5.7 用于室内无线光局域网的智能 CMOS 图像传感器（图片经允许引自文献[500]）

速率可以达到 50Mb/s，对波长 830nm 的光可达到 30Mb/s。在该传感器中，使强激光入射到一些像素上从而实现快速通信，同时其他像素工作在图像感知模式下。激光束入射到传感器上产生大量的光生载流子，它们根据波长漂移很长的距离，一些光生载流子进入光电二极管从而影响图像。图 5.9 显示了传感器对两个不同波长的光的有效扩散长度测量实验结果。正如 2.2.2 节所述，波长越长，扩散距离越长。

提高通信数据速率需要更加深入的研究。采用 0.8μm BiCMOS 工艺的传感器的实验结果显示，每个通道的数据速率可以达到 400Mb/s。并且，已经发明出了引入波分复用技术的系统[501-502]，这种系统可以提高数据速率。

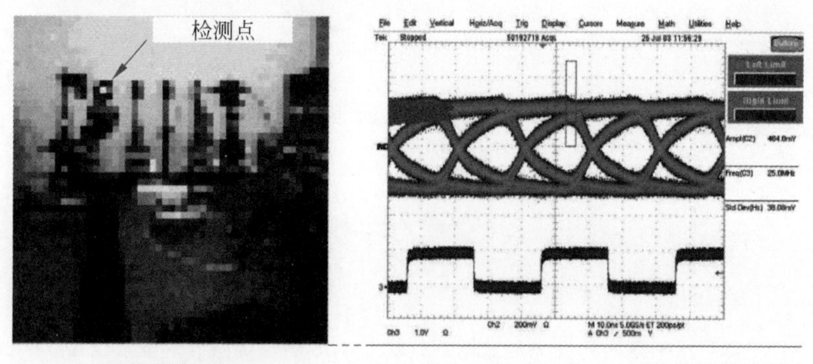

(a) 捕获的图像 (b) 波长830nm光环境下30Mb/s速率的感知模式

图 5.8 智能 CMOS 图像传感器的实验结果（经允许修改自文献[500]）

5.2.1.2 汽车运输系统中的无线光通信应用

无线光通信可用于汽车运输系统，如图 5.10 所示。安装在汽车中的智能 CMOS 图像传感器可以检测和调制来自信号灯的信号，并从调制后的信号解调出数据。如 4.5 节所述，已经有研究人员开发了几种检测调制信号的方法。

智能 CMOS 图像传感器已被开发用于检测调制信号，并且以常规方式获取图

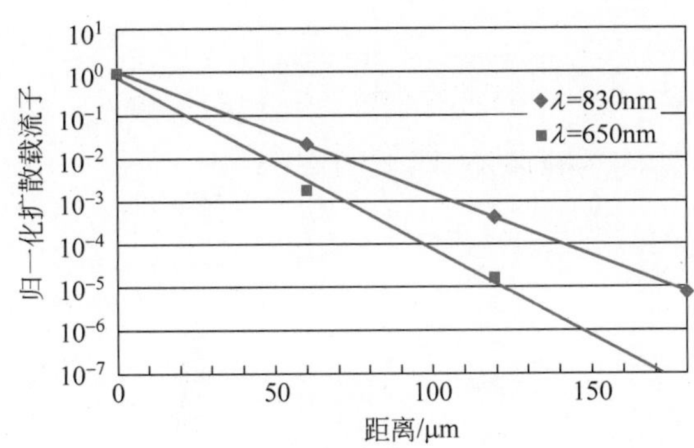

图 5.9 像素中扩散载流子的测量数量(经允许修改自文献[500])

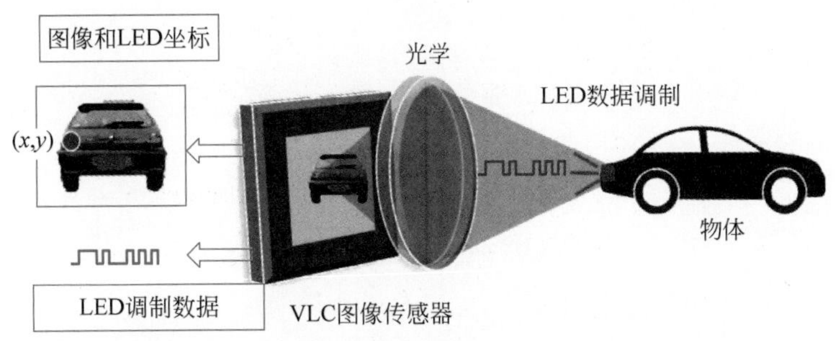

图 5.10 使用智能 CMOS 图像传感器的可见光通信

注：来自 LED 的光经过调制以承载数据，智能图像传感器可以检测调制数据并在一个芯片中捕获图像。

像[495,506-507]。注意，调制信号速度很快，以至于难以通过使用常规图像传感器来检测这种高速信号。在该传感器中，用于获取图像的像素和用于快速光通信的像素位于相邻列中，如图 5.11 所示[507]。

第一步是找出所采集图像中的调制光信号。通过使用比较器和放置在每一列中的锁存器，将标记图片输出为一位图像，并对其进行处理以检测图像中的调制光信号。下一步是为已调制的光信号分配 ROI(3×3 像素)并激活通信像素(3×3 像素)。为了实现对高速调制光信号的检测，图 5.12 中显示了一个像素，该像素内置在内部电场中，该电场使光生电子快速漂移。溢出的电子被扫出到溢出漏。

5.2.2 光学识别标签

大型户外 LED 显示屏以及白色 LED 灯等的普及促进了 LED 应用到空间光通信系统接收机中的研发，可见光通信就是这样一个系统[409,508]，这项应用在 5.2.1 节进行了介绍。

另一种应用是把 LED 作为一个高速调制器来发送 ID 信号的光学识别标签。如图 5.13 所示，已经有研究人员提出并开发了将光学 ID 标签与图像传感器结合使用的增强现实(AR)技术。但是，传统的 CMOS 图像传感器只能以约 10b/s 的数据速率检测 LED 信号[509]。

有两种方法可以克服数据速率限制：第一种方法是将传统的图像传感器与 WDM 或多色 LED 一起使用。Picapicamera 或 Picalico[510-512] 和 FlowSign Light[513-514] 中使用了该方法。此外，传统的 CMOS 图像传感器引入了多重采样技术，如 LinkRay [515-517]。

第二种方法是使用专用于检测 LED 调制信号的智能 CMOS 图像传感器，例如 ID

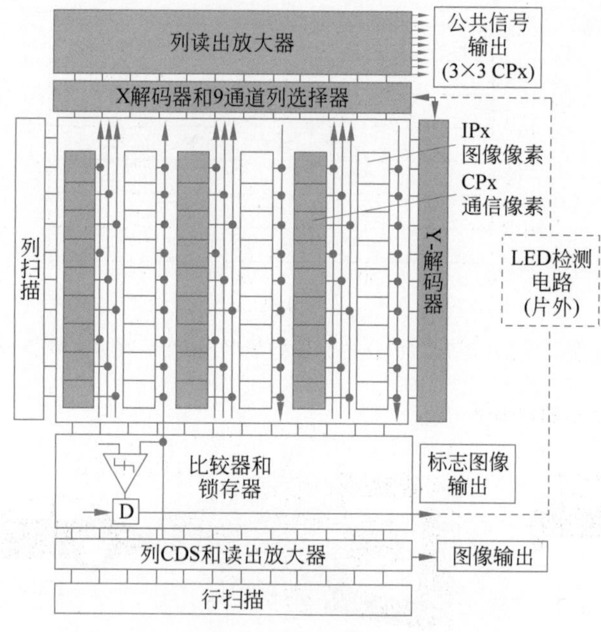

图 5.11　芯片框图[507]

注：白色区域为成像功能，蓝色区域为光通信功能。

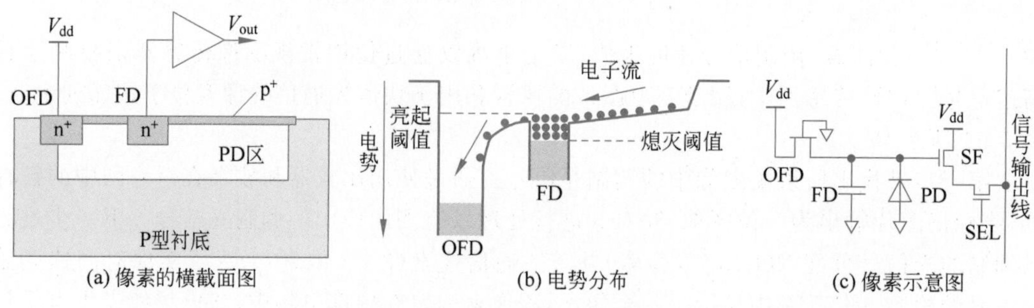

图 5.12　用于光通信的像素[507]

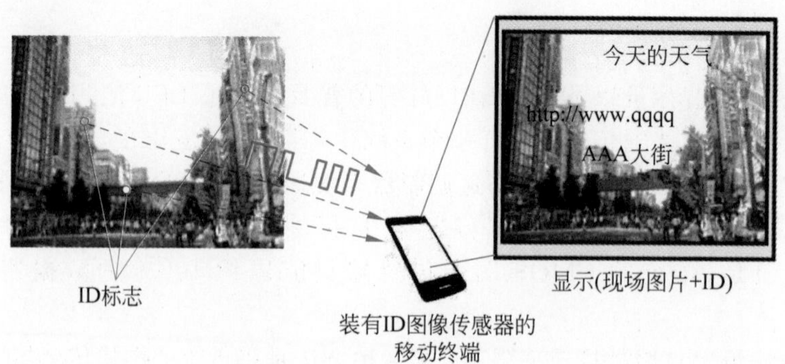

图 5.13　光学识别标签的概念

注：大型 LED 显示屏上的 LED 被用作光学识别标签，识别数据显示在用户拍摄的图像上。

cam[168,518-519]、OptNavi[520-525]等。

5.2.2.1 具有常规 CMOS 图像传感器的光学识别标签

已经有研究人员开发出了使用常规 CMOS 图像传感器的光学 ID 标签系统。为了将传统的 CMOS 图像传感器应用于检测光学 ID 信号，LinkRay 在传统的 CMOS 图像传感器中使用了滚筒式曝光机制，如图 5.14 所示[516]，Danakis 等也证明了类似的方法[517]，该方法可以达到每秒几千比特的数据速率。Picapicamera 应用程序使用了 RGB 颜色调制方法，并且实现了大约 10b/s 的数据传输速率[511-512]。尽管 Picapicamera 的数据传输速率不是很高，但可以假定通过将 Picapicamera 与互联网相结合，获得丰富的内容。FlowSign Light 还使用 LED 的颜色调制，并达到 10b/s 的比特率，类似于 Picapicamera[514]。尽管这些方法适用于智能电话，但是它们同样具有数据传输速率的限制。

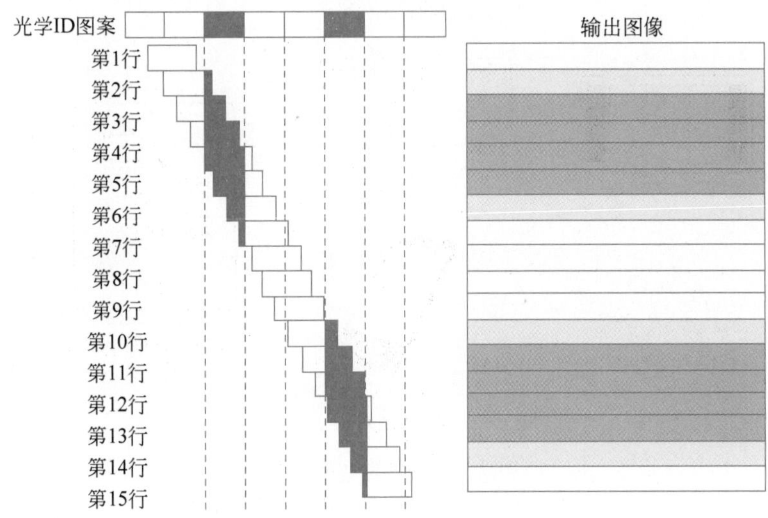

图 5.14 带有常规 CMOS 图像传感器的光学识别标签[516]

5.2.2.2 带有智能 CMOS 图像传感器的光学 ID 标签

由索尼公司的 Matsushita 等提出的 ID cam 使用有源 LED 源作为信标，并带有专用的智能 CMOS 图像传感器来解码传输的 ID 数据[168]。稍后将介绍 ID cam 中使用的智能传感器。

OptNavi 是由 NAIST 的课题组提出的，旨在用于手机以及 ID cam[520,526-527]。这些系统的一种典型应用是大型 LED 显示屏上的光信标 LED，如图 5.13 所示。在这种情况下，LED 显示屏发送自己的身份识别标签信号，当用户使用可以解码这些身份识别标签信号的智能 CMOS 图像传感器拍摄图像时，解码后的数据会显示在用户界面上，如图 5.13 所示。用户可以 AR 的形式轻松获取有关显示器内容的信息。

OptNavi 另一种可供选择的应用是可视化遥控器，用于在将物联网(IoT)的网络中的电子设备连接在一起。已建议 OptNavi 系统用于人机界面以可视化方式控制联网设备。在该系统中，将带有自定义图像传感器的手机用作交互端，智能手机配备了大显示屏、数码相机、IrDA[528]、蓝牙[529]等。在 OptNavi 系统中，家庭网络设备(如 DVD 刻录机、TV 和 PC)配备了 LED，以约 500 Hz 的频率传输 ID 信号。图像传感器可以接收具有多个 ROI 的高速读数的身份识别数据。图 5.15 显示了接收到的身份识别数据和传感器捕获的叠加背景图像，借助 OptNavi 系统，可以通过在手机显示屏上直观地查看这些电器并控制它们。

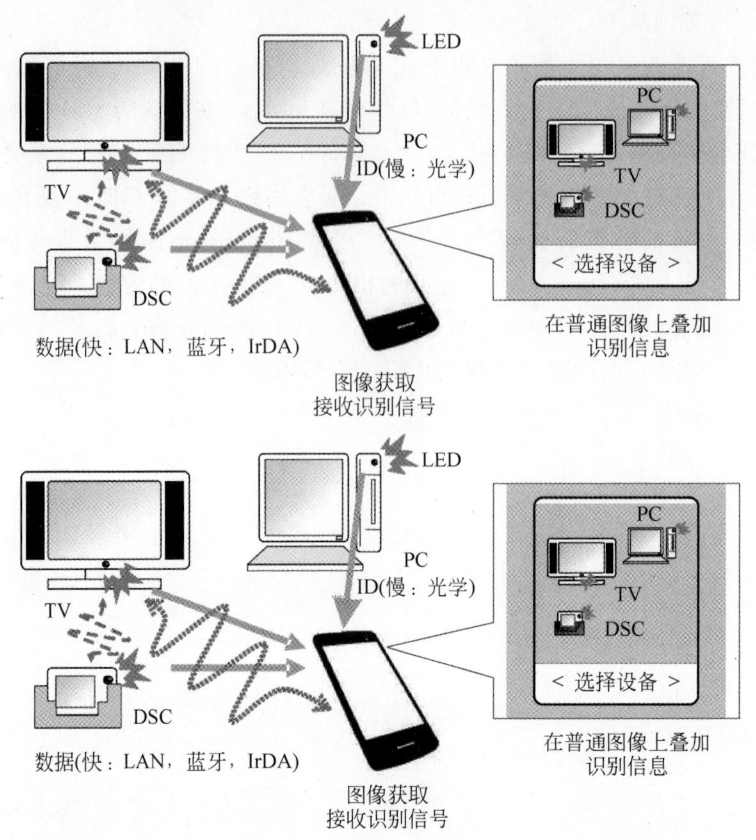

图 5.15 OptNavi 的概念

注：专用的智能 CMOS 图像传感器检测和解码家用电器的光学识别标签，解码的结果叠加在传感器采集的图像上。

由于传统的图像传感器以 30 帧/s 的速率捕捉图像，所以它不能收到 kHz 速率的光学识别信号。因此，可接收识别信号对于自定义图像传感器来讲是非常必要的。表 5.1 中显示了目前已经提出并验证的专用于光学识别标签的智能 CMOS 图像传感器[168,478,523-527,530]。这些传感器以较高的帧频速率接收识别标签信号。索尼公司的 S. Yoshimura 等证实了图像传感器的所有高速读出操作的像素和传统的 CMOS 图像传感器具有相同的像素架构[168,478]，这些传感器都非常适合高的分辨率。东京大学的 Oike 等已经证实了通过以传统的帧频速率捕捉图像的传感器可以接收高精度的识别标签信号。J. Deguchi 等展示了一种高清 CMOS 图像传感器，该传感器在行方向多次接收具有扫描 ROI 的 ID 信号[525]。通过引入这种多行复用扫描方法，像素的结构几乎与常规 CMOS 图像传感器相同，因此像素尺寸可以缩小到 2.2μm×2.2μm。

表 5.1 用于光学识别标签的智能 CMOS 图像传感器的规格

机　　构	索　　尼	东京大学	NAIST	东　　芝
参考文献	[478]	[523]	[526]	[525]
ID 检查	高速读出像素	像素内 ID 接收	多个 ROI 读出	多行复用扫描

续表

机　　构	索　　尼	东京大学	NAIST	东　　芝
工艺	0.35μm	0.35μm	0.35μm	0.13μm
像素尺寸	11.2μm×11.2μm	26μm×26μm	7.5μm×7.5μm	2.2μm×2.2μm
像素数目	320×240	128×128	320×240	1720×832
特征频率	14.2k 帧/s	80k 帧/s	1.2k 帧/s	30 帧/s
比特率	120 帧/s	4.85 帧/s	4k 帧/s	7.92k 帧/s
功耗	82mW(@3.3k 帧/s, 3.3V)	682mW(@4.2V)	3.6mW(@3.3V,w/o ADC,TG)	472mW(w/ADC)

所有像素的高速读出电路都会引起大的功率消耗。NAIST 课题组已经提出了一种专用于光学识别标签的图像传感器,它可以利用单像素电路实现低功耗的高速读出。在该读出方案中,传感器以传统的视频帧频速率捕捉正常的图像,同时捕捉多个 ROI,它可以高速的帧频速率接收识别标签信号。为了定位传感器中的 ROI,引入了一个 5Hz 的低频光学控制信号,如图 5.16 所示,传感器可以利用帧差法很容易地识别这个信号。

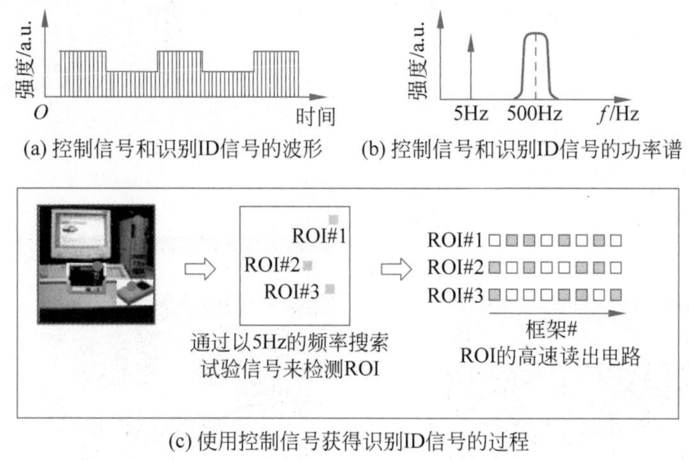

(a) 控制信号和识别ID信号的波形　(b) 控制信号和识别ID信号的功率谱

(c) 使用控制信号获得识别ID信号的过程

图 5.16　使用低频的控制信号检测 ID 位置的方法[527]

如图 5.17(a)所示的传感器的框图,为了高速读出 ROI 和切断 ROI 外像素的电源供应,传感器是以识别标签的映射表进行工作的,即以 1 位的存储数组形式存储识别标签位置信息。如图 5.17(b)所示,这个像素电路很简单,与传统的 3T-APS 相比,它的列复位只有一个额外的晶体管。如 2.6.1 节所述,这个晶体管必须嵌入在复位线与复位晶体管的栅极之间。这个晶体管用 2.6.1 节所述的复位和随机存储读出 ROI 中的像素值。图 5.17(c)是传感器显微照片。

图 5.18(a)显示了以 30 帧/s 速率捕捉到的正常图像,图 5.18(b)和图 5.18(c)显示了识别检测的实验结果。识别信号从 3 个 LED 模块中以调制到 500Hz 的 8 位微分编码进行传输。每个识别信号有 36 帧的 ROI 图像,每帧图像由 5×5 像素构成,当捕捉到整幅图像的一帧后就会检测识别信号,如图 5.18(c)所示。ROI 图像的这种模式成功地验证了对每个识别信号的检测。

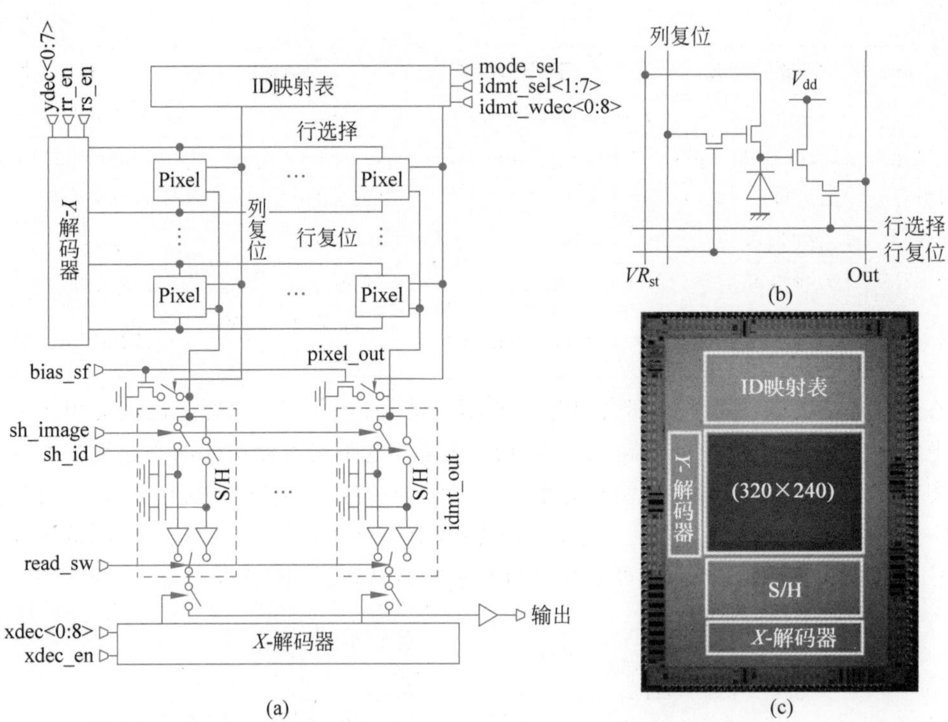

图 5.17　智能 CMOS 图像传感器的多个 ROI 的快速读出电路框图和像素电路，用于光学识别标签的智能 CMOS 图像传感器的显微照片及芯片照片[526]

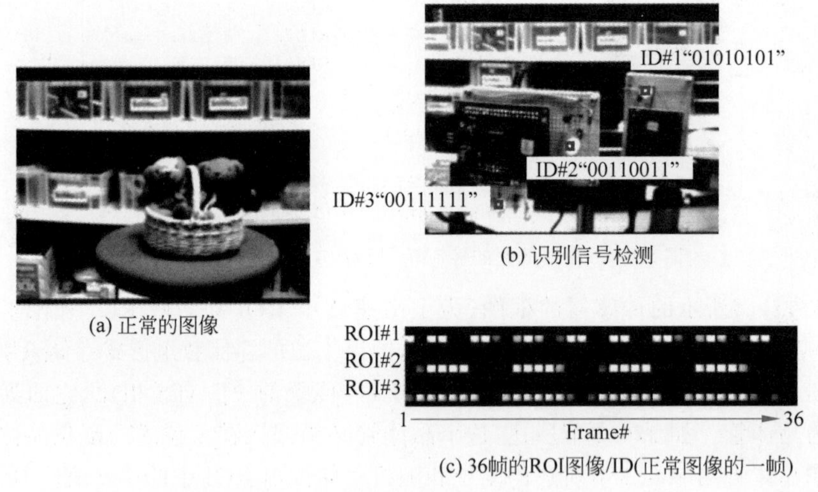

图 5.18　用于光学识别标签的智能 CMOS 图像传感器拍摄的图像（经允许修改自文献[526]）

5.3　化学工程方面的应用

化学工程方面应用的 CMOS 图像传感器主要用于成像化学参数，例如光学活性（手性）和 pH。本节首先介绍用于检测光学活性的智能 CMOS 图像传感器（传感器的基本结构已在 3.4.5 节介绍过）；其次介绍 pH 成像传感器，pH 成像传感器可通过改变传感区域的接收光敏度，用于检测化学物质，例如乙酰胆碱。

5.3.1 旋光性成像

3.4.5 节提到了偏振图像传感器。在本节中，旋光性成像被描述为偏振图像传感器在化学工业中的应用之一。在化学合成中，手性至关重要，例如，光学活性旋光性相同。当线性偏振光进入具有光学活性的溶液时，偏振角旋转 α 如图 5.19 所示。

旋光角在以下条件下定义：

(1) 溶液密度：1g/mL。

(2) 溶液温度：20℃。

(3) 溶剂：水。

(4) 所用光的波长：Na D 线(589nm)。

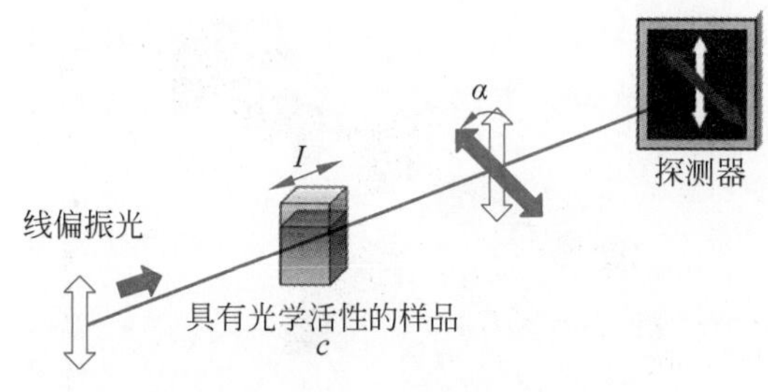

图 5.19 光学活性

当线偏振光进入具有光学活性的样品时，偏振角在样品之后旋转，旋光角为

$$[\alpha]=\frac{100\alpha}{\ell c} \tag{5.1}$$

式中：ℓ 为样品长度(mm)；c 为样品密度(g/mL)。

一般来说，α 是用旋光计测量的。在偏振计中，需要旋转偏振器以找出旋光角。由于其体积大，需要花费较多时间来测量。通过使用偏振检测图像传感器(3.4.5 节提到过)，α 可以在特定时间获得。在偏振计中偏振角随时间变化，而在偏振检测图像传感器中偏振角在空间中变化，如图 3.43(b)所示。偏振检测图像传感器可以实时监测化学反应过程中的旋光性。此功能可以提供化学反应的实时反馈。

通过使用图 5.20 所示的传感器，可以监测实际的化学反应[531]。在该传感器中，像素可以具有(或不具有)金属线栅，并且通过使用不具有线栅的像素，可以同时用 α 测量光吸收率，这种多模式测量也是智能 CMOS 图像传感器的优势。图 5.21 显示了偏振检测系统的实验装置和使用偏振检测图像传感器的光吸收率，手性化学溶液被送入光电池。图 5.22 显示了使用偏振检测图像传感器获得的典型实验结果，图中偏振旋转角和吸光度的数据值随时间变化。当产物开始流动时，α 开始改变，同时吸光度改变。这些结果清楚地证明了偏振检测图像传感器对于光学活性的实时监测的有效性。

5.3.2 pH 成像传感器

本节介绍智能 CMOS 图像传感器在 pH 值或质子成像中的应用。测量 pH 值对于水、食物和土壤的质量监控非常重要。传统的 pH 计可以测量一个点的 pH 值，而 pH 值图像传

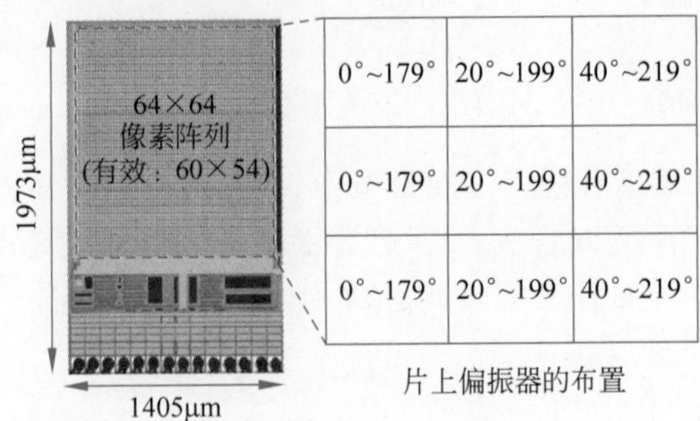

图 5.20　偏振检测图像传感器的芯片照片[531]

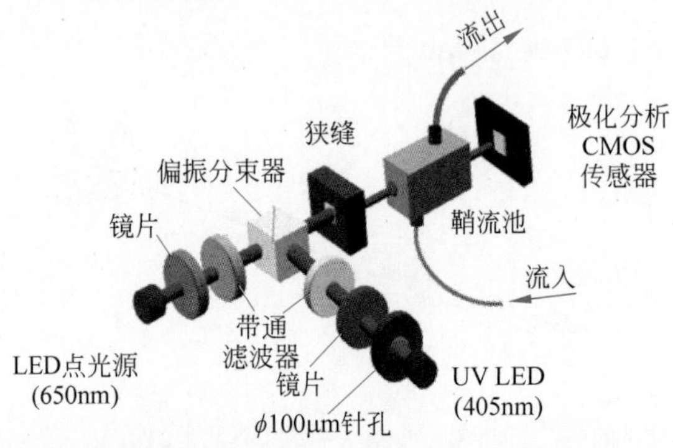

图 5.21　使用偏振检测图像传感器的光学旋转角测量的实验系统，同时测量吸光度

注：红色 LED 用于偏振角测量，而紫外线（UV）LED 用于光吸收率测量。

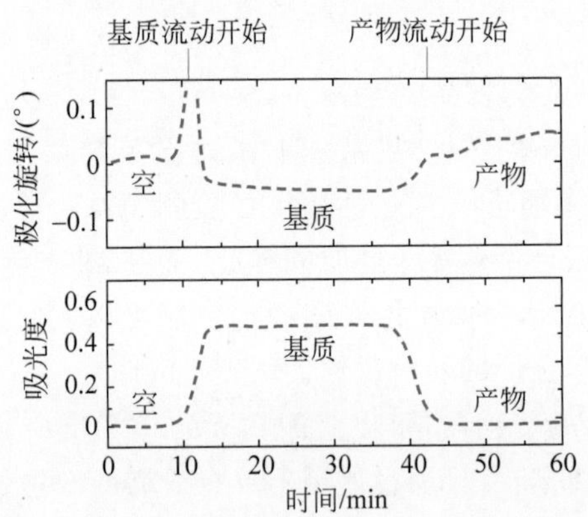

图 5.22　在化学反应中的旋光角和吸光度的实验结果（经允许修改自文献[531]）

注：该实验中使用了偏振检测图像传感器。

感器可以测量二维 pH 值分布并实时监控。这里介绍了两种类型的智能图像传感器：一种是光寻址电位传感器（LAPS）；另一种是离子敏感场效应晶体管（ISFET）的 pH 成像传感器。

5.3.2.1　光寻址电位传感器

光寻址电位传感器最早由 D. G. Hafeman 等提出并论证[532]，并由 Yoshinobu 等开发[533-536]。光寻址电位传感器的结构基于电解质-绝缘体-半导体（EIS）结构，如图 5.23 所示。

电解质中 pH 值的变化会调节半导体的表面电位。通过用调制光照射半导体的背面

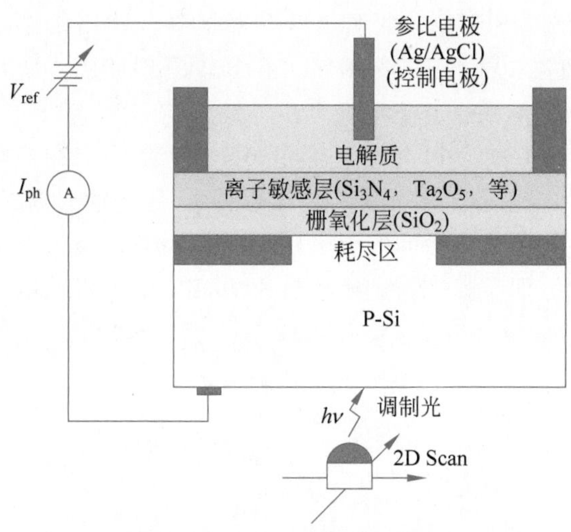

图 5.23 光寻址电位传感器

(在本例中为 Si)，可以调制光电流流过。通过测量光电流，可以估计 pH 值[536]。通过用调制光源进行二维扫描，可以获得 pH 值的二维图像。

5.3.2.2 基于 ISFET 的具有累积态的 pH 值传感器

ISFET 是上述电解质-绝缘体-半导体电容结构的一种变体[537-539]。正如 MOSFET 是具有源极和漏极触点的 MOS 电容器结构一样，ISFET 是具有源极和漏极触点的电解质-绝缘体-半导体电容器结构，如图 5.24 所示。在 ISFET 中，阈值电压通过溶液中电荷量的变化或 pH 值的变化 ΔV_{pH} 进行调制。ΔV_{pH} 遵循能斯特方程：

$$\Delta V_{\mathrm{pH}} = \frac{RT}{F}\ln\frac{a_{\mathrm{H}^+}^{\mathrm{I}}}{a_{\mathrm{H}^+}^{\mathrm{II}}} \tag{5.2}$$

$$\approx 60\mathrm{mV}/\Delta\mathrm{pH}$$

式中：R、F 和 T 分别为气体常数、法拉第常数和热力学温度。$a_{\mathrm{H}^+}^{i}$ 为质子 H^+ 在 $i(i=\mathrm{I},\mathrm{II})$ 区域的活性。式(5.2)的第二式显示了 pH 检测系统灵敏度的局限性。

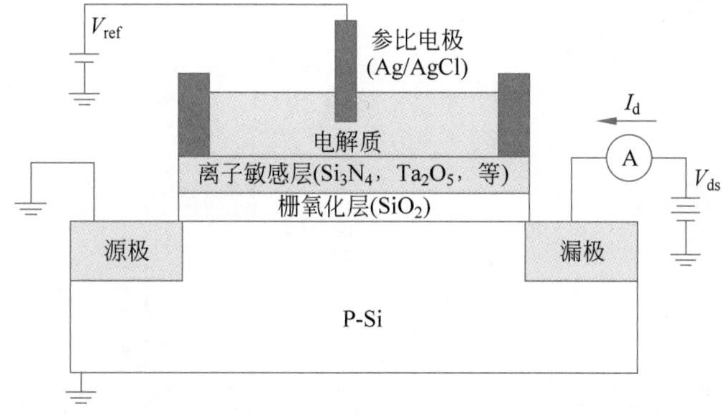

图 5.24 ISFET 的结构

为了扩展能斯特方程的局限性，引入了图像传感器中的累积态[540,541]，如图 5.25(a)所示。结构类似于 ISFET，但是在离子敏感层的每一侧都设有栅电极，一个称为输入极，而另一个称为输出极。另外，ISFET 中的源极区和漏极区分别用作输入二极管和浮置扩散。漏极区连接到源极跟随器，类似于 4T-APS。其工作原理如图 5.25(b)中的步骤①[541]，ISFET 中的电势由溶液中的质子或正电荷产生。此外，在该传感器中，半导体表面势由 pH 值产生。在图 5.25(b)的步骤①中，电势是通过 pH 值产生的；在步骤②中，在输入二极管注入电子之后，电子流入电位区域并填充；在步骤③中，关闭输入栅极，从而隔离电势区域；在步骤④中，打开输出门，施加足够的栅极电压，以便将电势区域中的所有电子送入 FD；最后，状态返回到初始步骤，即步骤①。重复此过程后，FD 中会累积电势中的电子数量，因此总 SNR 随 $\sqrt{N}$ 增加，其中 N 是重复次数。该方法克服了能斯特方程的局限性。

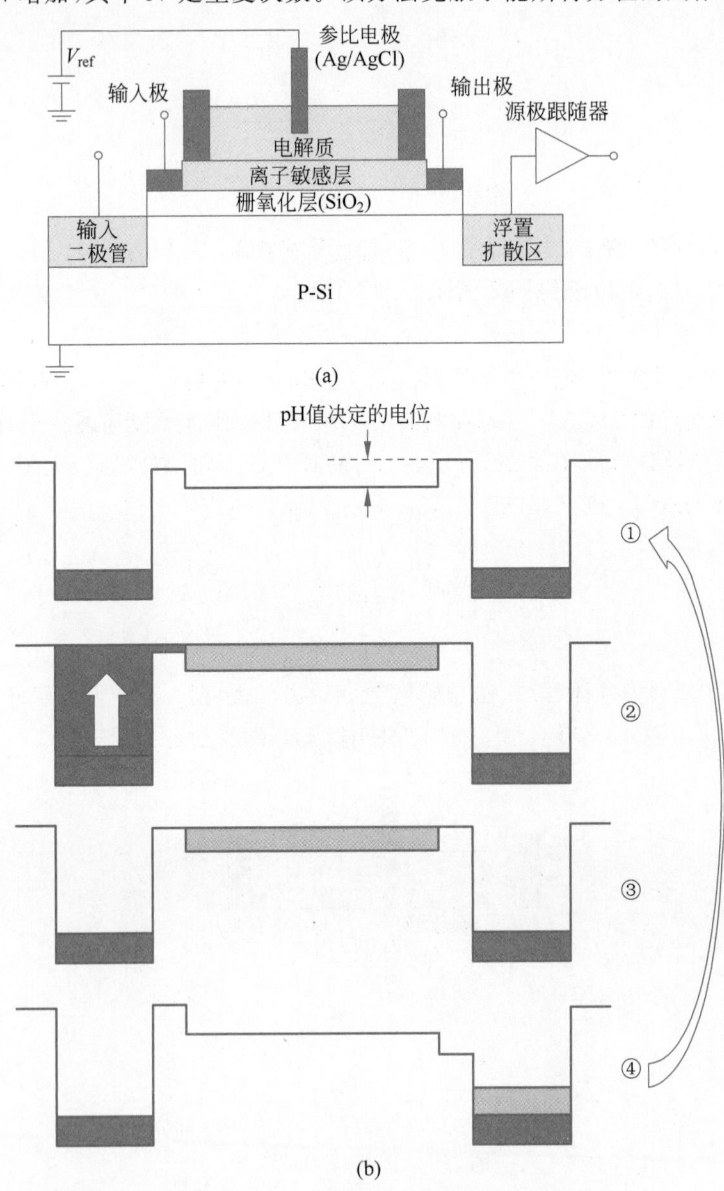

图 5.25 使用累积态的 pH 图像传感器的结构和操作顺序[541]

5.4 生物科学与生物技术方面的应用

本节将介绍用于生物科学与生物技术的智能 CMOS 图像传感器。荧光检测是一种广泛使用的生物测量技术，它是由安装在光学显微镜系统上的 CCD 摄像头进行测量的，这已经被确定为一个采用智能 CMOS 图像传感器有效成型的应用。将智能 CMOS 图像传感器引入生物科学和生物技术可以带来集成功能和小型化的好处。针对这些应用，介绍智能 CMOS 图像传感器的三种应用，即附着型、片上型和植入型，如图 5.26 所示。

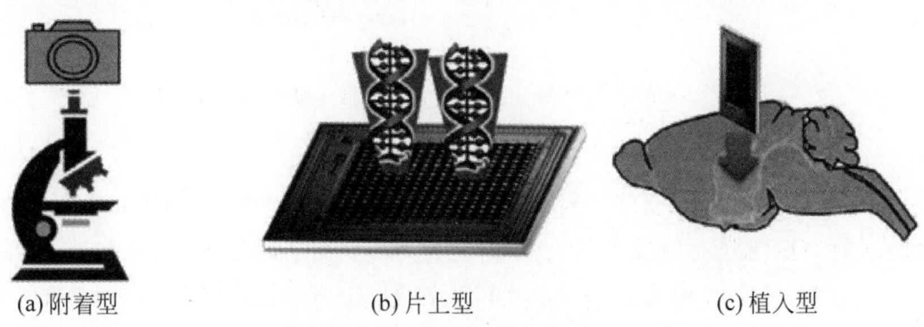

图 5.26 使用智能 CMOS 图像传感器的生物应用

如图 5.26(a)所示的附着型，可以将具有高速响应的智能 CMOS 图像传感器应用于检测荧光寿命，这称为荧光寿命成像显微镜(FLIM)。与此示例类似，与常规光学设备(如光学显微镜)一起使用的智能 CMOS 图像传感器适用于生物科学和生物技术应用。

如图 5.26(b)所示的片上型[371,542-546]，意味着可以将样品直接放在芯片表面上并进行测量。这种配置将使直接访问标本变得容易，因此可以测量荧光、电势、pH[545]和电化学参数之类的参数。集成功能是智能 CMOS 图像传感器的重要功能，这些功能不仅可以实现高 SNR 测量，还可以实现功能测量。例如，可以将电仿真集成到传感器中，以便可以通过细胞刺激引起荧光，这是片上电生理测量。

通过小型化，可以减小感测系统的总尺寸。这种小型化使得可以对感测系统进行植入。而且，由于整个系统尺寸的减小增强了其可移动性，因此可以进行按地测量。这是第三种类型，即图 5.26(c)所示的植入型，此示例涉及在小鼠大脑中植入智能 CMOS 传感器。在这种情况下，传感器要足够小，可以插入小鼠的大脑，传感器可以在大脑内部检测到荧光并刺激周围的神经元。

本节介绍了三个具有上述优点的示例系统：第一个是带有 CMOS 图像传感器的片上荧光检测，其中每个像素都有堆叠的 PD，以区分激发光和荧光；第二个是多模式图像传感器，它不仅可以拍摄静电图像或电化学图像，还可以执行光学成像[547-549]；第三个是体内(in vivo*)CMOS 图像传感器[550-553]。

5.4.1 附着型

荧光寿命成像显微镜

作为附着型的典型示例，考虑了用于荧光寿命成像显微镜(FLIM)的智能 CMOS 图像传感器。图 5.27 显示了荧光寿命成像显微镜测量的基本结构。

激发光脉冲仅发射非常短的光脉冲。激发光脉冲触发荧光之后，荧光开始衰减并最终

* 体内(in vivo)是指"在一个活的有机体内"。同样地，体外(in vitro)是指"在一个生物体外的人工环境中"。

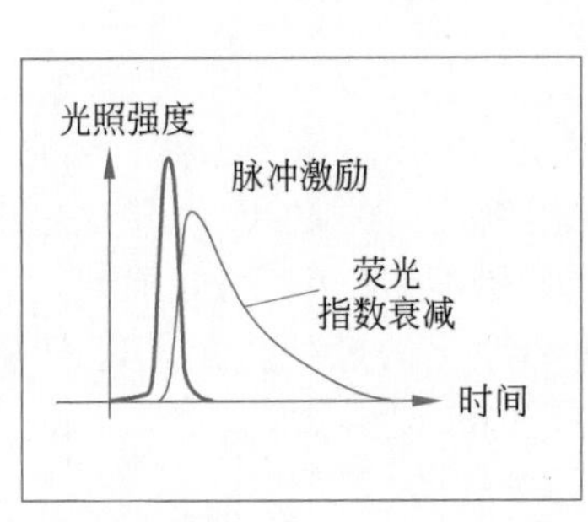

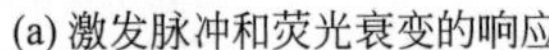
(a) 激发脉冲和荧光衰变的响应

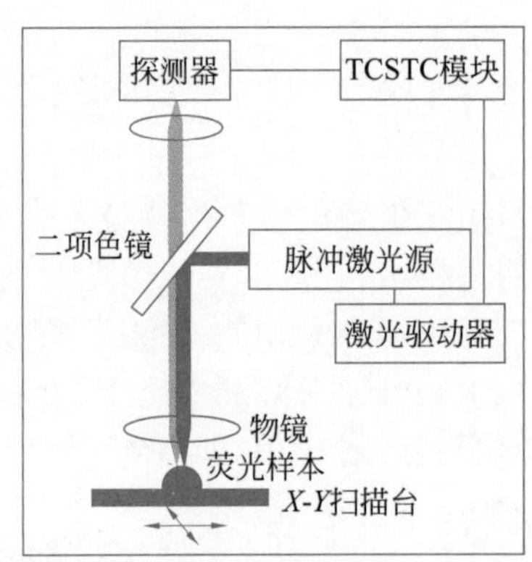

(b) 基本实验设置

图 5.27 FLIM 的基本原理

减小。测量此荧光衰变时间对于神经细胞的分子信息非常重要，这有助于人们了解它们的相应分子结构。由于衰减时间通常很短(约几纳秒)，因此需要具有纳秒级响应时间的高速成像。但是，常规图像传感器的响应时间为毫秒，这意味着使用常规 CMOS 图像传感器测量如此短的衰减时间非常困难。常规的荧光寿命成像显微镜通常使用一个检测器，该检测器通常是雪崩光电二极管，响应时间非常快。时间相关的单光子计数技术用于测量被测脉冲与荧光衰变之间的相关性以及荧光寿命的分布。显然，这是一个非常耗时的过程。

若使用 CMOS 图像传感器而不是仅使用一个检测器，则可以实时获取荧光寿命的分布。一个主要问题是常规 CMOS 图像传感器的响应时间非常慢。如何提高 CMOS 图像传感器的响应速度？3T-APS 的主要速度限制是光电二极管的响应时间，这最终限制了整体读取速度。对于 4T-APS，电荷从光电二极管电容转移到光电二极管过渡时间可能会导致信号读取的额外延迟，最终限制 CMOS 图像传感器的速度。为了提高 CMOS 图像传感器的速度，有两种解决方案：一种是使用快速检测器(例如雪崩光电二极管)，另一种是在电荷转移期间引入漂移机制。

由于雪崩光电二极管的增益是模拟值，因此很难在多个雪崩光电二极管像素上实现均匀的灵敏度。但是单光子雪崩二极管传感器产生数字脉冲，所以单光子雪崩二极管传感器阵列是可以实现的(如 3.2.2.3 节所述)。或者，由于其数字输出，因此可以使用垂直雪崩二极管。通过使用单光子雪崩二极管传感器阵列，可以获得非常快的响应时间，并且可以通过这些短脉冲的延迟来测量 FLIM 信号。为了将单光子雪崩二极管传感器阵列应用于荧光寿命成像显微镜的测量，已经有研究人员开发了时间相关的单光子计数(TCSPC)方法和门窗(GW)方法，图 5.28 显示了两种方法[554]的时序图，单光子计数方法用于常规 FLIM 中。

用于单光子计数法的电路集成在一个像素中，因此像素尺寸变大。另外，每次必须入射单个光子，因此光强度需要较弱。门窗法用于打开和关闭单光子雪崩二极管传感器。若在开启时间光子入射到单光子雪崩二极管，则输出为 1；否则，为 0。通过更改窗口的宽度，可以估算衰减时间。

除单光子雪崩二极管之外，还有另一种方法可用，该方法包括在转移动作过程中引入带有漂移机制的锁定像素(如 3.2.1.4 节所述)。光电二极管的俯视图和横截面图如图 4.12

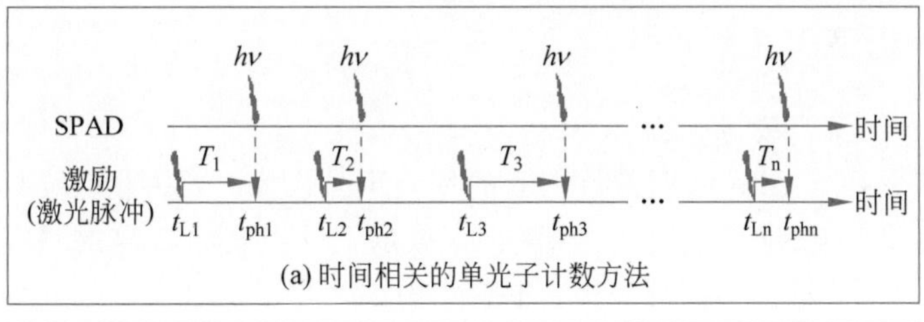

(a) 时间相关的单光子计数方法

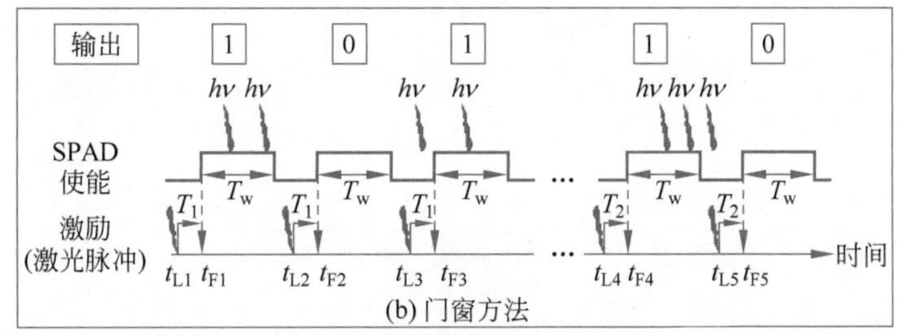

(b) 门窗方法

图 5.28 用于 FLIM 测量的 SPAD 传感器阵列[544]

所示。在每个像素中,可以使用 4 个电极施加不同的电压来控制电位分布。通过改变光电二极管内部的电势,可以使用漂移机制来阻止或增强电荷流,从而大幅增加电荷转移时间,使其达到纳秒级。通过测量不同时间点的电荷含量,可以计算荧光的延迟。

通过将锁定像素与两个光电二极管像素一起使用,如图 4.14(a)所示,可以测量超快荧光衰减,并实现使用 CMOS 图像传感器的 FLIM。

在如图 5.29 所示的传感器中,采用门窗法来实现 FLIM 的测量[555,556]。通过使用两个门窗,可以在指数衰减曲线 $I(t)=I_0\exp[-(t-t_0)/\tau]$的假设下获得寿命 τ[图 5.29(b)],其中:$I(t)$为荧光在时间 t 的强度;I_0 为在初始时间 t_0 的初始荧光强度;τ 为荧光寿命,且有

$$\tau=\frac{t_2-t_1}{\log\dfrac{V_1}{V_2}} \tag{5.3}$$

式中:V_1 和 V_2 为在时间窗口内累积的输出信号值;T_w 分别在时间 t_1 和 t_2 开始。

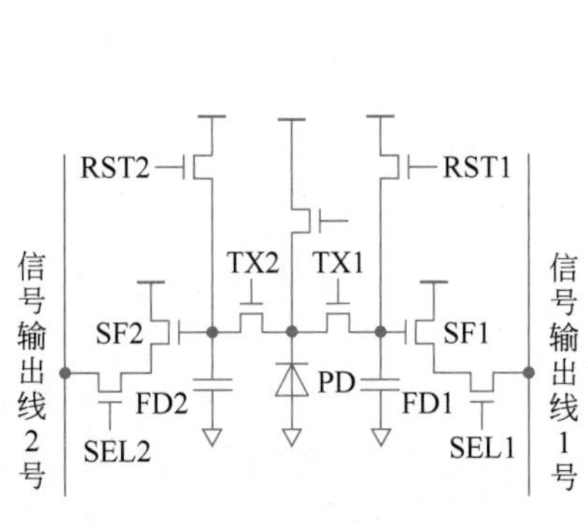

(a) 像素电路

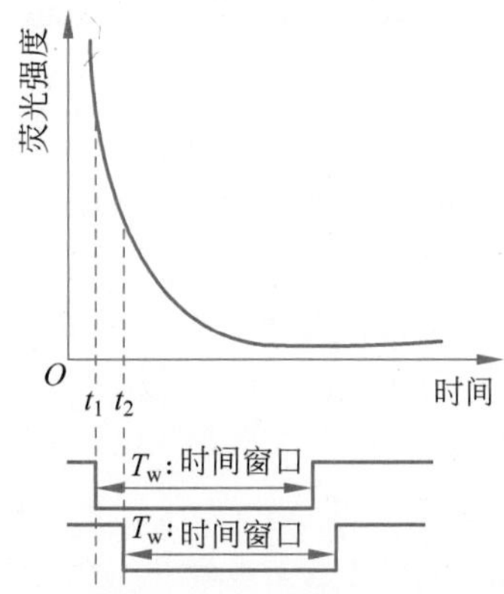

(b) 通过使用像素电路获得寿命τ的测量原理

图 5.29 使用基于调制的智能像素进行的 FLIM 测量[555]

5.4.2 片上型

5.4.2.1 片上荧光成像

本节介绍使用智能 CMOS 图像传感器的片上荧光成像。要测量荧光，需要一个溶液孔来保持生物样品，例如 DNA、病毒等。图 5.30 显示了片上荧光检测的基本组合，使用溶液孔或腔室，其中生物标记包含在溶液中，如磷酸盐缓冲盐水（PBS）。

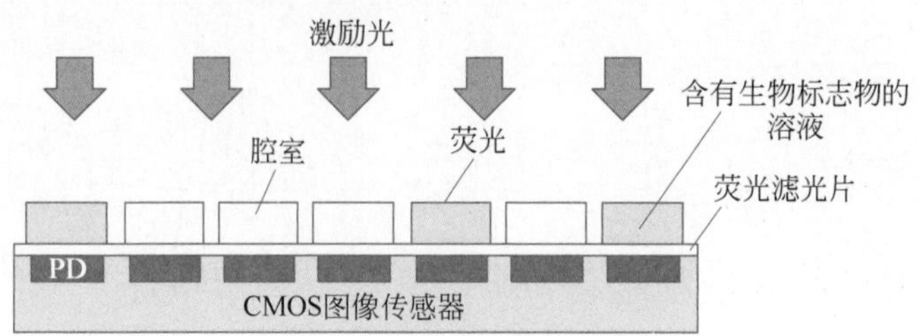

图 5.30 片内荧光检测

1. 数字 ELISA

为了演示片上荧光检测，下面详细介绍结合 CMOS 图像传感器的数字酶联免疫吸附测定(ELISA)法[557]。ELISA 通过使用抗原抗体反应，广泛用于检查抗原，例如流感病毒。图 5.31 显示了传统 ELISA 和数字 ELISA 的原理。

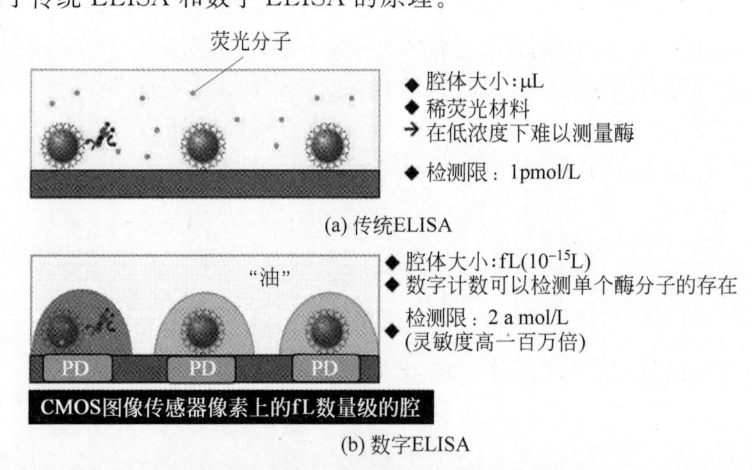

图 5.31 传统 ELISA 和数字 ELISA 的原理

在传统 ELISA 中，进行一系列抗原-抗体反应以捕获特定的生物标志物或抗原，并连接与生物标志物相对应的酶。然后，进行该酶催化的荧光反应，由于该反应，荧光强度增加。如图 5.31 所示，将抗体固定在腔室的珠子表面上。孔中荧光的模拟强度与抗原或病毒的密度成正比。在常规 ELISA 中，反应室容积为微升量级。

数字 ELISA 由一系列 fL 级的微腔组成[557]。如图 5.31 所示，通过计算有荧光和无荧光的微腔数确定酶的浓度（对应于目标生物标记）。通过计数明亮腔室的数量，与传统 ELISA 相比，可以以高灵敏度获得生物标志物的密度。这是数字 ELISA 的基本原理，其中荧光光学显微镜用于计数明亮腔室的数量。若将 fL 级微腔阵列放置在图像传感器上[图 5.31(b)]，则每个像素都可以报告生物标记的存在，因此可以以高灵敏度测量病毒密度[366,558-561]。

2. 具有堆叠式光电二极管的荧光剂检测的智能 CMOS 图像传感器

与数字 ELISA 结合的 CMOS 图像传感器检测荧光的问题之一是如何降低激发光的影响,因为其强度远大于荧光。由于散射的激发光可能沿任何方向进入滤光片,而干涉滤光片仅对法向入射光起作用,因此激发光的一部分会进入 CMOS 图像传感器。为了解决这个问题,已经引入了具有堆叠光电二极管的 CMOS 图像传感器[366,559],其结构如图 5.32 所示(与 3.3.5 节类似)。

(a) 堆叠光电二极管 CMOS图像传感器的照片

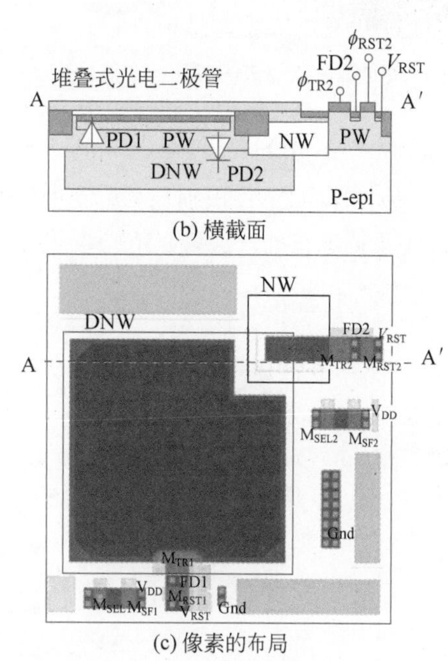

(b) 横截面

(c) 像素的布局

图 5.32 具有堆叠光电二极管的 CMOS 图像传感器(经允许修改自文献[366])

由于两个光电二极管之间的 PN 结位置不同,因此峰值灵敏度处的波长也不同(如图 5.33 所示,译者注)。堆叠式光电二极管 CMOS 图像传感器的这一功能表明,它可以将激发光与荧光区分开。图 5.34 显示了使用带有堆叠光电二极管的 CMOS 图像传感器的数字 ELISA 系统。由聚二甲基硅氧烷(PDMS)制成的微流体装置用于形成微腔阵列,详细结构见文献[366]。

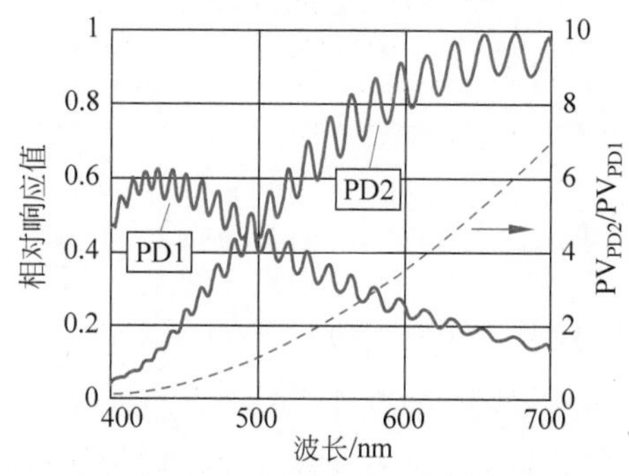

图 5.33 堆叠 PD 的灵敏度(经允许修改自文献[366])

5.4.2.2 片上多模式功能

本节将介绍具有多模式功能的智能 CMOS 图像传感器。多模式功能对于生物技术特

(a) 设置在微腔室阵列上的PDMS微流体装置的照片

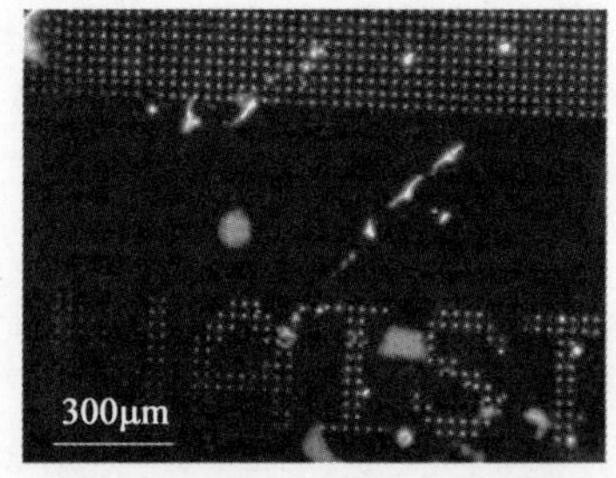

(b) 用荧光显微镜拍摄的微腔室阵列上的荧光溶液的液滴（液滴在设计的微反应室位置处形成）

图 5.34 使用带有堆叠光电二极管的 CMOS 图像传感器的数字 ELISA 系统[366]

别有效。例如，若将 DNA 识别与具有其他物理值（如电势图像）的光学图像结合使用，则 DNA 识别将更加准确和正确。这里介绍光-电势多重成像[547]和光-电化学成像[549]两个例子。

1. 光学和电势成像

1）传感器设计

制成的传感器的显微照片如图 5.35 所示。该传感器具有一个 QCIF（176×144 像素阵列），该像素阵列由交替排列的 88×144 个光感应像素和 88×144 个电位感应像素组成。像素尺寸为 7.5μm×7.5μm。传感器采用 0.35μm（2 层多晶硅 4 层金属）的标准 CMOS 工艺制造。

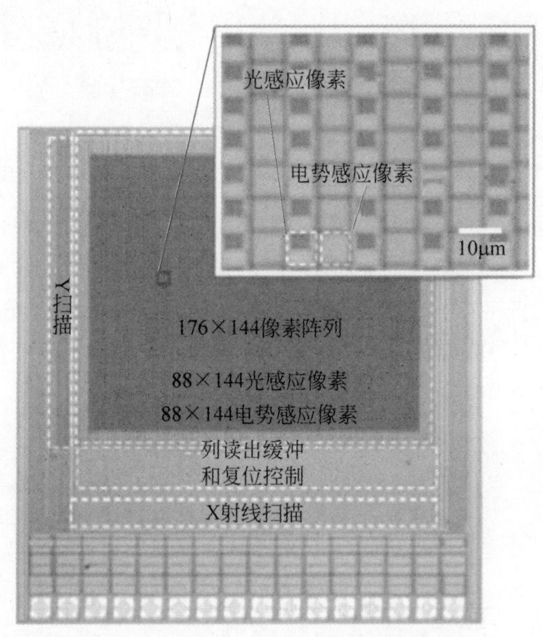

图 5.35 光学与电势双成像的智能 CMOS 图像传感器的显微图像（经允许修改自文献[547]）

图 5.36 显示了光感应像素、电位感应像素和列单元的电路。电位感应像素由感应电极、源极跟随器和选择晶体管构成。感应电极设计有顶部金属层，并覆盖有标准 CMOS 工艺的钝化层，即氮化硅（Si_3N_4）。感应电极与芯片表面电势是电容耦合。使用电容耦合的测量方法时，图像传感器没有电流，测量引起的扰动比电导耦合感应传感器系统引起的小得多，如多重电极阵列。

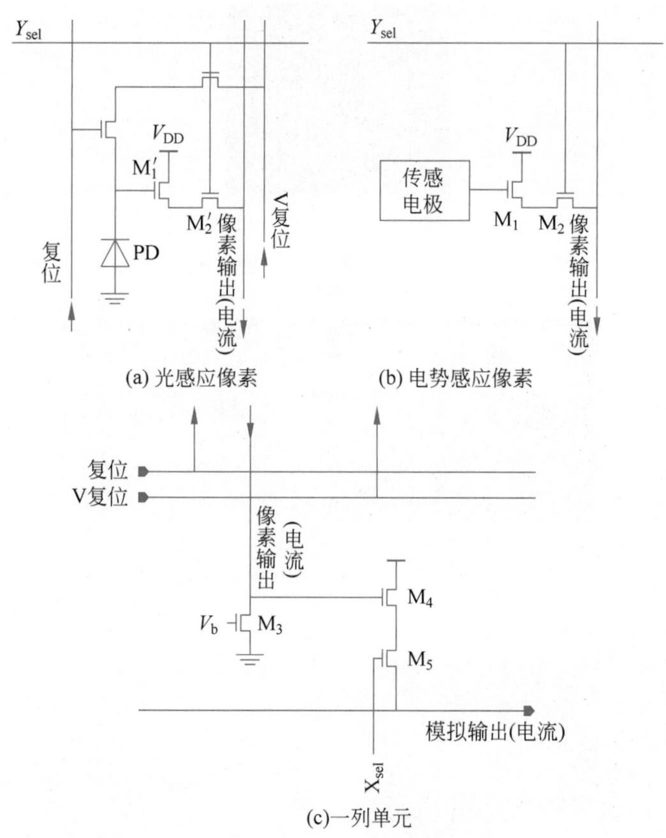

图 5.36 智能 CMOS 图像传感器以及光学和电势的双重成像的电路(经允许修改自文献[547])

2) 实验结果

图 5.37 显示了捕获(光和电势)的图像和重建图像的实验结果。该传感器是硅橡胶模压成型,在传感器阵列中只有一部分浸入生理盐水溶液。该盐溶液由一个电压源控制,由浸没在的溶液中的 Ag/AgCl 充当电极。如图 5.37 所示,拍摄图像非常复杂,这是由于光学的和电势的图像叠加在一个图像中,数据可以被划分成两个不同的图像。在图 5.37(a)的显微照片可以观察到灰尘和划痕;在图 5.37(b)中可以清楚地观察到 Ag/AgCl 电极的阴影的光学图像。如图 5.37(c)所示,电势图像清晰地显示了曝光区域的电势与图中覆盖区域的对比。该电势感应像素显示了由检测电极所造成捕获电荷相关像素的失调。不过,在图像重建过程中失调可以被有效地消除。如果施加于生理盐水溶液中的电压为 0～3.3V (0.2Hz)的正弦波,可以清楚地观察到暴露于溶液中的那部分区域的电势变化。电势图像和光学图像中都没有观察到串扰信号,光学和电势成像已成功实现。

图 5.38 显示了使用导电凝胶探头的电势成像效果。两个独立进行电压控制的导电凝胶探针被放置在传感器上。该图像清楚地显示施加在凝胶点上的电压,结果显示外加电压差较大的容易被捕获,该传感器不仅能够拍摄静止图像,而且能够拍摄 1～10 帧/s 范围内的运动图像。通常情况下分辨率都是小于 6.6mV 的,但这足以检测 DNA 杂交[562],预计将来电势分辨率将提高到 10μV 的水平。由于目前的传感器不具有片上模数转换器,数据会受到从传感器到模数转换器芯片间的信号线的噪声干扰。用于高分辨率神经记录的图像传感器需要使用片上模数转换器电路。

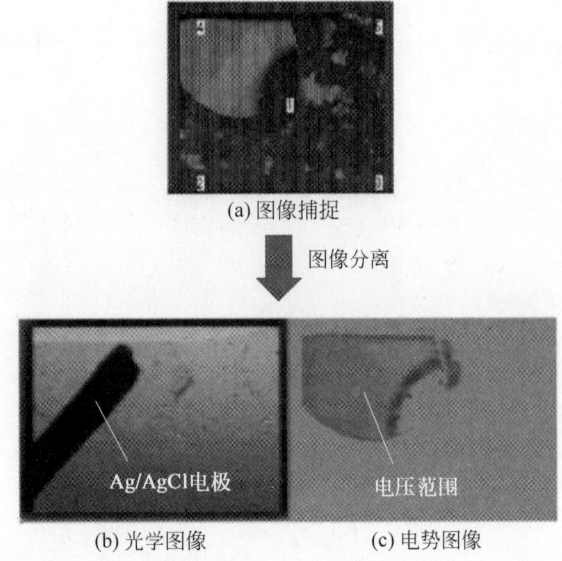

图 5.37 由传感器拍摄的图像[547]

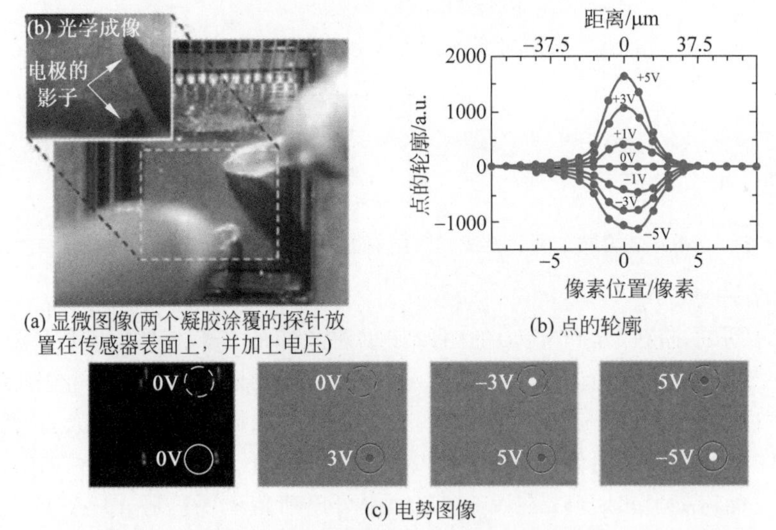

图 5.38 电势成像的实验装置和结果[547]

2. 光学和电化学成像

如本节开始所述，荧光一般用来检测探针上 DNA 点的 DNA 杂交靶片段。电化学测量是另一种很有前景的探测机制，它可能成为微阵列技术的替代或补充方法[563-565]。目前人们已经提出了许多检测杂交分子的电化学方法，而且其中一部分正用于商业化器件。一些团队已经发表了基于大规模集成电路的传感器的文章，这些传感器利用电化学探测技术进行生物分子的片上探测[549,564,566]。

1）传感器设计

图 5.39 显示了智能 CMOS 图像传感器光和电化学双成像的显微照片。该传感器以 0.35μm(2 层多晶硅 4 层金属)的标准 CMOS 工艺制造，它包含一个由光学和电化学混合的像素阵列以及能够实现相关功能的控制/读出电路。这个混合像素阵列是 128×128 的光感应像素阵列，其中部分像素被电化学感应像素替代。光感应像素采用改进的 3 晶体管有源

像素传感器,像素尺寸为 7.5μm×7.5μm。电化学感应像素包含尺寸为 30.5μm×30.5μm 的裸露电极,同时用传输门开关进行行选,电化学感应像素的尺寸为 60μm×60μm。这样,8×8 的光感应像素被电化学感应像素替代,该传感器有 8×8 个电化学像素阵列被嵌入光图像传感器。由于光图像传感器和电化学图像传感器在工作速度上存在很大的差异,光和电化学像素阵列设计成独立工作模式。图 5.40 显示了该传感器的电路原理图。

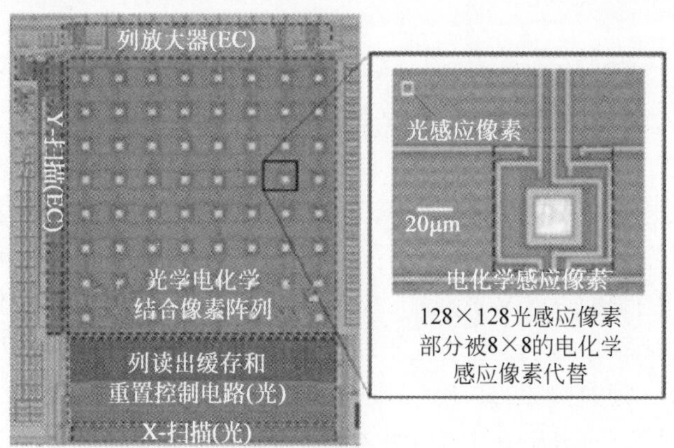

图 5.39 一个光和电化学双重成像智能 CMOS 传感器的显微照片[549]

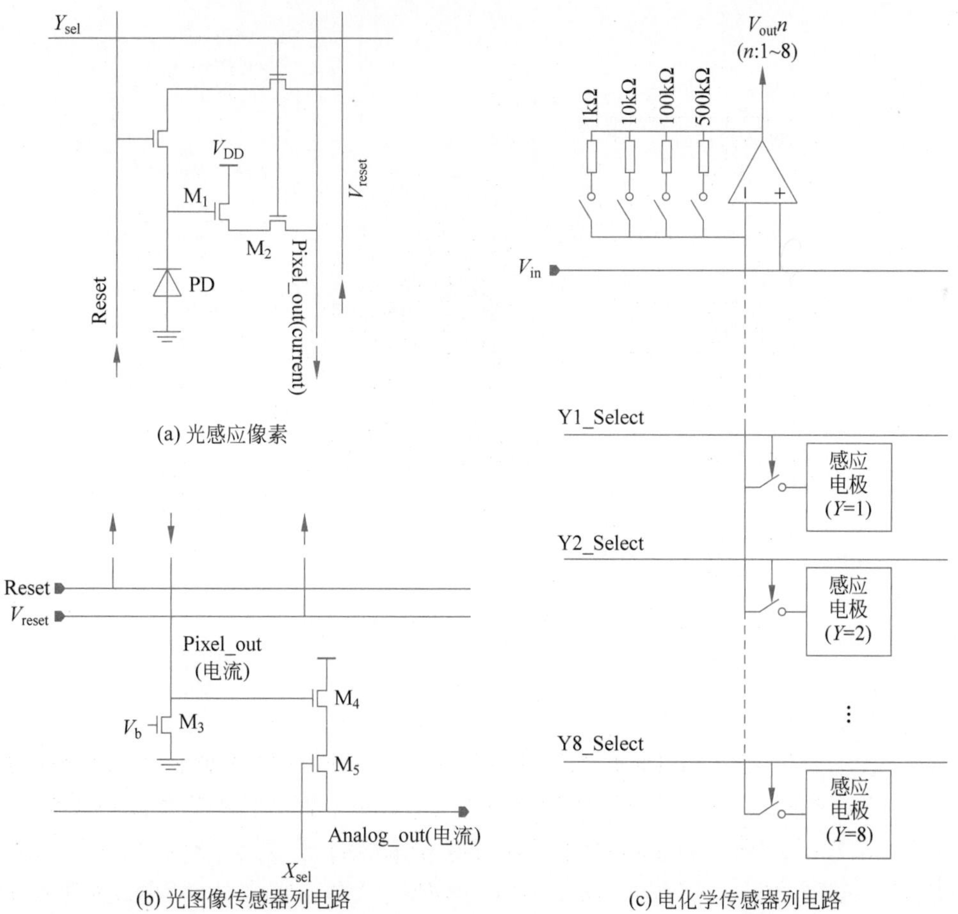

图 5.40 像素电路[549]

压控电流测量方法应用于片上双分子微阵列技术的电化学测量。可选方法包括循环伏安(CV)法[565]和微分脉冲伏安法[563],有研究称这两种方法可用于 DNA 杂化探测。片上检测电流的电压跟随器可以进行多点的电化学测量。通过在电压跟随器(单位增益缓冲器)的反馈路径里加一个电阻,这个电路能实现压控电流的测量。这种电路结构已经广泛应用于电化学稳压器和膜片钳放大器。

2) 实验结果

本实验进行二维阵列 CV 测量,并用单帧测量获得了 8×8 的 CV 曲线。对于片上测量,在电化学感应像素的铝电极上用金形成电极,由于金的化学稳定性和亲硫基性,它一直作为电化学分子测量的标准电极材料。Au/Cr(300nm/10nm)层被蒸镀到 30.5μm×30.5μm 的电化学感应电极里,然后利用陶瓷对传感器封装并以铝线连接。用环氧橡胶层制成带有连接线的传感器的模具,其中只有混合像素阵列不被封装并在测量时裸露。

两电极结构被用在阵列化 CV 测量中,Ag/AgCl 电极作为对电极,工作电极是一个 8×8 阵列的金电极。这里采用一个在生理盐水中具有高电阻率的琼脂糖凝胶岛作为一个二维 CV 测量模型的主体。通过测量 8×8 CV 曲线得到电化学特性的图像。Ag/AgCl 对电极的电势在−3～5V 被循环扫描,其中每个电化学行的扫描速度为 1Hz。图 5.41 显示了阵列化 CV 测量的结果,观测到的 CV 分布显示了不同特征,这些特征取决于各测量电极的情况。

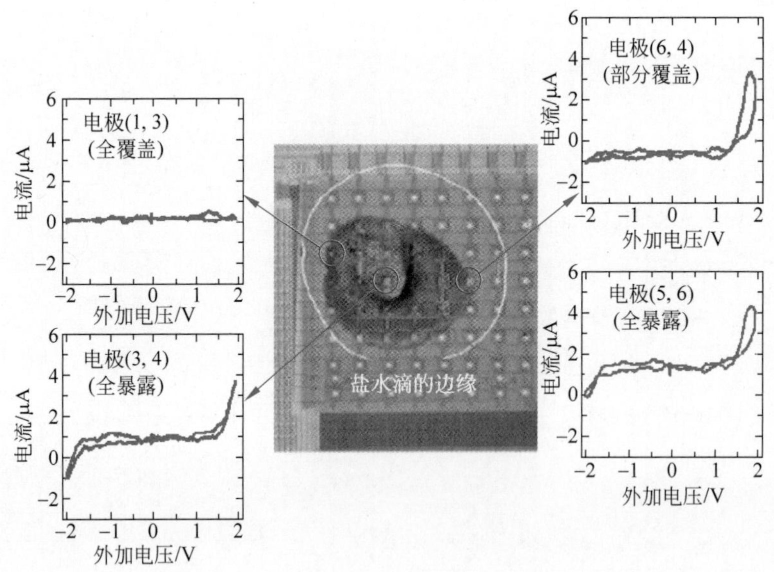

图 5.41 二维阵列化 CV 测量的实验结果[549]

3. 光学和 pH 成像

1) 传感器设计

对 5.3.2.2 节描述的 pH 值成像器件进行修改以实现可同时检测光学图像的功能。由于 2.3.2 节描述的 PG 图像传感器的检测原理与 pH 值成像器件的检测原理相似,因此已经有研究人员开发了具有 pH 值和光学成像两种功能的器件[567-570]。图 5.42 和图 5.43 显示了 pH 值图像器件和光学图像传感器结构和工作原理。在该器件中,两侧放置两个光电二极管。图 5.42(a)和图 5.43(a)为器件的两个横截面图,一个用于 pH 值检测,另一个用于光学检测。在 pH 值成像模式下[图 5.42(b)～(e)],电荷注入井中,并由质子或 pH 值的密度调节,而在光学成像模式下[图 5.43(b)～(e)],光生电荷累积在调制阱中。注意,在 pH 值成像模式下,电荷用于测量阱深度,而在光学成像模式下,电荷的数量将被测量。

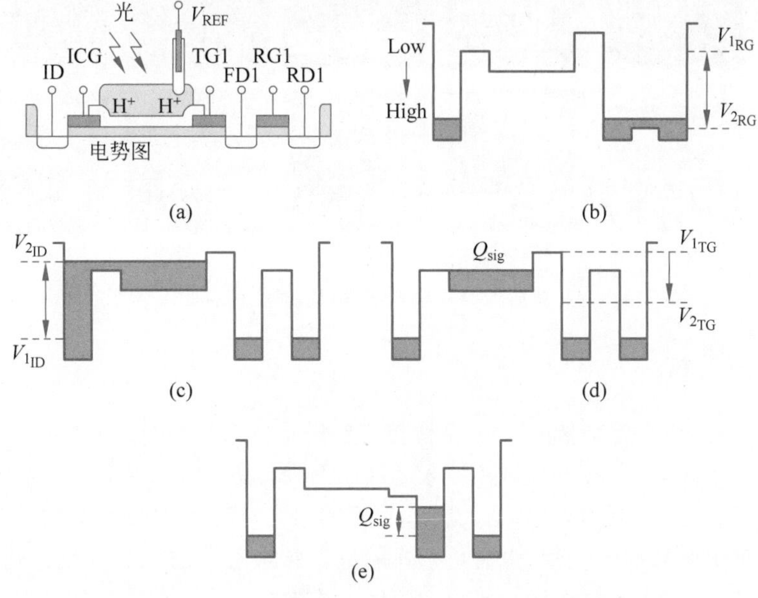

图 5.42 pH 值成像器件结构和工作原理[568]

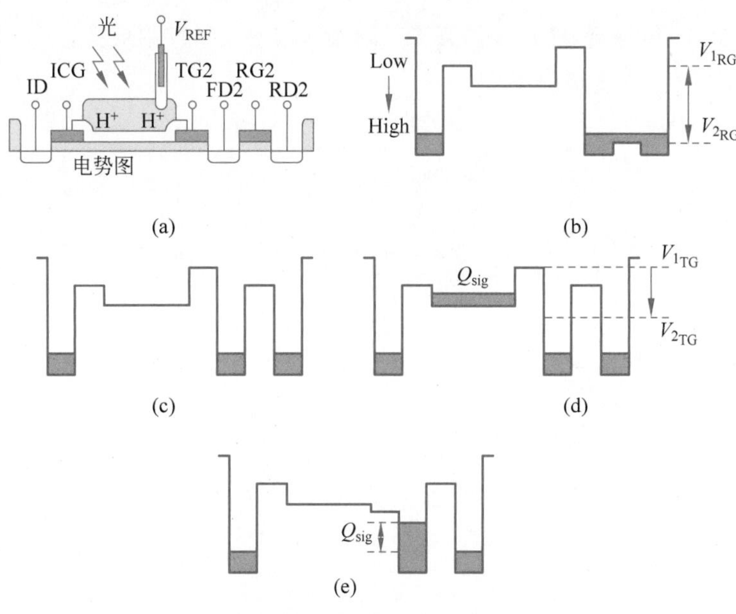

图 5.43 光学图像传感器结构和工作原理

2）实验结果

图 5.44 显示了使用该器件[568]获得的实验结果。在这种情况下,将浸在 pH＝9.18 缓冲溶液中的米粒 A 和浸在 pH＝4.01 缓冲溶液中的米粒 B 放在传感区域中,并在 pH 值和光学模式下进行测量,pH 值和光学模式之间的间隔时间为 0.2ms。从图中可以区分两个

颗粒的 pH 值图像，而光学图像则几乎相同。

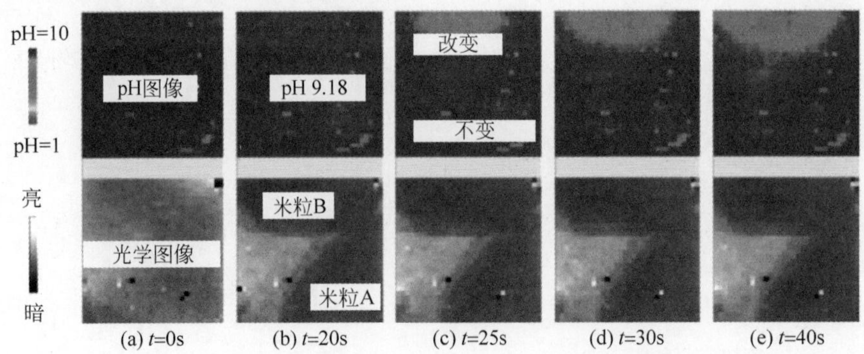

图 5.44 pH 值成像器件和光学图像传感器的实验结果[568]

5.4.3 植入型

5.4.3.1 使用植入型智能 CMOS 图像传感器进行体内大脑成像

本节将介绍动物科学/技术领域中植入动物的图像传感器。植入的目标器官是大脑，尤其是实验性小动物(如小鼠和大鼠)的大脑。为了使用光学方法测量大脑中的生物学功能，内源光学信号和荧光被广泛使用，也有进行血管的直接成像的方法。当前的大脑成像技术需要昂贵的设备，这些设备在图像分辨率和速度或成像深度方面都有局限性，这对于研究大脑[571]，特别是对实验性小动物来说至关重要。如图 5.45 所示，小型化的智能 CMOS 图像传感器(简称 CMOS 传感器)能够对任意深度的大脑进行实时体内成像。

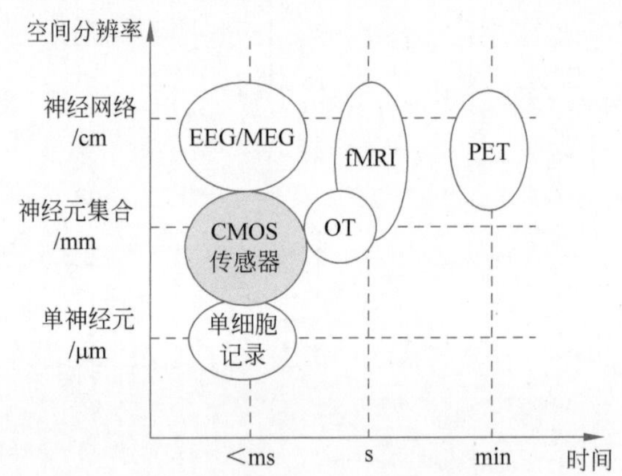

图 5.45 目前的神经元成像技术

注：EEG—脑电图；MEG—脑磁描图；OT—光学形貌；fMRI—功能性磁共振成像；PET—正电子发射断层扫描。

1. 图像传感器实现

可植入的成像器件应该小到可以植入老鼠的大脑中，对大脑几乎没有损害，并且可以长期用于行为实验。为了满足这些要求，已经有研究人员开发了可植入的微型图像感测器件。该器件在专用衬底上集成了专用的 CMOS 图像传感器和 LED。CMOS 传感器基于 3T-APS，并对其进行了改进，以减少输入/输出(I/O)的数量，如图 5.46 所示。

I/O 有 V_{dd}、GND、时钟信号和 V_{out} 4 个引脚，并且引脚位于芯片的同一侧，以便轻松地将其植入大脑[572]。如图 5.47 所示，已经有研究人员开发出两种类型的可植入图像传感器

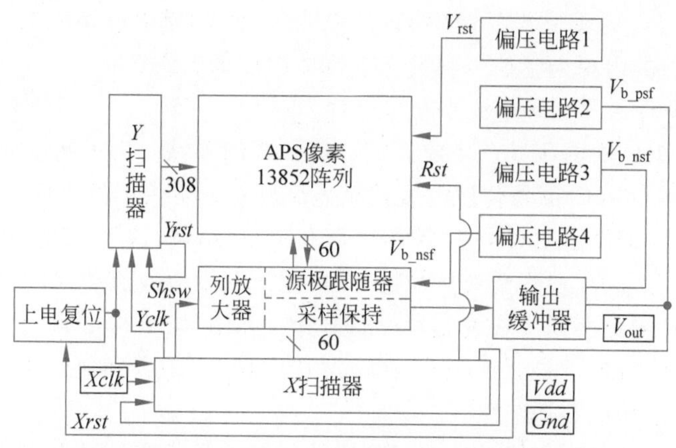

图 5.46 用于体内成像的智能 CMOS 图像传感器的芯片框图[572]（其中只有 4 个 I/O）

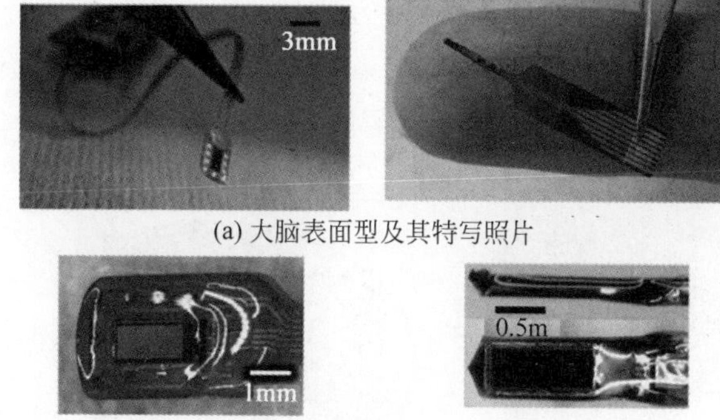

(a) 大脑表面型及其特写照片

(b) 针型及其特写照片

图 5.47 可植入微型成像器件的照片[573]

用于大脑表面和内部嵌入。

表 5.2 列出了这两种类型的规格。注意，传感器仅具有成像功能，但也可以将传感器与其他功能集成在一起，例如细胞外电势测量和光刺激，这将在后面介绍。

表 5.2 用于体内大脑成像的智能 CMOS 图像传感器的规格

种　类	平　面　型	针　型
植入部位	大脑表面	大脑内部
像素数量	120×268	40×120
芯片大小	1 mm×3.5mm	0.45mm×1.5mm
图像区	0.9 mm×2.01mm	0.3mm×0.9mm
像素大小	7.5μm×7.5μm	
填充因子	29%	
工艺	0.35μm CMOS 2P3M	
像素类型	改进的 3T-APS	
光电二极管	N 阱/ P 衬底结	
I/O 引脚数量	4 (V_{dd}, GND, Clock, V_{out})	

除脑成像之外，可植入荧光成像器件的另一个应用是葡萄糖感测。这些器件使用一种特殊的凝胶，该凝胶在葡萄糖下会发出荧光。通过将凝胶与类似先前介绍的图像传感器的

微图像传感器相结合,实现了葡萄糖感测[574-576]。下面将介绍可植入的 CMOS 图像传感器,用于对小鼠体内的内源光学信号和荧光进行体内成像。

2. 啮齿动物脑的体内内源光信号成像

本节介绍可观察体内内源光信号成像的可植入成像器件。为了测量啮齿动物大脑的内源光学成像,将微型 CMOS 图像传感器直接植入到啮齿动物大脑的表面。传感器规格在上面已经介绍。可植入器件由 CMOS 图像传感器和 LED 组成,这些 LED 用于观察柔性衬底上的内源光学信号源,以此观测血液。绿色 LED 用于观察血液流动,绿色 LED 发出的光不会深入大脑组织,只能观察到大脑表面附近的血管。在附录 H 的图 H.2 中,显示了各组织中的吸收光谱。"体内窗口"是波长区域,在该波长区域,由于水和血红蛋白的吸收率低,该波长附近的光可以深深地穿透组织。

大脑的神经元活动取决于通过血液不断提供氧气和葡萄糖。因此,随着血液量的增加,局部区域的绿光的吸收增加。这称为血液动力学信号,显示大脑中的血流变化。

图 5.48 显示了该信号的概念和植入在大鼠表面的器件拍摄的血管图像[577]。如图 5.48(d)所示,将绿色 LED($\lambda=535$nm)放置在传感器周围,以便在大脑表面获得均匀的照明。从图中可以看出该器件清楚地观察到了血管。

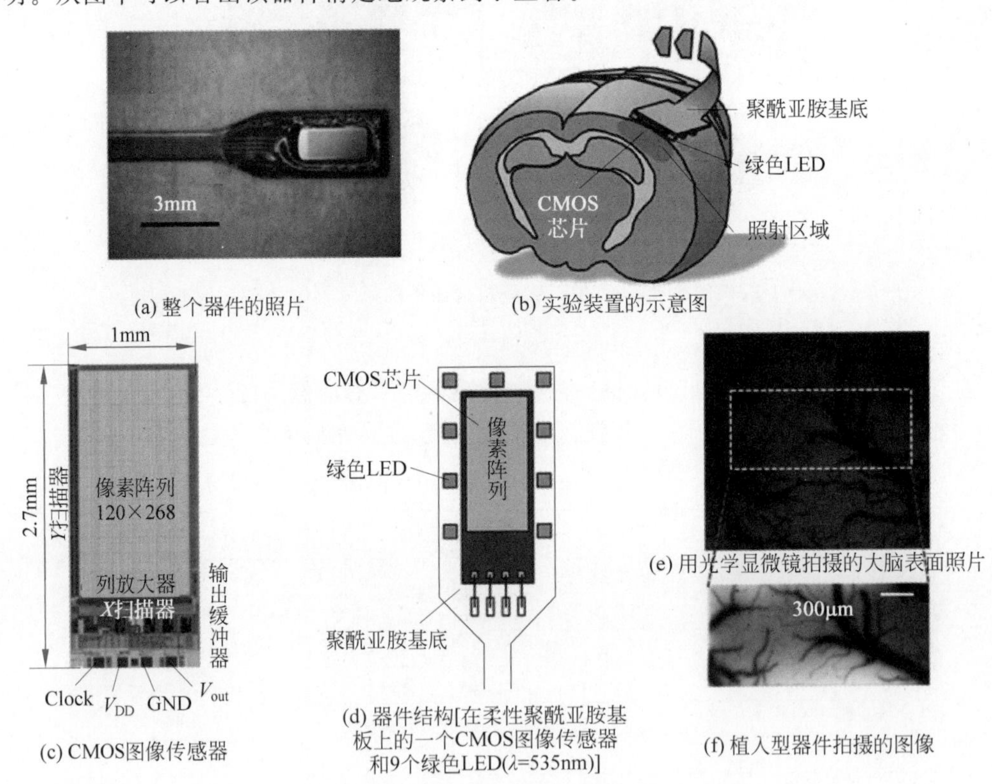

(a) 整个器件的照片

(b) 实验装置的示意图

(c) CMOS图像传感器

(d) 器件结构[在柔性聚酰亚胺基板上的一个CMOS图像传感器和9个绿色LED(λ=535nm)]

(e) 用光学显微镜拍摄的大脑表面照片

(f) 植入型器件拍摄的图像

图 5.48 体内内源光信号成像[577]

在实验中,通过使用上述植入器件刺激右胡须来测量体感皮层中胡须区域的响应。实验结果如图 5.49 所示,证明了这种可植入器件可以清楚地测量老鼠大脑中生理刺激所引起的反应。

该器件可以通过血管中的血流检测大脑活动。另一种方法是利用内源光学信号,尤其是血红蛋白的构象变化。血红蛋白构象的最大变化发生在 600~700nm,如附录 H 中的 H.1

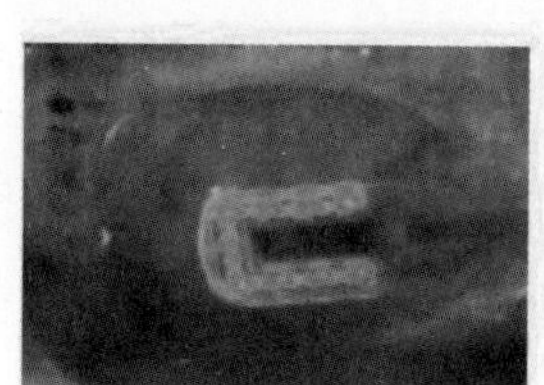
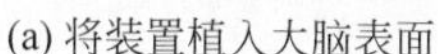

(a) 将装置植入大脑表面

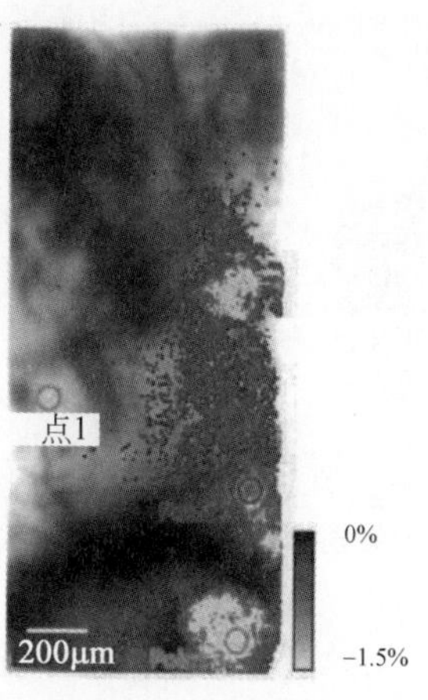

(b) 左初级体感皮层的右胡须区域的内源信号响应的图像

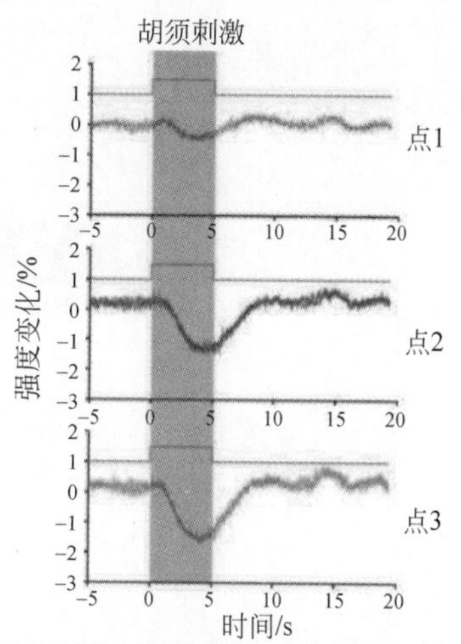

(c) 胡须反应的结果(当激发合适的胡须时，就获得了内源光学信号的反应，在第3个点，获得了强烈的反应

图 5.49 胡须刺激下的内源光学信号成像结果[579]

所示。因此，若该器件同时具有红色 LED 和绿色 LED，则它也可以检测到血红蛋白构象随着血流量的变化[578]。

3. 啮齿动物大脑体内荧光成像

荧光包含生物科学/技术测量中的重要信息。在荧光测量中，通常使用激发光，可以将荧光从由激发光产生的背景信号中区分出来成为信号光。荧光的光强比激发光的光强弱得多，该比例通常约为 1%。为了抑制背景光，已经有研究人员提出并展示了用于抑制激发光的片上彩色滤光片[573,580]和电势分布控制[285-286]。电势分布控制已在 3.3.5.3 节进行了说明。

此处的重要应用是对啮齿动物的大脑活动进行成像。对于传感器植入小鼠大脑内部的应用，封装是一个关键问题。图 5.50 显示了一个封装的器件，该器件与智能 CMOS 图像传感器和一个或两个 LED 集成在一起，用于激发柔性聚酰亚胺基板上的荧光。人们开发了专用的制造工艺，这使得可以实现厚度为 150μm 的极其紧凑的器件。另有实验表明，使用这种方法对大脑造成的伤害最小，带有器件的大脑可继续运行并反应正常。

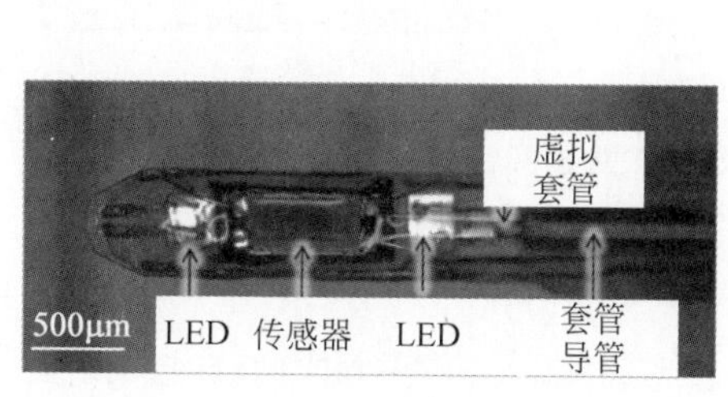

(a) 器件照片

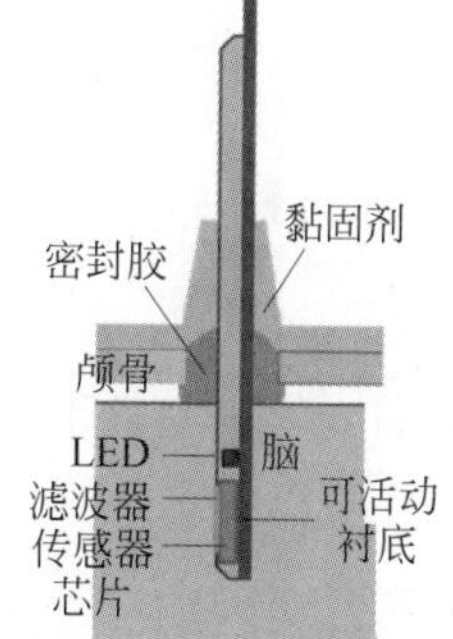

(b) 将器件植入啮齿动物大脑的截面图

图 5.50 植入式针型成像器件[573]

图 5.51 显示了使用可植入成像器件的实验结果[573]。该器件被植入小鼠海马体深层大脑区域 CA1。小鼠被诱发患有癫痫病并表现为癫痫发作。荧光强度与 CA1 中的神经活

动相对应，并与癫痫发作水平的时间变化相吻合，例如，图5.51(a)所示的点头和图5.51(b)所示的阵挛性抽搐。

图5.51 植入小鼠海马体CA1区域的体内深层脑成像设备的实验结果，以及通过人工诱发的癫痫病对大脑活动影响的测量结果

注：点头和癫痫发作的行为与植入设备拍摄的相应大脑图像一起显示[573]

4. 自复位成像

本节讨论这种可植入应用中的内源光学信号和荧光检测的问题。荧光和内源信号中的背景光很强，并且变化很小，例如，荧光变化通常约为1%，因此，有时由于荧光或内源光而使光电二极管饱和。为了解决这个问题，已经有研究人员开发了一种具有自复位模式的可植入图像传感器，其工作原理在3.2.2.2节进行了介绍[228-229]。如图5.52所示，可以通过测量脑部血液的反应获得前肢和后肢的电刺激反应。根据刺激，观察到该反应起源于大脑的前肢区域而不是后肢区域。通过使用这种自复位型CMOS图像传感器，可以清楚地获得刺激响应。

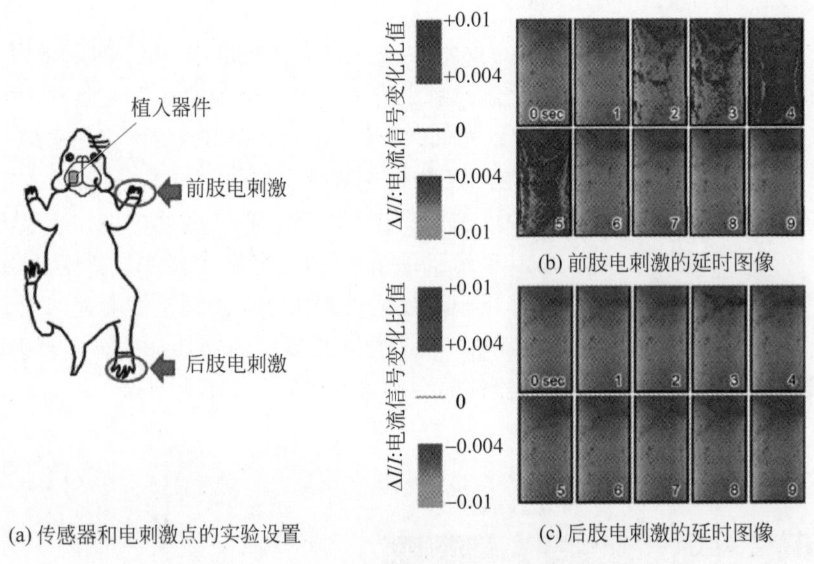

图5.52 体内内源光学成像的实验结果[229]

5.4.3.2 具有多模式功能的可植入图像传感器

1. 带有电子记录的可植入图像传感器

在此部分中，记录电极集成在芯片上。图5.53显示了一个体内智能CMOS图像传感器，其中LED阵列作为激励源和记录电极[572]。将金属电极放置在成像区域上时，输入光不会照射到覆盖有金属电极的PD上。为了缓解这个问题，引入了网状金属电极，如图5.53所示。在图5.53中，显示了一个像素的特写照片，其中铝电极金属在光电二极管顶部开口。图5.53捕获的图像表明，电极对图像的影响很小。

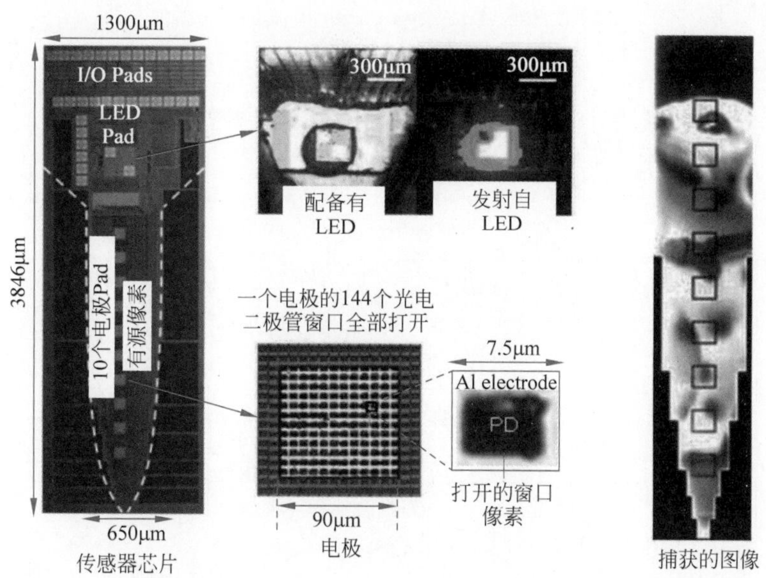

图 5.53　与电极集成在一起的高级智能 CMOS 图像传感器(用于体内成像)[572]

2. 具有光刺激的可植入图像传感器

该器件可以用作电记录,并且若将电极材料更改为适合在电解质(例如 Pt 而非 Al)中进行电刺激的电极材料,则该器件还可用作对神经细胞的电刺激。最近出现了另一种称为光遗传学的刺激方法[581]。光遗传学是一种通过在细胞中表达视蛋白的遗传方法。修饰表达的细胞视蛋白具有光敏性质,例如可以通过光照射诱发。广泛使用的视蛋白是通道视紫红质 2(ChR2)。通过将图像传感器与光学刺激阵列器件结合使用,当神经细胞被光模式激活时,可以观察到生物活动[582-584]。另外,通过利用光刺激和荧光测量实现反馈回路,可以建立与细胞的光双向通信[585]。

图 5.54(a)显示,一个蓝色 LED 阵列(λ=480nm)通过金属凸块和绿色 LED 堆叠在集成有控制电路的 CMOS 图像传感器上,以观察血液动力学信号[584]。图像传感器与 LED 阵列的电气控制电路集成在一起。芯片的框图如图 5.54(b)所示。如图 5.54(c)所示,CMOS 图像传感器和 LED 阵列的两个芯片用倒装芯片键合方法通过 Au 凸点堆叠在一起。

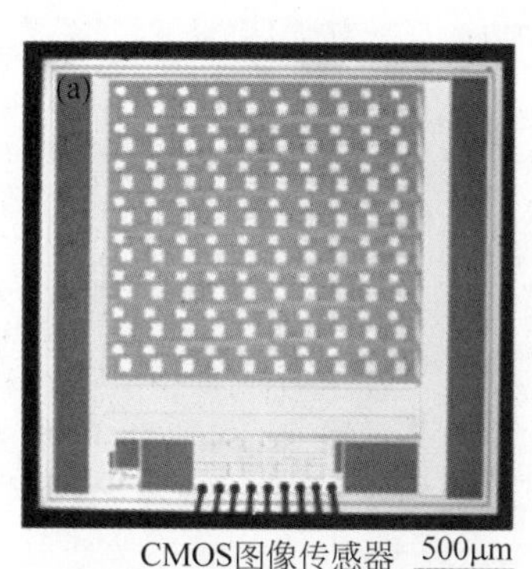

(a) 具有LED阵列控制电路的CMOS图像传感器的芯片照片

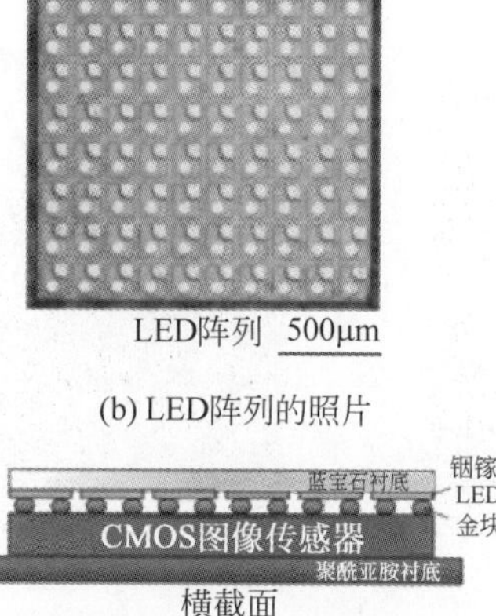

(b) LED阵列的照片

(c) 器件的示意性截面图

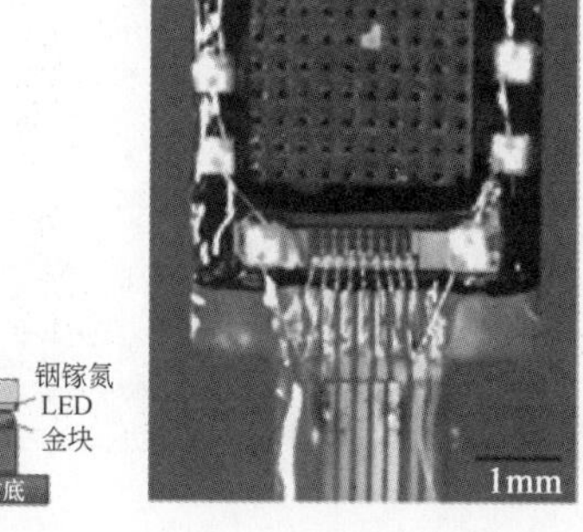

(d) 制成的器件

图 5.54　可植入的光遗传器件

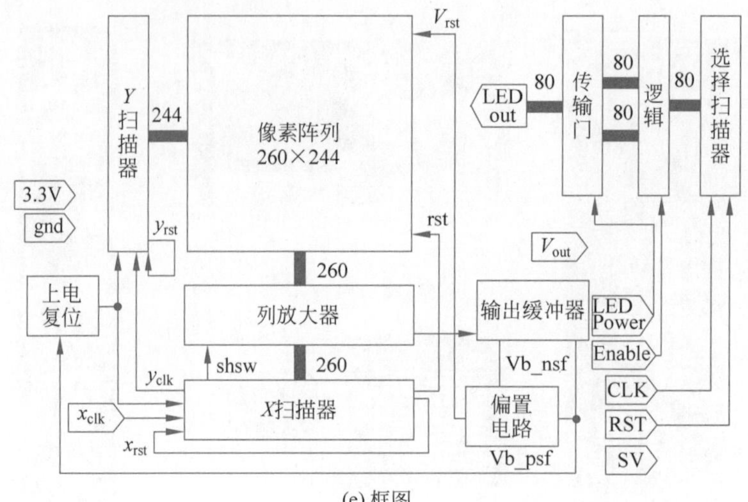

(e) 框图

图 5.54 （续）

通过使用此器件，可以对表达 ChR2 的转基因小鼠的大脑表面进行光学刺激。蓝光 LED 阵列（λ＝480nm）的光刺激激活了指示脑血流变化的血液动力学信号，这一点通过诱发细胞的电生理学测量得到了证实。如图 5.55 所示，在绿色 LED 的照明下，可以通过器件的成像功能使血管可视化。注意，除了电极之外，蓝光 LED 阵列是透明的，因此如图 5.55(d) 所示，该器件几乎可以拍摄整个图像。

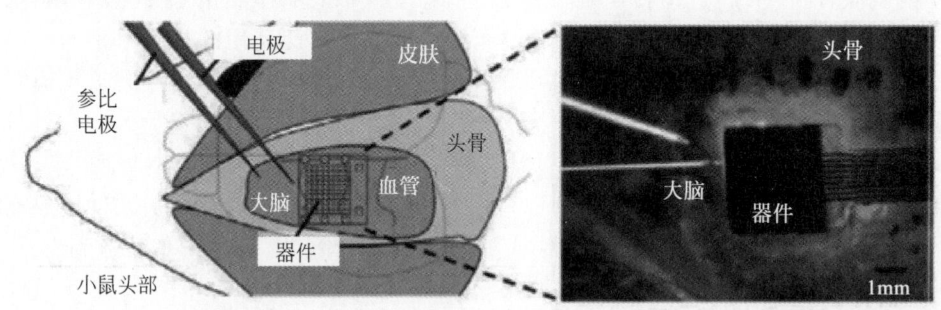

(a) 将器件放置在转基因小鼠的大脑表面（显示了用于电生理的电极）

(b) 对器件进行设置后小鼠头部的显微照片

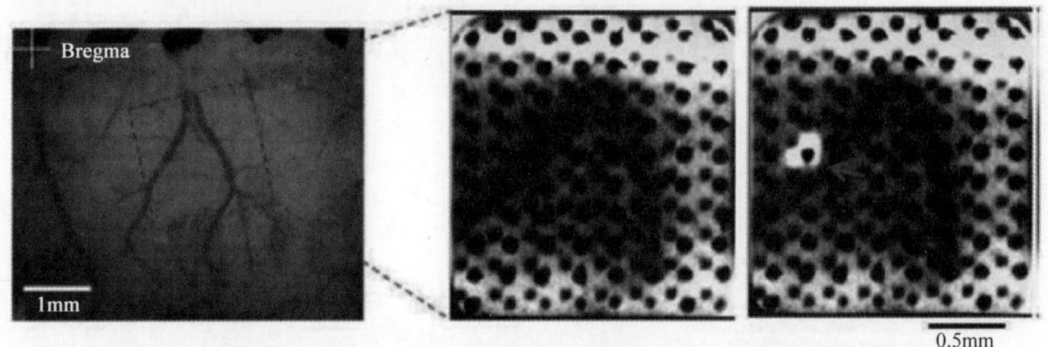

(c) 大脑表面的显微照片（方框表示可植入器件从中捕获图像的区域）

(d) 使用器件捕获的图像（黑点表示LED阵列的电极，右图中的箭头指示打开的LED）

图 5.55 器件设置和结果[584]

5.5 医学方面的应用

本节介绍智能 CMOS 图像传感器的胶囊内窥镜和视网膜假体两个应用方向。智能 CMOS 图像传感器适用于医学应用的原因：首先，它们可以集成信号处理器、射频和其他电子设备，即可以实现片上系统（SoC）。因为胶囊内窥镜要求系统体积小、功耗低，所以智能 CMOS 图像传感器很适合做这种应用。其次，对医疗应用来说，智能功能是很有用的。视网膜假体就是一个需要在芯片上添加电激励功能的例子。在不久的将来，医疗领域将是智能 CMOS 图像传感器最重要的应用领域之一。

5.5.1 胶囊型内窥镜

内窥镜是一种插入人体观察和诊断肠胃等器官的医疗器械。它采用光导玻璃纤维的 CCD/CMOS 相机去照亮需要观察的区域。内窥镜（或推式内窥镜）是一种高度集成的仪器，它集成有相机、光导、摘取组织的小镊子、用于注射水清洗组织的管子和用于扩大病变区域的气管。胶囊内窥镜是由 Given Imaging 于 2000 年在以色列研发的[586]，Olympus 实现了胶囊内窥镜的商业化。图 5.56 为 Olympus 的窥镜照片。

胶囊内窥镜由一个图像传感器、光学成像系统、白色 LED 照明灯、射频电路、天线、电池和其他部分组成。使用者吞下一个胶囊内窥镜后，它就会自动沿着消化器官移动。与传统的内窥镜相比，胶囊内窥镜给病人带来的疼痛更少。值得注意的是，胶囊内窥镜仅限于在小肠内使用，而不用于胃和大肠（结肠）。最近，有人研发出了一种用于观察食管[587]和结肠[588]的胶囊内窥镜，他们用两个摄像头来对前后两侧的场景进行成像。

图 5.56 胶囊内窥镜（图片由 Olympus 提供）

注：胶囊长度为 26mm，直径为 11mm。胶囊主要部件包括圆顶盖、光学镜片、用于照明的白色 LED、CCD 摄像头、电池、RF 电路和天线。照片中的 logo 并没有印在商业产品上。

胶囊内窥镜是一种植入装置，尺寸和功耗大小十分关键，智能 CMOS 图像传感器能够满足这些要求。应用 CMOS 图像传感器时，必须考虑彩色实现方法。正如 2.10 节所述，CMOS 图像传感器采用滚筒式曝光机制。医疗用途一般需要色彩重现，因此，如 2.8 节所述，最好使用三个图像传感器或三色组合光源。实际上，一些传统的内窥镜使用了三色组合光源的方法，由于需要在一个小体积中安装摄像系统，因此三色组合光源的方法特别适用。然而，由于滚筒式曝光机制，三色组合光源方法不能应用于 CMOS 图像传感器。在滚筒式曝光中，每行的曝光时间是不同的，因此不能应用每束光在不同时间发光的三色组合光源方法。目前商用的胶囊内窥镜在 CMOS 图像传感器中使用片上彩色滤波器。为了在 CMOS 图像传感器中应用三色组合光源方法，需要有一个全局快门。有人也提出了另一种计算实现色彩再现的方法。当应用三色组合光源方法时，由于在滚筒式曝光中 RGB 混合比是已知的，所以可以在芯片外单独计算 RGB 分量[589]。

由于胶囊内窥镜使用电池工作，整个电子设备应该做到低功耗，同时，总体积也应该较小，因此，包含射频电路和成像系统的 SoC 是很好的选择。目前，已经有人采用了包含

CMOS图像传感器和射频电路的SoC[590]。如图5.57所示，除了与二进制相移键控(BPSK)调制电子集成的电源(V_{dd}和GND)之外，所制造的芯片只有一个数字输出I/O端口。在QVGA格式2帧/s情况下，该芯片功耗为2.6mW。尽管芯片上没有集成图像传感器，但已出现含有胶囊内窥镜的SoC。该系统具有以2Mb/s的速度无线传输320×288像素数据的能力且功耗为6.2mW[591]。

胶囊内窥镜的另一个所需的功能是片上图像压缩。目前已有多篇片上压缩的相关文献[592-595]，在不久的将来，有可能将该功能应用于胶囊内窥镜。这些SoC将用于胶囊内窥镜中，并与微机电系统(MEMS)、微全分析系统(μTAS)和芯片实验室(LOB)等技术相结合，以监测其他物理量，如电位、pH值和温度[596,597]。这种多模态传感适用于5.4.2.2节所述的智能CMOS图像传感器。

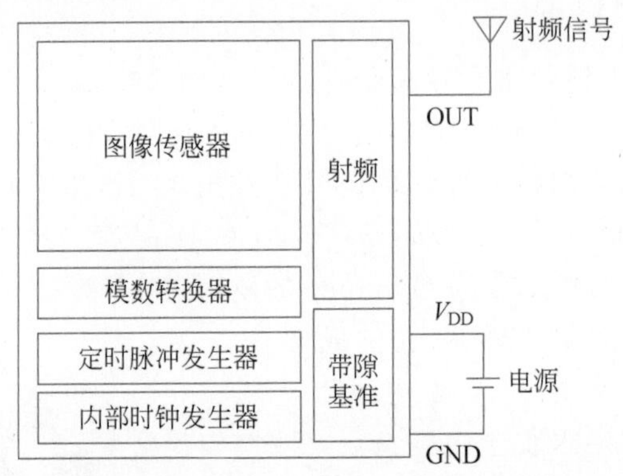

图5.57 胶囊内窥镜中含有CMOS传感器的SoC芯片(芯片使用循环ADC，图片来自文献[590])

5.5.2 视网膜假体

在该领域的早期工作中，MOS图像传感器已经被用来帮助盲人。Optacon又称为光学触觉转换器，可能是第一个用于帮助盲人的固态图像传感器[598]。Optacon集成了扫描和读出电路，体积小巧[120,599]。视网膜假体就像Optacon的可植入版本。在Optacon中，盲人通过触觉感知一个物体；在视网膜假体中，盲人通过植入的装置给予视觉相关细胞电激励，从而来感知物体。

目前已经针对不同的植入部位如皮质、视网膜外缘、视网膜下和舌骨上进行了大量的研究。在视网膜间隙植入或眼植入可防止感染，适用于色素性视网膜炎(RP)患者以及与年龄相关的老年性黄斑变性(AMD)患者，这些患者的视网膜细胞除光感受器外仍具有一定功能。值得注意的是，RP和AMD都是目前尚无有效治疗方法的疾病。视网膜的结构示意图为附录C中的图C.1。

虽然在外视网膜方法中，是给神经节细胞激励，但是在亚视网膜方法中，激励仅仅替代了感光细胞，在这个方法的实现上，双极细胞和神经节细胞有可能同时被激励。因此，亚视网膜的方法与外视网膜的方法相比具有以下的优点：激励点和视觉感应能够很好符合，还可以自然地利用光学功能，如眼球运动和虹膜的开合。图5.58显示了外视网膜激励、亚视网膜激励和脉络膜上的经视网膜刺激(STS)三种方法。

5.5.2.1 CMOS器件的眼内植入

图5.59显示了视网膜假体成像系统的分类。虽然眼内植入方法比其他方法有优势，但

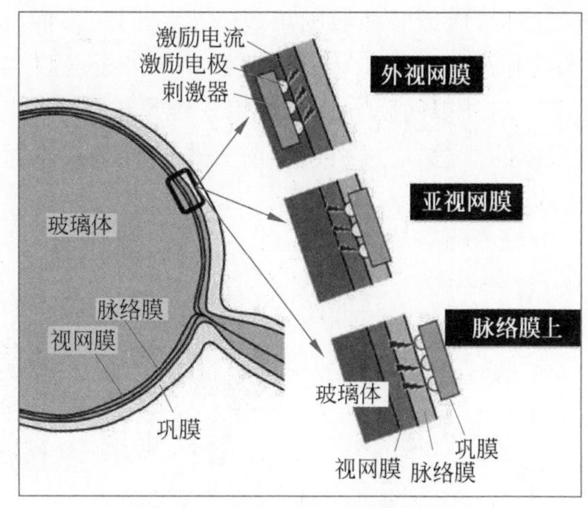

图 5.58 三种人工视网膜植入方法

需要注意的是，将基于 CMOS 的模拟器设备应用到视网膜假体中还需要应对许多技术挑战。与外视网膜方法相比，亚视网膜方法在使用 CMOS 芯片方面有更多的困难，因为它是完全植入到组织中，而且必须同时作为图像传感器和电子模拟器工作。

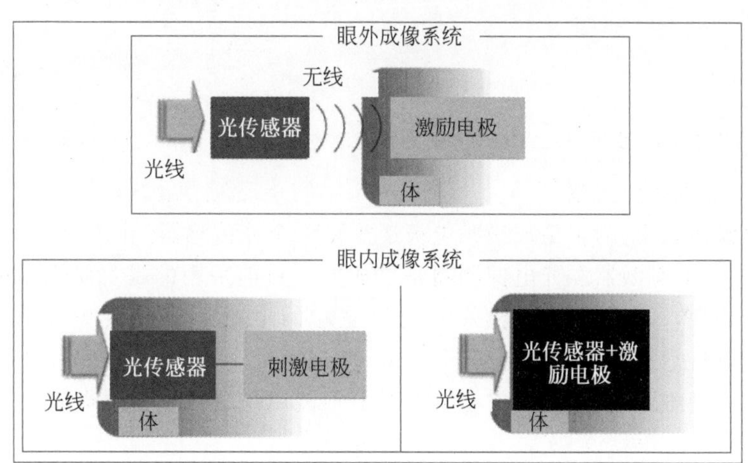

图 5.59 视网膜假体成像系统

眼内植入 CMOS 装置需要考虑以下问题：

(1) 基于 CMOS 的接口必须具有生物相容性。标准 CMOS 结构不适合生物环境，如氮化硅在标准 CMOS 工艺中通常被用作保护层，但是，植入时间过长，在生物环境中会受到损伤。

(2) 刺激电极必须与标准 CMOS 结构兼容。金属焊盘由铝制成，在标准 CMOS 技术中通常用作输入/输出接口，但由于铝会在生物环境中溶解，因此完全不能作为视网膜细胞的刺激电极。铂是一种可供选择的刺激电极材料，详见文献[223]。

5.5.2.2 使用图像传感器的外视网膜方法

值得一提的是，当使用激励成像时，亚视网膜的方法让人感觉更加自然，因为成像可以在与正常眼球相同的激励平面内完成。然而，一些外视网膜的方法，也可以使用带有激励的成像装置。如 3.3.1.1 节所述，蓝宝石上硅是透明的，应用背照式图像传感器时，它可以作为外视网膜。对于背照式结构，成像区和激励可以放置在同一平面。目前已有相关资料证明使用 SOS CMOS 技术的脉冲频率调制传感器可以用于外视网膜[214]。

另一种使用图像传感器的外视网膜方法是使用三维集成技术[224,600,601]。图 5.60 显示了三维集成技术视网膜假体的概念，通过引入目前先进的堆叠技术可以开发出更高效的视网膜假体设备。

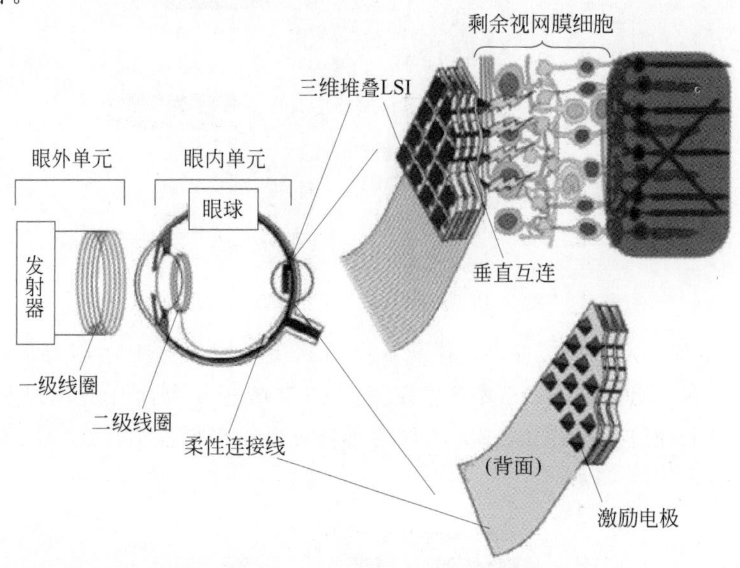

图 5.60 使用三维集成技术的外视网膜方法[224]（由 M. Koyanagi 提供）

5.5.2.3 亚视网膜方法

在亚视网膜植入中，为了集成激励电极还需要一个光传感器。图 5.61 显示了视网膜刺激器的分类，其中电刺激器和光电探测器是集成的。目前采用的是一种简单的无偏置电压的光电二极管阵列，即太阳能电池模式，由于其简单的结构（不需要供电）而被用作光电传感器[602-604]。光电流直接作为刺激电流进入视网膜细胞。由于在正常照明条件下的直流电不足以激活视网膜细胞，因此这种类型的刺激器不能用作视网膜刺激器。

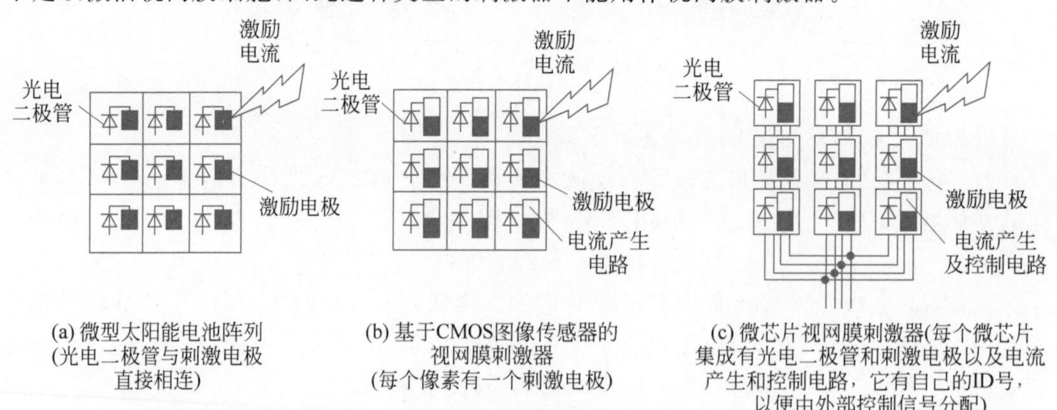

图 5.61 亚视网膜植入图

正常照明条件下的光电流。在 2.4 节的讨论中，我们观察到在 1000lx 光照条件下，面积为 $100\mu m^2$ 且光敏度为 0.6A/W 的光电二极管产生的光电流约为 10pA，这表明该电流值比一个正常空间内的值要略大一些。在基于微型太阳能电池单元的视网膜刺激器中，若每个光电二极管的尺寸为 100μm×100μm，则光电流约为 1nA，不足以直接激活视网膜细胞。

微型太阳能电池单元阵列。需要对基于太阳能电池阵列的视网膜刺激器进行改进，可以通过增强光电流来激活视网膜细胞，也就是说，使电流大小达到微安级。图 5.62 显示了一种串联光电二极管结构的亚视网膜刺激器[605-606]。三个光电二极管串联以产生可以充分刺激视网膜细胞的电压。另外，将外接相机拍摄的图像转换成近红外图像，并对其强度进行电学放大。这种放大的近红外图像照亮了光电二极管从而使得光电流增加并且达到微安级。

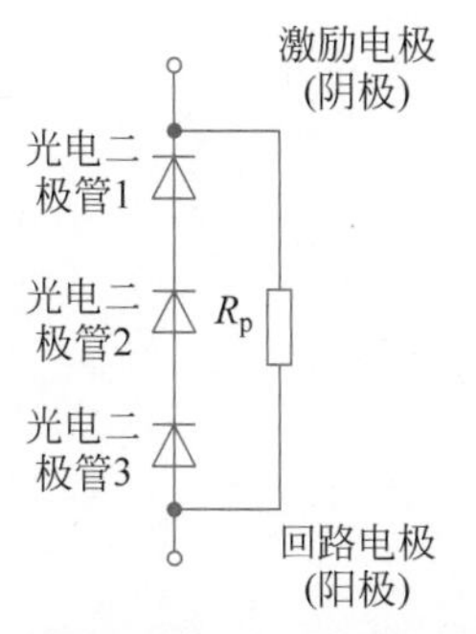

(a) 等效电路(三个光电二极管串联以产生可以充分刺激视网膜细胞的电压)

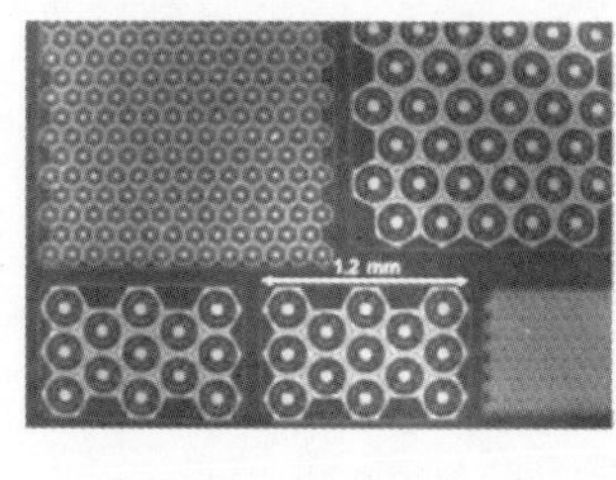

(b) 像素阵列的SEM照片

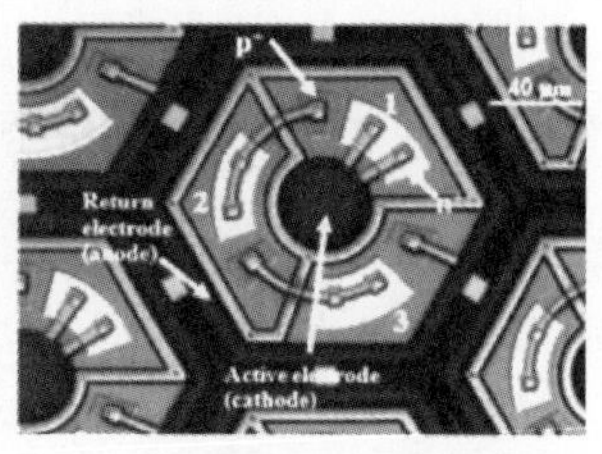

(c) 像素的微型照片

图 5.62 基于微型太阳能阵列的视网膜刺激器(经允许修改自文献[606])

图 5.63 是另一种基于太阳能电池模式的视网膜中的亚视网膜刺激器。这种配置类似于 CMOS 图像传感器。光电二极管作为太阳能电池被放置在芯片的外围区域。该芯片是基于分区供电方案(DPSS)进行工作的[607]。在分区供电方案中，所有的像素被分成 n 组，当某一组作为图像传感时，其他组作为太阳能电池，进行光能发电为这一组提供能量。自然图像被转换成增强型近红外模式，以提供足够的电力去驱动芯片。

基于 CMOS 图像传感器的刺激器。亚视网膜刺激器的第三种方法是使用 CMOS 图像传感器。在每个像素中放置一个刺激电极。由于像素内存在放大电路，激励电流的大小足以激活视网膜细胞。图 5.64 显示了刺激器的像素电路[608]，该刺激器由德国 Zrenner 的课题组开发。该光电传感器由 3.2.1.2 节所述的对数光电传感器组成，使该传感器在输入光的范围内能达到 10^7(140dB)的宽动态范围。需要注意的是，对数型光电传感器的成像质量通常不是很好，但在这种应用中已经足够了。光电流由差分放大器放大，其中另一个由全局照明产生的输入电流通过该放大器做差分。通过镜像电路传递差分电流，最终电流的方向根据 V_H 和 V_L 的哪条电源线为正而确定。注意，该芯片的电源是由外置体直接提供的，并且该芯片直接植入视网膜，因此从植入线圈到刺激器芯片的电缆必须以交流模式驱动，而不是传统的直流模式，以避免电缆断裂时电解的风险[608-609]。

基于多微型芯片的刺激器。以前的芯片主要是 CMOS 芯片，因此，它们可能会阻止营养从上皮细胞流动到视网膜细胞。另外，芯片太硬，无法沿着眼球弯曲。为了解决这些问题，已经提出了多微型芯片架构[223,610]，如图 5.61(c)所示。图 5.65 显示了基于多微型芯片架构的芯片。刺激时间由图 5.65(c)中 CONT 的脉冲宽度决定。

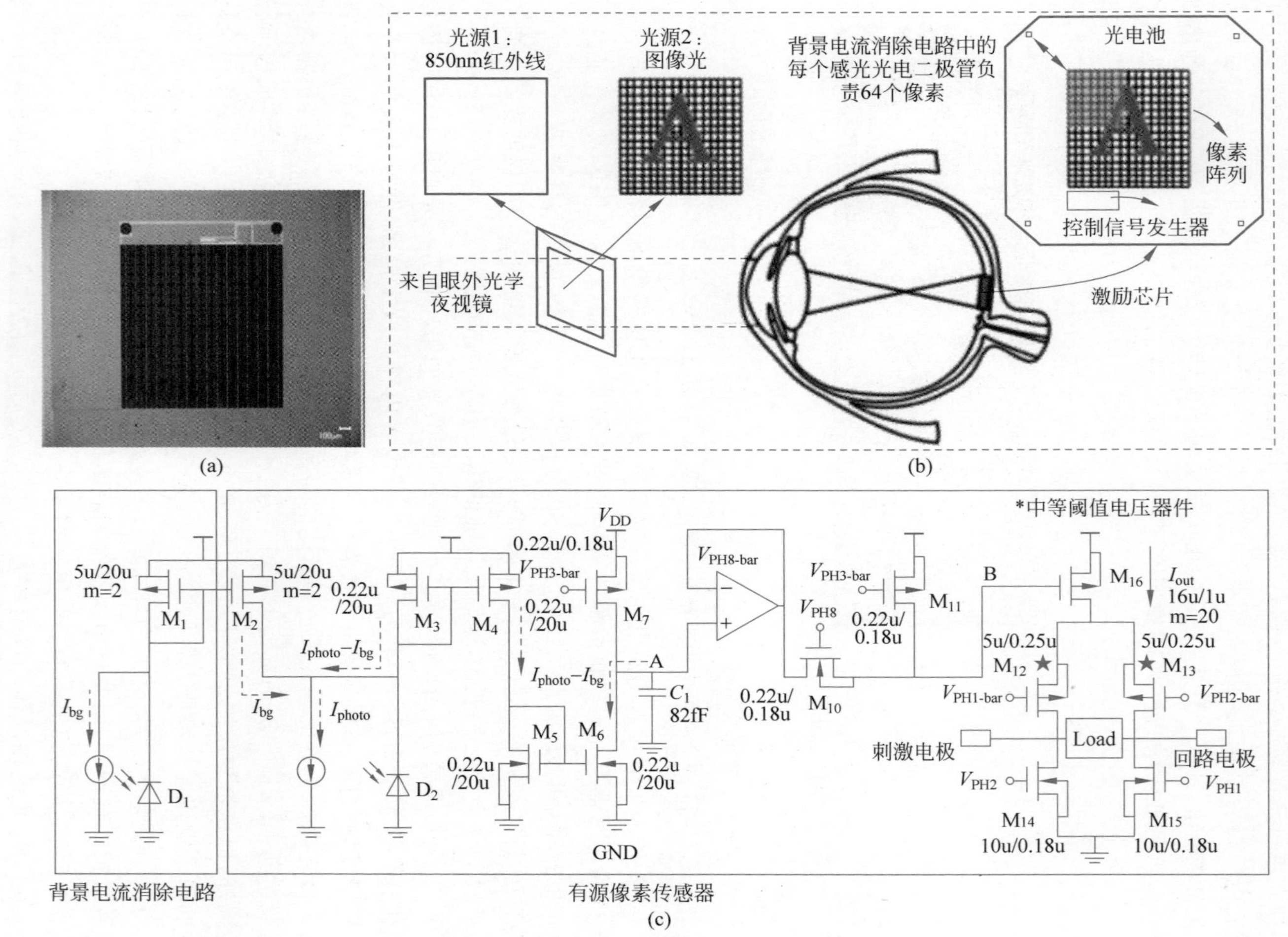

图 5.63 基于分区供电方案的亚视网膜刺激器芯片集成微型太阳能电池阵列（用于高效供电，经允许修改自文献[607]）

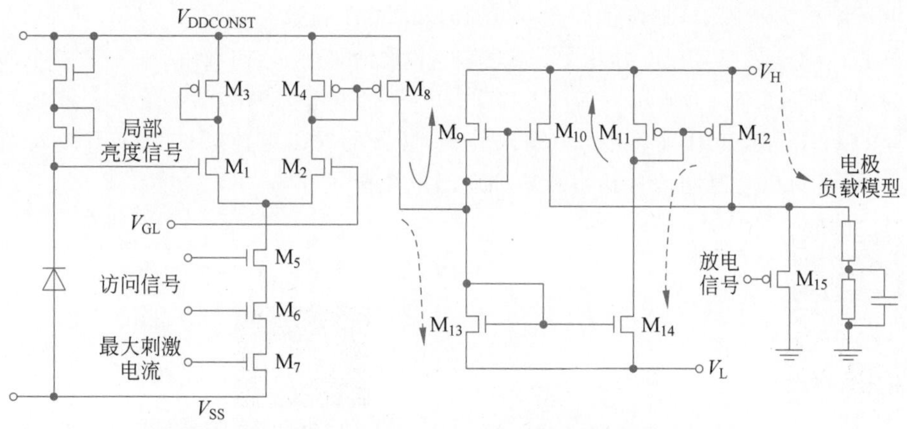

图 5.64　基于 CMOS 图像传感器的刺激器的亚视网膜刺激器的像素电路(经允许修改自文献[608])

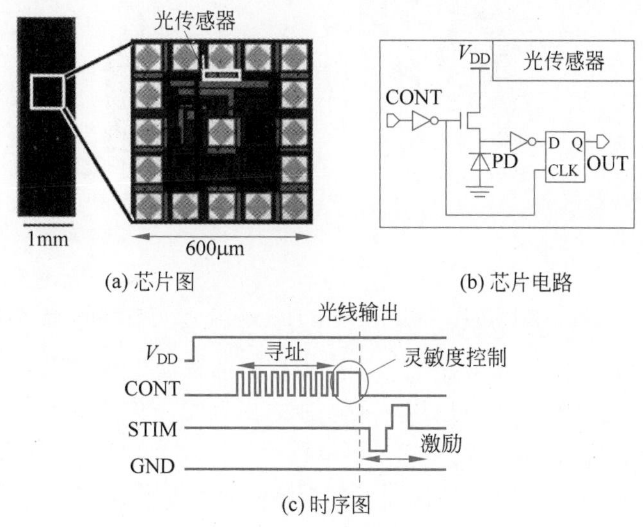

图 5.65　用于视网膜刺激的多微型芯片(经允许修改自文献[611])

如图 5.66(a)所示，将制作好的芯片植入脉络膜上方。近红外光用于输入给植入的芯片，而不是激活视网膜细胞。实验结果如图 5.66(b)所示，它清楚地表明，只有在光照条件下，视网膜细胞才被激活。

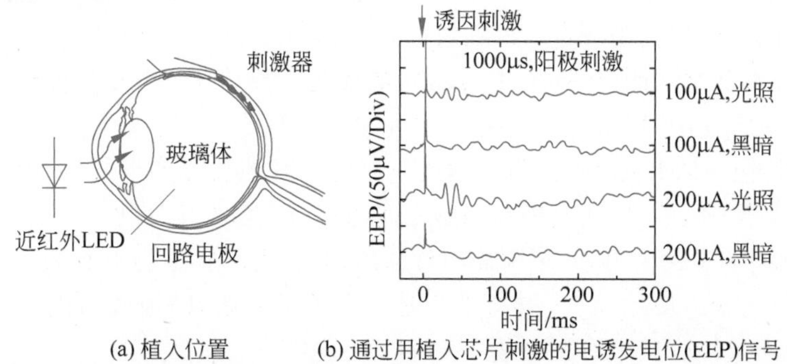

图 5.66　验证用于视网膜刺激的多个微芯片架构功能的体内实验(经允许修改自文献[611])

在上述结构的基础上，制作了如图 5.67 所示的柔性刺激器。图 5.67(a)显示了分割前包含单位芯片的母芯片。在母芯片中，三个单位芯片沿 16 个径向放置，一个在中心，因此芯片总数为 49，如图 5.67(a)所示。如图 5.67(c)所示，将单位芯片放置在柔性衬底上，实验结果如图 5.67(f)所示，其中图案光"N"输入装置，装置的输出电流模式对应于输入光模式。因此，这个设备可以感测图像并输出相应的刺激电流模式。

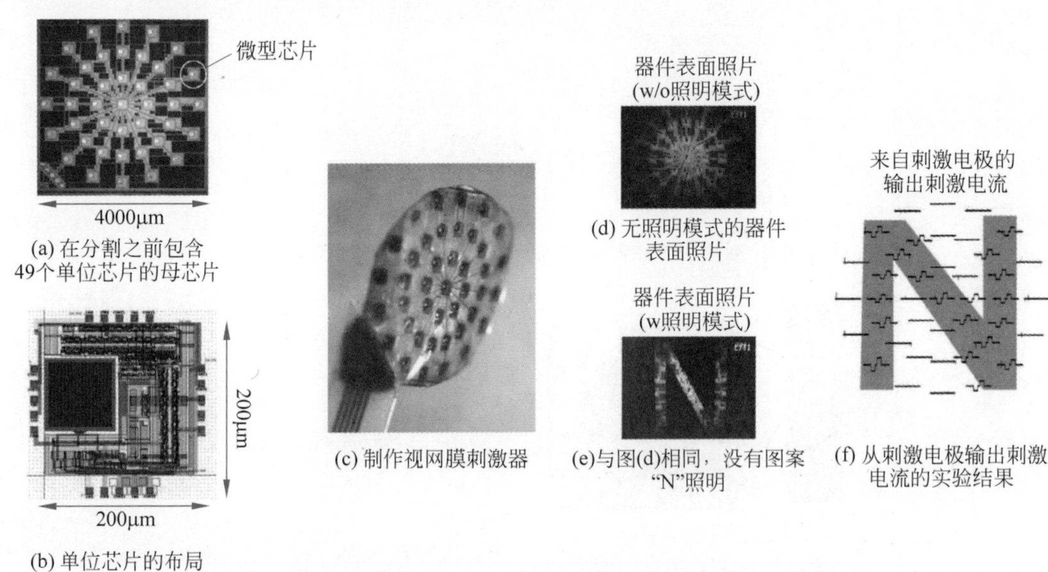

(a) 在分割之前包含49个单位芯片的母芯片

(b) 单位芯片的布局

(c) 制作视网膜刺激器

(d) 无照明模式的器件表面照片

(e)与图(d)相同，没有图案"N"照明

(f) 从刺激电极输出刺激电流的实验结果

图 5.67　基于多微芯片架构的视网膜刺激器(经允许修改自文献[612])

基于 PFM 光电传感器的刺激器。 为了产生足够的刺激电流，需要在感光条件下使用光传感器，提出在亚视网膜方法中运用一种脉冲频率调制光传感器[212,223]。此外，已经开发出基于 PFM 的视网膜假体装置和 STS 模拟器[202,205,213-222,613-617]，还有研究团队开发了一种用于亚视网膜植入的 PFM 光传感器或基于脉冲的光传感器[224-227,600-601,618-619]。

PFM 可能适合作为亚视网膜植入的视网膜假体装置，其原因：首先，PFM 产生脉冲流的输出适合于刺激细胞。通常，脉冲刺激对于激发细胞电位十分有效。另外，这种脉冲形式与逻辑电路兼容，从而具有了高度通用的特点。其次，PFM 可以在非常低的电压下运行而不会降低 SNR，这适用于可植入设备。最后，在正常照明条件进行检测，其光敏度足够高，并且动态范围相对较大，这些特性非常利于更换感光体。尽管 PFM 光电传感器本质上适用于视网膜假体设备，但仍需要进行一些修改，本书会对其进行介绍。

用于视网膜细胞刺激的 PFM 光电传感器的改进。 要将 PFM 光电传感器应用于视网膜细胞刺激，必须改进 PFM 光电传感器。改进的原因如下：

(1) 电流脉冲：PFM 光电传感器的输出具有电压脉冲波形的形式，而电流输出更利于将电荷注入视网膜细胞中，即使电极和细胞之间的接触电阻发生变化。

(2) 双相脉冲：双相输出，即正脉冲和负脉冲，对于视网膜细胞电刺激中的电荷平衡而言较为理想。对于临床使用而言，电荷平衡是一个关键问题，因为残留电荷在活组织中积累，这可能对视网膜细胞产生有害影响。

(3) 频率限制：需要限制输出频率，因为过高的频率可能会损坏视网膜细胞。图 3.9 中所示的原始 PFM 设备的输出脉冲频率通常太高(大约 1MHz)，无法刺激视网膜细胞。然而，频率限制会导致输入光强度范围的减小。通过引入可变灵敏度可以缓解此问题，其中使用分频器将输出频率分为 2^{-n} 个部分。这个想法来源于动物视网膜中的光适应机制，如附录 C 中的图 C.2 所示。注意，PFM 的数字输出适合引入分频器的逻辑功能。

传感器设计。基于上述改进，已经有研究人员使用 0.6μm 标准 CMOS 工艺设计和制造了像素电路[213]，图 5.68 显示了该像素的框图。通过利用开关电容器作为低通滤波器实现了频率限制，通过交替切换电流源和接收器来实现双相电流脉冲。

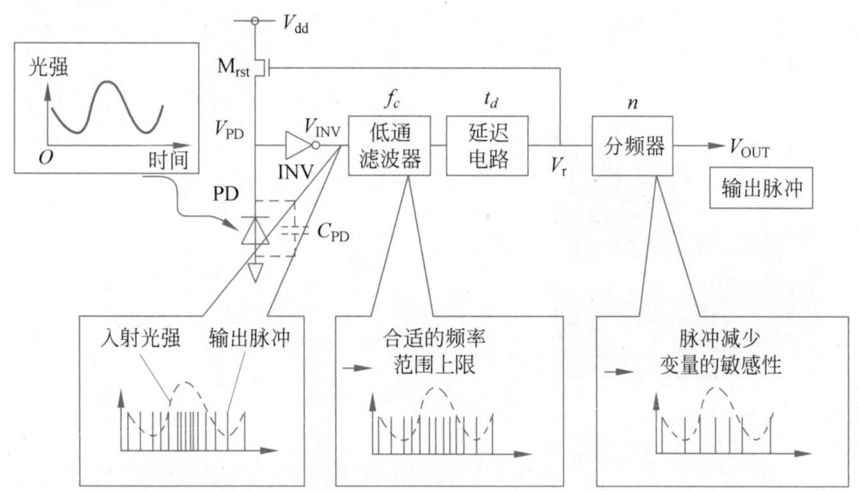

图 5.68　用于视网膜细胞激励的改进 PFM 光传感器像素电路框图

图 5.69 显示了使用可变光灵敏度芯片的实验结果。原输出曲线的动态范围超过 10^6，但当低通滤波器打开时，频率被限制在 250Hz，动态范围将减少到约 10^2。通过引入可变灵敏度，输入光强总范围在 $n=0\sim7$ 内变为 10^5 倍，n 为灵敏度分段数。

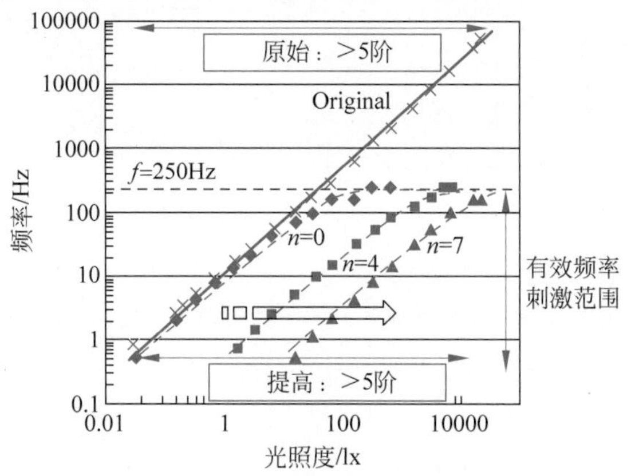

图 5.69　可变光灵敏度的 PFM 光传感器的实验结果

PFM 光电传感器在视网膜细胞刺激中的应用。本节已证明了基于 PFM 的刺激器可有效刺激视网膜细胞。要将 Si-LSI 芯片应用于电生理实验，我们必须保护该芯片不受生物环境的影响，并制造出与标准 CMOS 结构兼容的有效刺激电极。为了满足这些要求，有人已经开发了 Pt/Au 堆叠的凸块电极[614-617]。但是，由于篇幅有限，此处不再介绍该电极。

为了验证 PFM 光传感器芯片的工作情况，使用分离的牛蛙视网膜进行了体外实验。

在此实验中，芯片充当受输入光强度控制的激励，就像在感光细胞中一样。芯片上集成了一个电流源和脉冲整形电路。Pt/Au 堆叠的凸块电极和芯片成型工艺如文献[614-617]所述。

一片牛蛙视网膜和侧脸上的视网膜神经节细胞（RGC）被放置在封装芯片的表面。图 5.70 显示了实验装置，电刺激是在芯片上某个选定的像素上进行的。视网膜上放置了一个末端直径 5μm 的钨计数电极，将在计数电极与芯片电极之间产生一个视网膜传导电流。实验中使用阴极优先的双相电流脉冲作为激励，该脉冲的相关参数参考图 5.70 的介绍。文献[219]给出了实验装置的详细信息。注意，近红外（NIR）光不会激发视网膜细胞，但会激发 PFM 光传感器细胞。

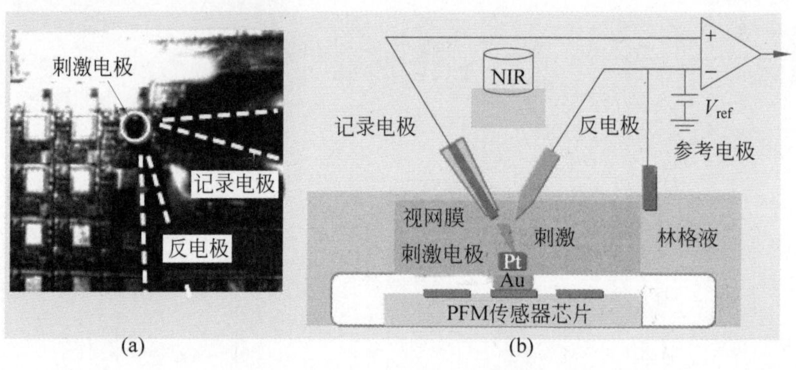

图 5.70 使用 PFM 光传感器进行体外刺激的实验设置（在文献[219]中有说明）

图 5.71 显示了使用 PFM 光传感器激发视网膜细胞的实验结果，该传感器通过输入近红外光来照明，发射率随输入近红外光强成比例增加。这表明，PFM 光传感器可以通过近红外光输入来激活视网膜细胞，以及它可以应用于人类视网膜假体。

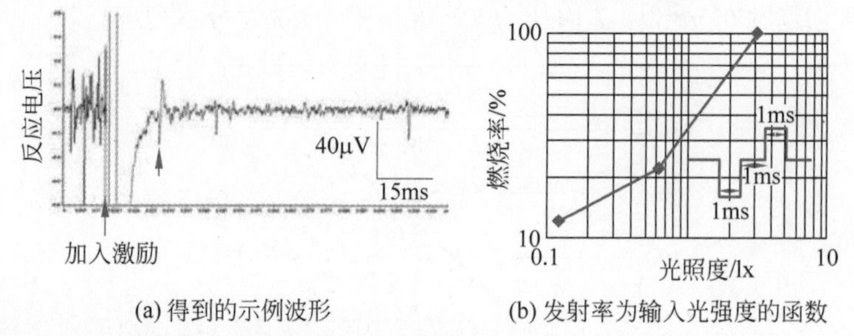

(a) 得到的示例波形　　(b) 发射率为输入光强度的函数

图 5.71 用 PFM 光传感器进行体外激励的实验结果（经允许修改自文献[219]）

参考文献

附录A

常 量 表

300K 温度下物理常数如表 A.1 所示。

表 A.1　300K 温度下物理常数[79]

常　量	符　号	数　值	单　位
阿伏加德罗常数	N_{AVO}	6.02204×10^{23}	mol^{-1}
玻耳兹曼常数	k_B	1.380658×10^{-23}	J/K
电子电荷	e	1.60217733×10^{-19}	C
电子质量	m_e	9.1093897×10^{-31}	kg
电子伏	eV	$1eV=1.60217733\times10^{-19}$	J
真空磁导率	μ_0	1.25663×10^{-6}	H/m
真空介电常数	ε_0	$8.854187817\times10^{-12}$	F/m
普朗克常数	h	6.6260755×10^{-34}	J·s
真空中光速	c	2.99792458×10^{8}	m/s
300K 下热电压	$k_B T$	26	meV
1fF 电容热噪声	$\sqrt{k_B T/C}$	5	μV
1eV 量子波长	λ	1.23977	μm

300K 温度下一些材料的属性如表 A.2 所示。

表 A.2　300K 温度下一些材料的属性[79]

属　性	单　位	硅	锗	二氧化硅	氮化硅
禁带宽度	eV	1.1242	0.664	9	5
介电常数		11.9	16	3.9	7.5
折射率		3.44	3.97	1.46	2.05
本征载流子浓度	cm^{-3}	1.45×10^{10}	2.4×10^{13}	—	—
电子迁移率	$cm^2/(V\cdot s)$	1430	3600	—	—
空穴迁移率	$cm^2/(V\cdot s)$	470	1800	—	—

附录B

光 照 度

图 B.1 显示了不同光线情况下的典型光照级别。人类视觉的最低阈值约为 10^{-6} lx[301]。

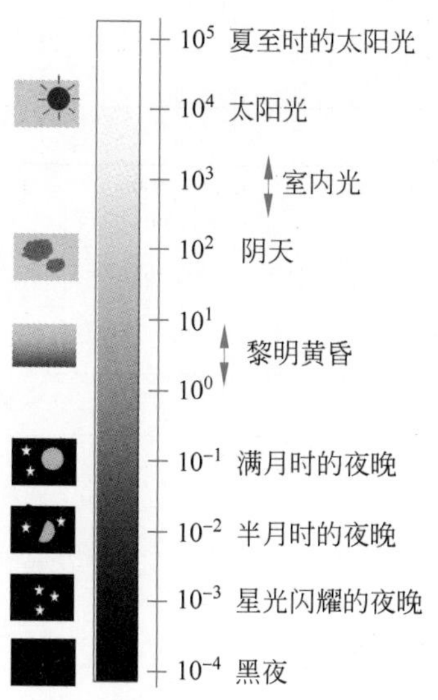

图 B.1　不同光线情况下的典型光照度级别[6,158]

辐射度与光照度的关系。表 B.1 为辐射度与光照度的计量汇总，图 B.2 为适光眼的响应。适光量到物理量的转换因数

$$K = 683 \times \frac{\int R(\lambda) V(\lambda) \mathrm{d}\lambda}{R(\lambda) \mathrm{d}(\lambda)} \tag{B.1}$$

典型转换因数汇总在表 B.2[158]。

表 B.1　辐射量与光照量 *K*(lm/W)[158]

辐 射 量	辐 射 单 位	光 照 量	光 照 单 位
辐射强度	W/sr	光照强度	cd
辐射通量	W=J/s	光通量	lm=cd · sr

续表

辐　射　量	辐射单位	光　照　量	光照单位
辐照度	W/m^2	光照度	$lm/m^2=lx$
辐射率	$W/(m^2\cdot sr^{-1})$	亮度	cd/m^2

成像平面的光照度。这里介绍了传感器成像平面上的光照度[6]。光照度常见的单位是 lx。注意，lx 是一个有关人眼特性的光度测定单位。即它不是纯粹的物理单位。光照度定义为单位面积上的光功率。假定一个光学系统如图 B.3 所示。光通量 F 是照射到一个表面可以视为完全扩散的物体上。当光被一个反射率为 R、面积为 A 的完美扩散表面的物体反射时，反射光均匀分散在整个立体角 π 的一半区域上。因此光通量 F_o 在一个单位立体角上的分布公式为

$$F_o=\frac{FR}{\pi} \tag{B.2}$$

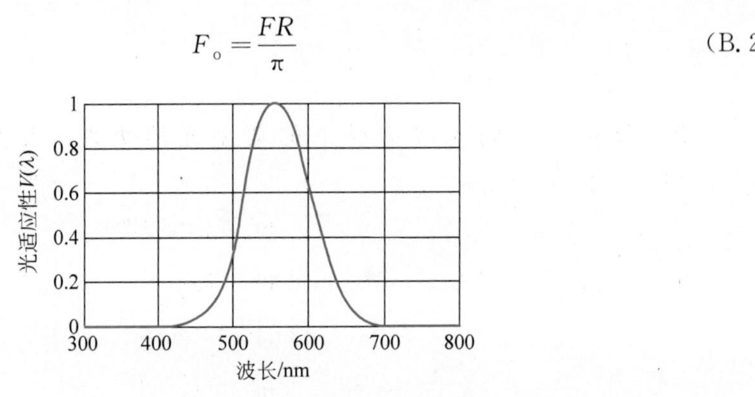

图 B.2　适光眼响应

表 B.2　典型转换因数 K(lm/W)[158]

光　　源	转换因数 K(lm/W)
555nm 绿光	683
红色 LED	60
没有云的日光	140
2850K 标准光源	16
带有红外滤波器的 2850K 标准光源	350

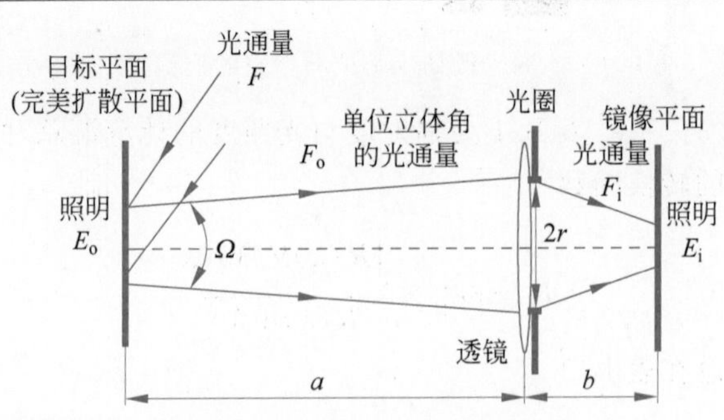

图 B.3　在成像平面上的光照度

把立体角变换到光圈或虹膜 Ω 上为

$$\Omega = \frac{\pi r^2}{a^2} \tag{B.3}$$

通过透射率为 T 的透镜进入传感器成像平面的光通量 F_i 的公式为

$$F_i = F_o\Omega = \mathrm{FRT}\left(\frac{r}{a}\right)^2 = \mathrm{FTR}\,\frac{1}{4F_N^2}\left(\frac{m}{1+m}\right)^2 \tag{B.4}$$

假定透镜放大倍数 $m=b/a$，焦距为 f，光圈 F 为 $F_N=f/2r$，并且

$$a = \frac{1+m}{m}f \tag{B.5}$$

因此

$$\left(\frac{r}{a}\right)^2 = \left(\frac{f}{2F_N}\right)^2\left(\frac{m}{(1+m)f}\right)^2 \tag{B.6}$$

光照度在物体和传感器成像平面上分别为 $E_o=F/A$ 和 $E_i=F_i/(m^2A)$。注意，物体聚焦到成像平面上的面积需要乘以放大因数 m 的平方。通过上述公式可以得到光照度在物体上 E_o 和传感器成像平面上 E_i 的关系式：

$$E_i = \frac{E_oRT}{4F_N^2(1+m)^2} \approx \frac{E_oRT}{4F_N^2} \tag{B.7}$$

其中的第二个等式中 $m\ll 1$，这与传统成像系统正好相符。例如，当 $F_N=2.8$ 且 $T=R=1$ 时，$E_i/E_o\approx 1/30$。注意，T 和 R 通常小于 1，因此这个比例通常小于 1/30。还要注意，光照度从传感器表面到物体上光照度的过程中衰减 1/100～1/10。

附录C

人眼和CMOS图像传感器

这里将介绍人眼的视觉过程，因为它们是理想的成像系统和 CMOS 成像系统的模型。最后将比较人类视觉系统和 CMOS 图像传感器。

视网膜。人眼具有优于最先进 CMOS 图像传感器的特性。在多分辨率下，人眼的动态范围约为 200dB。另外，人眼还具有时空图像预处理的焦平面处理功能。并且人类有两只眼睛，使得人们可以通过聚焦和视差进行测距。注意，利用视差测量距离需要在视觉皮层进行一系列复杂的处理[612]。人类的视网膜尺寸约为 5cm×5cm，厚度约为 0.4mm[199,416,622-623]。其概念性结构如图 C.1 所示。入射光是由视杆细胞和视锥细胞探测的。

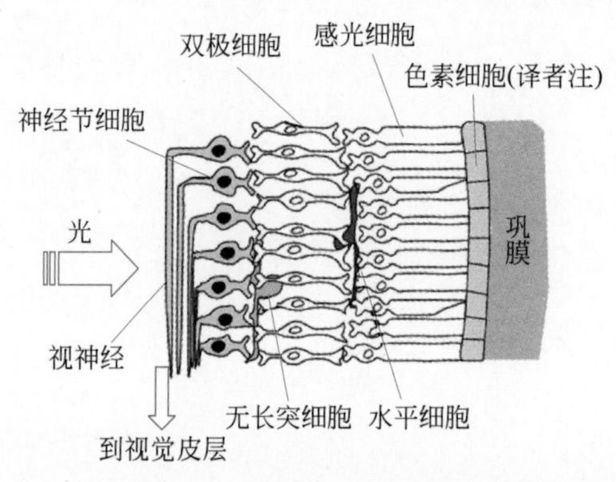

图 C.1　人类视网膜结构[416]

人眼的感光性。如图 C.2[624-625]所示，视杆细胞与视锥细胞相比，其具有更高的感光灵敏度并且对光强有适应性。在均匀的光照环境中，视杆细胞工作在带有饱和特性的两个数量级的范围内。图 C.2 以图解的方式显示了在恒定光照下的光响应曲线。光响应曲线根据环境光照进行自适应移位，最终变换了 7 个数量级。由于这种机理，人眼在月光到阳光下具有大动态范围。

视网膜上的颜色。人眼可以感知波长为 370～730nm 内光的颜色[623]。视杆细胞主要分布在视网膜的外围，虽然不能感知颜色但它有很高的光敏性，而视锥细胞主要集中在视网膜或凹点中心，它可以感知颜色，但比视杆细胞的感光性要差，因此视网膜具有高、低感光度的两种感光结构。在暗光条件下，通常主要是视杆细胞感光，这种视觉模式称为暗视觉；而当由视锥细胞感知光时，称为明视觉。暗视觉和明视觉的峰值波长分别为 507nm 和 555nm。对于颜色敏感度，视杆细胞分为 L、M 和 S 型[626]，它们分别具有与 R、G 和 B 的图像传感器中的片上滤色器相似的特性。L、M 和 S 型视锥细胞的中心波长分别为 565nm、545nm 和 440nm[623]。不同的动物具有不同色感度，例如有些蝴蝶可以感知紫外线范围的光[301]。令人惊讶的是，L、M 和 S 型视锥细胞的分布并不是均匀的[627]，而图像传感器的颜色滤波器则是规律地排列，如贝尔模板。

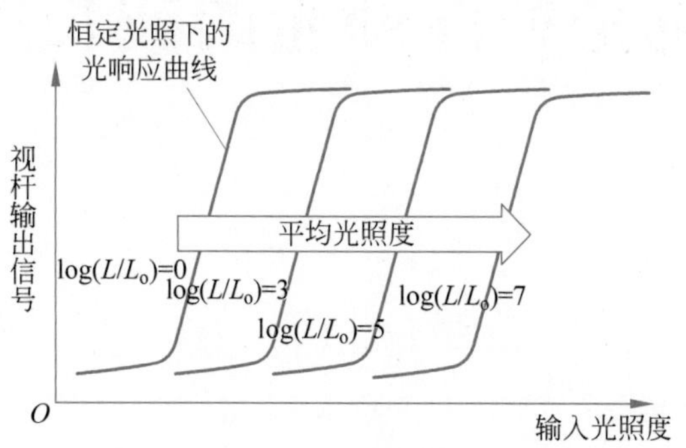

图 C.2　视杆细胞对光照度的视觉调整

注：光感应曲线根据平均环境照度 L 改变，从初始值 L_0 开始，环境照度在 $\log(L/L_0)=0\sim7$ 的范围内以指数方式变换。

人类视网膜与 CMOS 图像传感器的比较。表 C.1 汇总了人类视网膜与 CMOS 图像传感器的比较[199,416,622-623]。

表 C.1　人类视网膜与 CMOS 图像传感器的比较

项　目	视　网　膜	图像传感器
分辨率	视锥细胞：5×10^6 视杆细胞：10^8 神经节细胞：10^6	$(1\sim10)\times10^6$
尺寸	视杆细胞：近凹心直径 1μm 视锥细胞：黄斑中心凹内直径 1～4μm，外部 4～10μm	2～10μm²
颜色	3 种视锥细胞(L、M、S) (L+M)∶S=14∶1	片上 RGB 滤波器 R∶G∶B=1∶2∶1
最小探测光强	≈0.001lx	0.1～1lx
动态范围	超过 140dB(自适应)	60～70dB
探测方法	顺反异构化→两级放大(500×500)	电子-空穴对产生 电荷收集
响应时间	≈10ms	帧率(视频速率：33ms)
输出	脉冲频率调制	模拟或数字电压
输出数量	GC 数：$\approx10^6$	一个模拟输出或者位数的数字输出
功能	光电转换 自动适应功能 时空信号处理	光电转换 放大 扫描

附录D

可见光和红外光的波长区域

可见光和红外光的波长区域如表 D.1 所示。

表 D.1　可见光和红外光的波长区域

波长区域名称	波　　长	光子能量
极紫外线(UV)光	200～300nm	3.26～6.20eV
紫色(V)光	380～450nm	2.76～3.26eV
蓝色(B)光	450～495nm	2.50～2.76eV
绿色(G)光	495～570nm	2.18～2.50eV
黄色(Y)光	570～590nm	2.10～2.18eV
橙色(O)光	590～620nm	1.99～2.10eV
红色(R)光	620～750nm	1.65～1.99eV
近红外(NIR)光	0.75～1.4μm	0.9～1.65eV
短波长红外(SWIR)光	1.4～3μm	0.4～0.9eV
中波长红外(MWIR)光	3～8μm	0.15～0.4eV
长波长红外(LWIR)光/热红外(TIR)光	8～15μm	80～150meV
远红外(FIR)光	15～1000μm	1.2～80meV

附录E

MOS电容的基本特性

MOS 电容是由金属电极(通常用重掺杂多晶硅)和半导体之间加绝缘体(通常是 SiO_2)组成的。MOS 电容是 MOSFET 的重要组成部分,在标准 CMOS 工艺中通过连接 MOSFET 的源极和漏极很容易实现 MOS 电容。在本书中,MOSFET 的栅极和衬底作为电容的电极。MOS 电容的特性主要由绝缘体或者 SiO_2 下面的沟道决定。注意,MOS 电容是由栅氧化层电容 C_{ox} 和耗尽区电容 C_D 两个电容串联构成的。

MOS 电容有积累、耗尽和反型三种状态,如图 E.1 所示,它是通过表面电势 $e\Psi_s$ 表征的。表面电势 $e\Psi_s$ 被定义为表面($z=0$)和体硅区($z=\infty$)之间能隙的能量差。

$\Psi_s<0$:积累模式。

$\Psi_B>\Psi_s>0$:耗尽模式。

$\Psi_s>\Psi_B$:反型模式。

这里的 $e\Psi_B$ 定义为费米能级 E_{fs} 和体硅区 $E_i(\infty)$ 的中间能隙之间的能量差。在积累模式中,栅极偏压是负的,$V_g<0$,空穴积累在表面附近。这种模式很少用在图像传感器中。在耗尽模式中,栅极施加正偏压 $V_g>0$,使表面区域的自由载流子耗尽。电离后的受主空间电荷位于耗尽区,通过栅极偏压 V_g 补偿感应电荷。在这种模式中,表面电势 Ψ_s 是正的但小于 Ψ_B。反型模式用在 MOSFET 导通状态,并且在 CMOS 图像传感器中积累光生电荷。在耗尽模式中施加更大的栅极偏压时,将会出现反型层,其中电子在表面区域内积累。当 E_i 在 $z=0$ 处与 E_{fs} 相交,则进入反型模式,其中 $\Psi_s=\Psi_B$。假如 $psi_s>2\Psi_B$,表面将完全反型,即成为了 N 型区。这种模式称为强反型,当 $\Psi_s<2\Psi_B$ 时称为弱反型。需要注意的是,反型层中的电子是热运动产生的电子或者是扩散电子,因此需要一定的时间来建立电子反型层,即非平衡状态下的反型层可以作为(如用入射光产生的电子)存储器。如果源区和漏区位于反型层的任意一侧,这个存储器称为存储光生载流子的势阱。例如,在 MOSFET 中电子迅速地从源区和漏区中输送到反型层中,在很短的时间内建立一个充满电子的反型层。

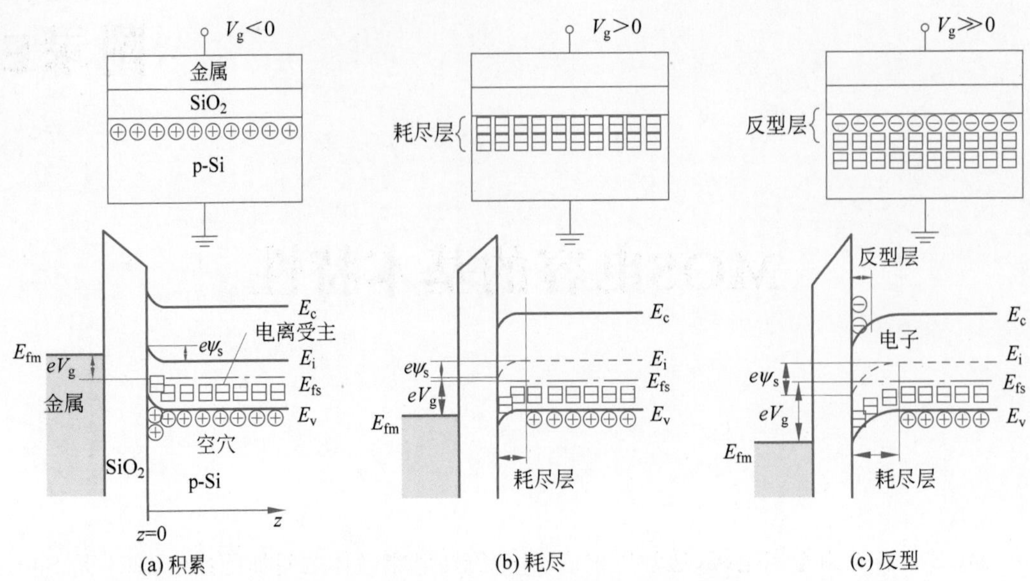

(a) 积累 (b) 耗尽 (c) 反型

图 E.1 MOS 电容工作的三种状态的概念图

注：E_c、E_v、E_{fs} 和 E_i 分别为导带底、价带顶和半导体的费米能级以及中间能级；E_{fm} 为金属的费米能级；V_g 为栅极偏压。

附录F

MOSFET的基本特征

MOSFET 可分为增强型和耗尽型。尽管在一些传感器中使用耗尽型 MOSFET,但通常情况下都是使用增强型 CMOS 传感器。增强型 NMOSFET 的阈值电压为正值,而耗尽型 NMOSFET 的阈值电压为负值。耗尽型 NMOS 场效应管可以在没有施加栅极电压时开启,即处于常开状态。在像素电路中,阈值电压是非常重要的,所以像素中的一些传感器中使用耗尽型 MOSFET[114]。

MOSFET 的操作首先分为高于阈值和低于阈值(亚阈值)两个区域。在每个区域,存在截止区、线性区和饱和区三个子区域。在截止区没有漏极电流流过。这里总结了 NMOS 在每个区的特点。

(1) 高于阈值:$V_{gs}>V_{th}$。

线性区:高于阈值的线性区的条件为

$$\begin{aligned} &V_{gs} > V_{th} \\ &V_{ds} < V_{gs} - V_{th} \end{aligned} \tag{F.1}$$

在上述条件下,漏极电流可表示为

$$I_d = \mu_n C_{ox} \frac{W_g}{L_g}\left[(V_{gs} - V_{th})V_{ds} - \frac{1}{2}V_{ds}^2\right] \tag{F.2}$$

式中:C_{ox} 为栅氧化层的单位面积的电容;W_g 和 L_g 为栅极宽度和长度。

饱和区:

$$\begin{aligned} &V_{gs} > V_{th} \\ &V_{ds} > V_{gs} - V_{th} \end{aligned} \tag{F.3}$$

上述条件下,漏极电流可表示为

$$I_d = \frac{1}{2}\mu_n C_{ox} \frac{W_g}{L_g}(V_{gs} - V_{th})^2 \tag{F.4}$$

对于短沟道晶体管,必须考虑沟道长度调制效应,因而式(F.4)修改为[134]

$$I_d = \frac{1}{2}\mu_n C_{ox} \frac{W_g}{L_g}(V_{gs} - V_{th})^2(1 + \lambda V_{ds})$$

$$= I_{sat}(V_{gs})(1 + \lambda V_{ds}) \tag{F.5}$$

式中：$I_{sat}(V_{gs})$为在没有沟道长度调制栅源电压 V_{gs} 时的饱和漏电流。

式(F.5)意味着，即使在饱和区，漏极电流也会随着漏-源电压逐渐增加而增加。在双极晶体管中，一个类似的效应称为厄利效应，特征参数是厄利电压 V_E。根据式(F.5)，在 MOSFET 中的厄利电压 $V_E = 1/\lambda$。

(2) 低于阈值。

在该区域中，满足下列条件：

$$0 < V_{gs} < V_{th} \tag{F.6}$$

在这种情况下，仍然具有漏极电流，并表示为[628]

$$I_d = I_o \exp\left[\frac{e}{mk_B T}\left(V_{gs} - V_{th} - \frac{mk_B T}{e}\right)\right]\left[1 - \exp\left(-\frac{e}{k_B T}V_{ds}\right)\right] \tag{F.7}$$

式中：m 为体效应系数[629]。I_o 为

$$I_o = \mu_n C_{ox}\frac{W_g}{L_g}\frac{1}{m}\left(\frac{mk_B T}{e}\right)^2 \tag{F.8}$$

直观的方法来提取上述低于阈值电流见文献[44,630]。一些智能图像传感器利用低于阈值工作，因此在文献[44,630]处理后简要地考虑低于阈值电流的来源。

在低于阈值区的漏极电流源于扩散电流，这是由于源端和漏端之间的电子密度 n_s 和 n_d 的之差，即

$$I_d = -qW_g x_c D_n \frac{n_d - n_s}{L_g} \tag{F.9}$$

式中：x_c 为沟道深度。

注意，每端的电子密度 n_s 和 n_d 是由电子的势垒高度 $\Delta E_{s,d}$ 决定的，由此

$$n_{s,d} = n_o \exp\left(-\frac{\Delta E_{s,d}}{k_B T}\right) \tag{F.10}$$

式中：n_o 为常数；$\Delta E_{s,d}$ 为每端的势垒能量，且有

$$\Delta E_{s,d} = -e\Psi_s + e(V_{bi} + V_{s,d}) \tag{F.11}$$

式中：Ψ_s 为在栅极的表面电位，在低于阈值区，Ψ_s 大致是栅极电压 V_{gs} 的线性函数，即

$$\Psi_s = \Psi_o + \frac{V_{gs}}{m} \tag{F.12}$$

式中：m 为体效应系数，且有

$$m = 1 + \frac{C_d}{C_{ox}} \tag{F.13}$$

式中：C_d 为单位面积的耗尽层的电容。

注意，$1/m$ 为测量从栅极到沟道电容耦合率。利用式(F.9)～式(F.12)，当源电压接地时可以得到式(F.7)。亚阈值斜率通常用于测量的亚阈特性，并定义为

$$S = \left(\frac{d(\lg I_{ds})}{dV_{gs}}\right)^{-1} = 2.3\frac{mk_B T}{e} = 2.3\frac{k_B T}{e}\left(1 + \frac{C_d}{C_{ox}}\right) \tag{F.14}$$

S 的值通常是 70～100mV/10 年。

线性区域的亚阈值区也分为线性区、饱和区和高于阈值的区域。在线性区中，I_d 依赖

V_{ds}；在饱和区，I_d 几乎是独立于 V_{ds} 的。

在线性区中，V_{ds} 很小而且是由漏极和源极流出的扩散电流，根据条件 $V_{ds}<k_BT/e$，可以得到

$$I_d=I_o\exp\left[\frac{e}{mk_BT}(V_{gs}-V_{th})\right]\frac{e}{k_BT}V_{ds} \tag{F.15}$$

这说明 I_d 是 V_{ds} 的线性表示。

在饱和区，V_{ds} 比 k_BT/e 值大，因而式(F.7)变为

$$I_d=I_o\exp\left[\frac{e}{mk_BT}(V_{gs}-V_{th})\right] \tag{F.16}$$

在这个区域内，漏极电流是独立于漏源电压的，并且当源电压恒定时仅依赖栅极电压。从线性区过渡到饱和区附近发生 $V_{ds}\approx\frac{4k_BT}{e}$ 的变化，在室温下约为 100mV[630]。

附录G

光学格式和分辨率

光学格式如表 G.1 所示。

表 G.1　光学格式[631]

格　　式	对角线/mm	H/mm	V/mm	结　　论
$1/n$ in	$16/n$	$12.8/n$	$9.6/n$	$n<3$
$1/n$ in	$18/n$	$14.4/n$	$10.8/n$	$n\geqslant 3$
35mm	43.27	36.00	24.00	“宽高比”为 3∶2
APS-C	27.26	22.7	15.1	—
4/3	21.63	17.3	13.0	“宽高比”为 4∶3

分辨率如表 G.2 所示。

表 G.2　分辨率[2]

缩　略　词	全　　称	分　辨　率
CIF	通用中间格式	352×288
QCIF	1/4 通用中间格式	176×144
VGA	视频图像阵列	640×480
QVGA	1/4 通用中间格式	320×240
SVGA	超级视频图像阵列	800×400
XGA	扩展图像阵列	1024×768
UXGA	超扩展图像阵列	1600×1200
HD	高画质	1280×720
2K(1080i),Full HD		1920×1080
4K(2160p)		3840×2160
8K(4320p),Super HD		7680×4320

附录H

本征光信号和体内窗口

本征光信号是生物活性引起的光信号，例如根据血红蛋白（Hb）构象的变化而发生的光吸收变化。血红蛋白构象的变化根据氧化和还原反应而发生，这表明脑活动是活跃的。图 H.1 显示了血红蛋白和氧化的血红蛋白（HbO_2）的吸收变化[632]。

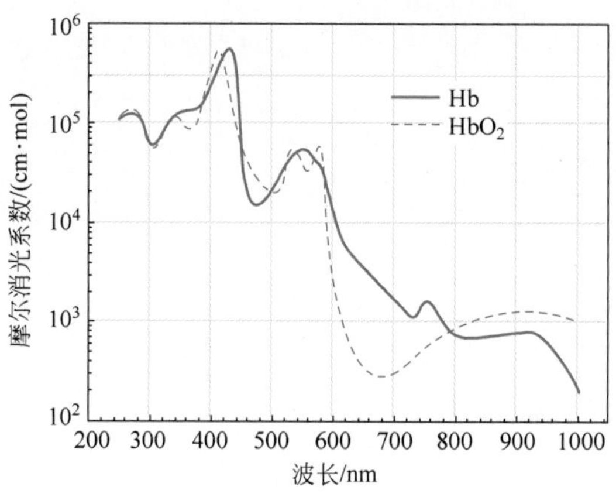

图 H.1 血红蛋白和氧化的血红蛋白的吸收光谱

图 H.2 显示了水和血红蛋白的吸收系数随波长的变化[633]。水分和血红蛋白吸收均较低的区域称为“体内窗口”。当由于低吸收而需要将光引入体内时，该区域是有用的。

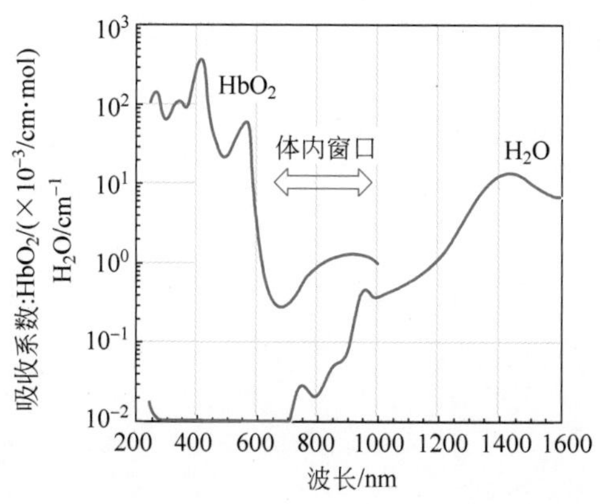

图 H.2 水[634]和血红蛋白[632]的吸收系数与波长[633]的关系（两种吸收率都低的区域称为体内窗口）